新工科建设之路·数据科学与大数据系列

Python数据分析与可视化应用

唐艺 李光杰 侯胜杰 ◎ 著

电子工业出版社
Publishing House of Electronics Industry
北京·BEIJING

内 容 简 介

本书结合作者多年工程和实践经验，从 Python 基础编程语法入手，系统介绍了基于 Python 语言进行数据处理、分析与可视化展示所需的各项知识和技术。读者无须特别的数学或统计方面的理论知识，只需理解数据分析的思路，就可以参考示例学会针对实际问题进行有效数据分析的步骤和方法。

本书分 4 篇共 20 章，主要内容涉及 Python 基本语法、程序控制结构、函数、面向对象基础、文件操作、标准库、正则表达式、numpy 库、pandas 库、数据预处理、matplotlib 可视化图表、seaborn 可视化图表、pyecharts 可视化图表、SciPy 科学计算、共享自行车案例及在线销售案例。

本书除知识与理论讲解外，还用大量实例来展示数据分析每个步骤的细节，适合作为高等学校计算机科学与技术、人工智能、大数据等相关专业 Python 课程的教材，也适合对 Python 感兴趣或拟使用 Python 进行数据分析和可视化展示的读者参考。

未经许可，不得以任何方式复制或抄袭本书之部分或全部内容。
版权所有，侵权必究。

图书在版编目（CIP）数据

Python 数据分析与可视化应用 / 唐艺，李光杰，侯胜杰著. —北京：电子工业出版社，2022.5
ISBN 978-7-121-43437-2

Ⅰ.①P… Ⅱ.①唐…②李…③侯… Ⅲ.①软件工具 – 程序设计 Ⅳ.① TP311.561

中国版本图书馆 CIP 数据核字（2022）第 079651 号

责任编辑：张　鑫
印　　刷：北京七彩京通数码快印有限公司
装　　订：北京七彩京通数码快印有限公司
出版发行：电子工业出版社
　　　　　北京市海淀区万寿路 173 信箱　　邮编：100036
开　　本：787×1 092　1/16　印张：16.5　字数：440 千字
版　　次：2022 年 5 月第 1 版
印　　次：2022 年 8 月第 2 次印刷
定　　价：59.00 元

凡所购买电子工业出版社图书有缺损问题，请向购买书店调换。若书店售缺，请与本社发行部联系，联系及邮购电话：（010）88254888，88258888。
质量投诉请发邮件至 zlts@phei.com.cn，盗版侵权举报请发邮件至 dbqq@phei.com.cn。
本书咨询联系方式：zhangxinbook@126.com。

PREFACE 前言

数据分析是指利用数学、统计分析方法从海量数据中提取有价值的信息并进行结论性预测的数据处理过程。随着计算机科学技术的进步及大数据、人工智能时代的到来，数据分析不仅是计算机相关从业人员进行机器学习、神经网络模型训练的必备能力，也是辅助社会各领域管理者进行决策判断的必要技能。Python 作为当今大数据时代下最流行的程序语言之一，由于其具有高效的程序执行过程及丰富的第三方库支持等特点，能够完成从数据收集、数据挖掘、数据分析到数据可视化展示等全过程的操作，已经成为当下数据分析、数据挖掘、机器学习等领域最流行的工具之一。为此，本书重点介绍基于 Python 的数据分析与可视化应用方法和实例。

本书结合作者多年工程和实践经验，以解决科研及管理人员在实际工作中的数据分析实际需要为主要目的，通过作者积累的大量真实案例和数据，深入浅出介绍数据分析的基本思路，剖析数据分析方法的基本原理和步骤。书中介绍了多个数据分析过程均会使用的工具库，如 numpy、pandas、matplotlib、seaborn、pyecharts、SciPy 等。全书分为 4 篇，内容结构如下图所示。

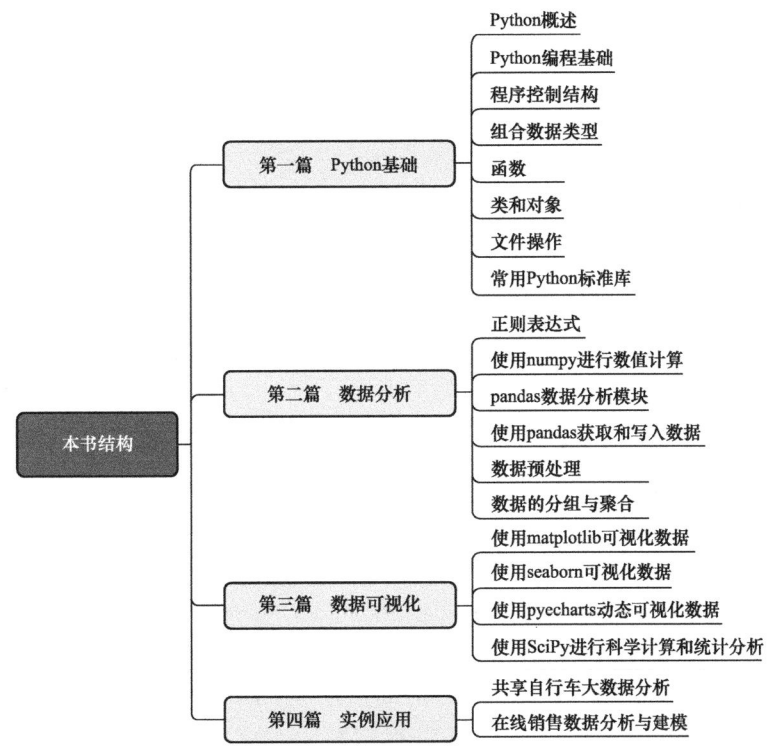

第一篇为 Python 基础，该篇在讲解 Python 基本数据类型、常用程序控制结构的基础上，讨论了利用函数实现代码重用的方法、类和对象等面向对象程序设计方法，以及文件操作方法和常用标准库。

第二篇为数据分析，该篇主要介绍数据分析与预处理方法，通过正则表达式、numpy 数值计算、pandas 数据加载、数据预处理及汇总分析等内容，帮助读者为进一步学习后面数据科学的有关知识打下基础。

第三篇为数据可视化，该篇主要介绍 matplotlib 和 seaborn 可视化图表、pyecharts 动态可视化图表及使用 SciPy 进行科学计算和统计分析的方法。

第四篇为实例应用，该篇通过介绍共享自行车大数据分析和在线销售数据分析与建模两个综合案例，致力于使读者对使用 Python 进行数据分析与可视化展示的操作过程和方法有更深入的理解，从而提升读者的实际数据分析和综合应用能力。

本书由唐艺、李光杰、侯胜杰著。

由于作者水平有限，加之编写时间仓促，书中错误与疏漏之处在所难免，敬请读者批评指正。

作者

2022 年 2 月

CONTENTS 目录

第一篇　Python 基础

第 1 章　Python 概述 ⋯⋯⋯⋯⋯⋯⋯⋯ 2
- 1.1　Python 简介 ⋯⋯⋯⋯⋯⋯⋯⋯⋯⋯ 2
  - 1.1.1　Python 的起源 ⋯⋯⋯⋯⋯⋯ 2
  - 1.1.2　Python 的发展 ⋯⋯⋯⋯⋯⋯ 2
- 1.2　Python 解释器 ⋯⋯⋯⋯⋯⋯⋯⋯⋯ 3
  - 1.2.1　安装 Python 解释器 ⋯⋯⋯ 3
  - 1.2.2　交互运行模式 ⋯⋯⋯⋯⋯⋯ 4
  - 1.2.3　命令行运行模式 ⋯⋯⋯⋯⋯ 4
- 1.3　集成开发环境 PyCharm ⋯⋯⋯⋯⋯ 5
  - 1.3.1　安装 PyCharm ⋯⋯⋯⋯⋯⋯ 5
  - 1.3.2　创建项目 ⋯⋯⋯⋯⋯⋯⋯⋯ 7
  - 1.3.3　创建并运行 Python 文件 ⋯ 8

第 2 章　Python 编程基础 ⋯⋯⋯⋯⋯ 10
- 2.1　常量和变量 ⋯⋯⋯⋯⋯⋯⋯⋯⋯⋯ 10
  - 2.1.1　常量和变量的定义 ⋯⋯⋯⋯ 10
  - 2.1.2　变量命名规则 ⋯⋯⋯⋯⋯⋯ 10
- 2.2　简单数据类型 ⋯⋯⋯⋯⋯⋯⋯⋯⋯ 11
  - 2.2.1　数值类型 ⋯⋯⋯⋯⋯⋯⋯⋯ 11
  - 2.2.2　字符串 ⋯⋯⋯⋯⋯⋯⋯⋯⋯ 12
  - 2.2.3　None ⋯⋯⋯⋯⋯⋯⋯⋯⋯⋯ 13
  - 2.2.4　布尔类型 ⋯⋯⋯⋯⋯⋯⋯⋯ 14
  - 2.2.5　数据类型转换 ⋯⋯⋯⋯⋯⋯ 14
- 2.3　算术运算 ⋯⋯⋯⋯⋯⋯⋯⋯⋯⋯⋯ 15
- 2.4　赋值运算符 ⋯⋯⋯⋯⋯⋯⋯⋯⋯⋯ 16
- 2.5　字符串相关运算 ⋯⋯⋯⋯⋯⋯⋯⋯ 17
  - 2.5.1　字符串连接运算 ⋯⋯⋯⋯⋯ 17
  - 2.5.2　字符串截取 ⋯⋯⋯⋯⋯⋯⋯ 18
- 2.6　输出 ⋯⋯⋯⋯⋯⋯⋯⋯⋯⋯⋯⋯⋯ 18
  - 2.6.1　print 函数的基本用法 ⋯⋯⋯ 19
  - 2.6.2　print 函数格式化输出 ⋯⋯⋯ 20
- 2.7　输入 ⋯⋯⋯⋯⋯⋯⋯⋯⋯⋯⋯⋯⋯ 23
- 2.8　程序注释 ⋯⋯⋯⋯⋯⋯⋯⋯⋯⋯⋯ 23

第 3 章　程序控制结构 ⋯⋯⋯⋯⋯⋯⋯ 25
- 3.1　选择结构 ⋯⋯⋯⋯⋯⋯⋯⋯⋯⋯⋯ 25
  - 3.1.1　条件表达式 ⋯⋯⋯⋯⋯⋯⋯ 25
  - 3.1.2　单分支结构 if 语句 ⋯⋯⋯⋯ 27
  - 3.1.3　二分支结构 if-else 语句 ⋯⋯ 27
  - 3.1.4　多分支结构 if-elif-else
　　　　　语句 ⋯⋯⋯⋯⋯⋯⋯⋯⋯⋯ 29
- 3.2　循环结构 ⋯⋯⋯⋯⋯⋯⋯⋯⋯⋯⋯ 31
  - 3.2.1　for 语句实现遍历循环 ⋯⋯⋯ 31
  - 3.2.2　while 语句实现条件循环 ⋯⋯ 33
  - 3.2.3　循环结构中的 else 语句 ⋯⋯ 35
  - 3.2.4　break 语句和 continue
　　　　　语句 ⋯⋯⋯⋯⋯⋯⋯⋯⋯⋯ 36

第 4 章　组合数据类型 ⋯⋯⋯⋯⋯⋯⋯ 39
- 4.1　列表 ⋯⋯⋯⋯⋯⋯⋯⋯⋯⋯⋯⋯⋯ 39
  - 4.1.1　列表的表示与访问列表
　　　　　元素 ⋯⋯⋯⋯⋯⋯⋯⋯⋯⋯ 39
  - 4.1.2　遍历列表 ⋯⋯⋯⋯⋯⋯⋯⋯ 40
  - 4.1.3　添加列表元素 ⋯⋯⋯⋯⋯⋯ 42
  - 4.1.4　删除列表元素 ⋯⋯⋯⋯⋯⋯ 44
  - 4.1.5　列表排序 ⋯⋯⋯⋯⋯⋯⋯⋯ 45
- 4.2　元组 ⋯⋯⋯⋯⋯⋯⋯⋯⋯⋯⋯⋯⋯ 46
- 4.3　字典 ⋯⋯⋯⋯⋯⋯⋯⋯⋯⋯⋯⋯⋯ 47
  - 4.3.1　创建字典 ⋯⋯⋯⋯⋯⋯⋯⋯ 48
  - 4.3.2　添加和删除键值对 ⋯⋯⋯⋯ 49

  4.3.3 遍历字典 …………………… 49
  4.3.4 字典嵌套 …………………… 50

第5章 函数 ………………………… 52
 5.1 函数的定义和调用 ………………… 52
 5.2 函数参数传递 ……………………… 54
 5.3 列表作为函数参数 ………………… 57
  5.3.1 简单数据类型参数传递值 …………………… 57
  5.3.2 组合数据类型参数公用存储空间 …………… 57
  5.3.3 组合数据类型的数据作为函数参数的应用 …… 58
 5.4 模块 ………………………………… 59
  5.4.1 创建模块 …………………… 59
  5.4.2 导入模块 …………………… 60

第6章 类和对象 …………………… 63
 6.1 类和对象的概念 …………………… 63
 6.2 定义只具有方法的类和对象 ……… 64
  6.2.1 定义类 ……………………… 64
  6.2.2 实例化对象 ………………… 65
 6.3 对象初始化方法及属性 …………… 66
  6.3.1 对象初始化方法＿＿init＿＿() …………………… 66
  6.3.2 定义类的属性 ……………… 66
  6.3.3 访问对象属性 ……………… 67
  6.3.4 输出对象的描述信息 ……… 68
  6.3.5 封装性 ……………………… 69
 6.4 类和对象应用实例 ………………… 69
 6.5 类的继承 …………………………… 70
  6.5.1 继承的定义 ………………… 70
  6.5.2 ＿＿init＿＿()方法的继承 …… 72
  6.5.3 重写父类方法 ……………… 73

第7章 文件操作 …………………… 74
 7.1 基本操作 …………………………… 74
 7.2 打开文件 …………………………… 75
  7.2.1 文件指针 …………………… 75
  7.2.2 打开方式 …………………… 76
 7.3 读取文件 …………………………… 77
 7.4 写入文件 …………………………… 78
  7.4.1 使用write()方法向文件中写入内容 ………… 78
  7.4.2 使用write()方法向文件中追加内容 ………… 79
 7.5 读写CSV文件 ……………………… 80
  7.5.1 读取数据 …………………… 80
  7.5.2 写入数据 …………………… 81

第8章 常用Python标准库 ………… 83
 8.1 datetime模块 ……………………… 83
  8.1.1 date类 ……………………… 83
  8.1.2 time类 ……………………… 86
  8.1.3 datetime类 ………………… 86
  8.1.4 timedelta类 ………………… 87
  8.1.5 时间转化 …………………… 88
  8.1.6 设置日期时间格式 ………… 88
 8.2 math模块 …………………………… 89
 8.3 random模块 ………………………… 90
 8.4 os模块 ……………………………… 92

第二篇 数据分析

第9章 正则表达式 ………………… 98
 9.1 正则表达式中的元字符 …………… 98
  9.1.1 主要元字符 ………………… 98
  9.1.2 对字符进行转义 …………… 99
  9.1.3 标记开始与结束 …………… 99
 9.2 匹配一组字符 ……………………… 100
  9.2.1 定义一组字符 ……………… 100
  9.2.2 对一组字符取反 …………… 100
  9.2.3 使用区间简化一组字符的定义 …………………… 100
 9.3 使用量词进行多次匹配 …………… 101
  9.3.1 常用量词 …………………… 101
  9.3.2 贪婪和非贪婪匹配 ………… 101
  9.3.3 分组 ………………………… 102

9.4	使用 re 模块处理正则表达式 ……… 102	
	9.4.1	Python 正则表达式的语法 …………………… 102
	9.4.2	匹配字符串 …………… 102
	9.4.3	替换字符串 …………… 106
	9.4.4	分割字符串 …………… 107

第 10 章 使用 numpy 进行数值计算 ……………………… 108

10.1	使用 numpy 生成数组 ………… 108	
	10.1.1	常用数组生成函数 …… 108
	10.1.2	ndarray 对象属性 …… 109
	10.1.3	数组变换 ……………… 110
	10.1.4	numpy 的随机数函数 … 112
10.2	数组的索引和切片 …………… 112	
	10.2.1	数组的索引 …………… 112
	10.2.2	数组的切片 …………… 113
10.3	数组的运算 …………………… 114	
	10.3.1	数组和标量间的运算 … 114
	10.3.2	通用函数 ……………… 114
	10.3.3	统计运算 ……………… 115
10.4	数组的存储与读取 …………… 116	
	10.4.1	数组的存储 …………… 116
	10.4.2	数组的读取 …………… 116

第 11 章 pandas 数据分析模块 …… 118

11.1	pandas 数据结构 ……………… 118	
	11.1.1	创建 Series 数据 ……… 118
	11.1.2	创建 DataFrame 数据 … 120
11.2	添加、修改和删除数据 ……… 121	
	11.2.1	添加数据 ……………… 122
	11.2.2	修改数据 ……………… 123
	11.2.3	删除数据 ……………… 124
11.3	索引操作 ……………………… 126	
	11.3.1	重设索引 ……………… 126
	11.3.2	将已有列设置为索引 … 126
	11.3.3	重新命名索引 ………… 127
	11.3.4	层次化索引 …………… 128
11.4	选取数据 ……………………… 130	
	11.4.1	Series 数据的选取 …… 130
	11.4.2	DataFrame 数据的选取 ………………… 131
11.5	数据运算 ……………………… 133	
	11.5.1	算术运算 ……………… 133
	11.5.2	函数应用和映射 ……… 134
	11.5.3	汇总与统计 …………… 135
	11.5.4	唯一值和值计数 ……… 138

第 12 章 使用 pandas 获取和写入数据 …………………… 140

12.1	文本数据的读取与存储 ……… 140	
	12.1.1	CSV 文件的读取 ……… 140
	12.1.2	TXT 文件的读取 ……… 142
	12.1.3	文本数据的存储 ……… 143
12.2	Excel 与 JSON 数据 …………… 143	
	12.2.1	Excel 数据 …………… 143
	12.2.2	JSON 数据 …………… 144
12.3	数据库的读取与写入 ………… 145	
	12.3.1	SQLAlchemy 包的安装和数据库的连接 ……… 145
	12.3.2	SQLite 数据库写入和读取数据 ……………… 145

第 13 章 数据预处理 ………………… 147

13.1	数据清洗 ……………………… 147	
	13.1.1	处理缺失值 …………… 147
	13.1.2	删除重复数据 ………… 150
	13.1.3	替换值 ………………… 151
	13.1.4	利用函数或映射进行数据转换 ……………… 152
13.2	对数据进行排序和排名 ……… 153	
	13.2.1	数据排序 ……………… 153
	13.2.2	数据排名 ……………… 155
13.3	数据合并和重塑 ……………… 156	
	13.3.1	数据合并 ……………… 156
	13.3.2	数据连接 ……………… 157

13.3.3 数据转置……………… 159
13.4 字符串处理…………………… 159
  13.4.1 字符串方法……………… 159
  13.4.2 使用正则表达式………… 160

第 14 章 数据的分组与聚合……… 161
14.1 数据分组…………………… 161
  14.1.1 认识 GroupBy…………… 161
  14.1.2 按照列名进行分组……… 162
  14.1.3 按照 Series 数据进行
       分组………………………… 163

14.2 数据聚合…………………… 164
  14.2.1 聚合函数………………… 164
  14.2.2 使用 aggregate() 方法
       进行数据聚合……………… 165
14.3 长表变宽表………………… 166
  14.3.1 什么是长表和宽表……… 166
  14.3.2 使用 pivot 函数将长表
       变为宽表…………………… 167
  14.3.3 使用 pivot_table 函数
       进行数据透视分析………… 167

第三篇 数据可视化

第 15 章 使用 matplotlib 可视化
数据……………………… 170
15.1 创建图表的基本方法……… 170
  15.1.1 图表的基本组成元素…… 170
  15.1.2 建立画布和坐标系……… 171
  15.1.3 设置坐标轴……………… 175
  15.1.4 设置网格线……………… 177
  15.1.5 设置图例………………… 178
  15.1.6 设置图表标题…………… 179
  15.1.7 设置数据标签…………… 180
  15.1.8 设置数据表……………… 181
  15.1.9 绘制常用几何图形……… 182
15.2 常用图表的创建…………… 186
  15.2.1 折线图…………………… 186
  15.2.2 柱形图…………………… 188
  15.2.3 饼图和圆环图…………… 191
  15.2.4 散点图和气泡图………… 191
  15.2.5 直方图…………………… 193
  15.2.6 箱形图…………………… 194
  15.2.7 等高线图………………… 196
  15.2.8 阶梯图…………………… 196

第 16 章 使用 seaborn 可视化
数据……………………… 198
16.1 seaborn 的样式……………… 198

  16.1.1 基本样式………………… 198
  16.1.2 自定义样式……………… 199
16.2 绘制分布图………………… 200
  16.2.1 单变量分布图…………… 200
  16.2.2 多变量分布图…………… 202
16.3 绘制分类图………………… 204
  16.3.1 分类散点图……………… 204
  16.3.2 箱形图与琴形图………… 204
  16.3.3 回归图…………………… 205

第 17 章 使用 pyecharts 动态
可视化数据……………… 207
17.1 pyecharts 的版本与特点…… 207
17.2 pyechats 可视化的流程及选项
   设置…………………………… 207
  17.2.1 pyecharts 可视化的一般
       流程………………………… 207
  17.2.2 pyecharts 选项设置……… 209
  17.2.3 pyecharts 常用的图表
       设置方法…………………… 211
17.3 使用 pyecharts 创建图表…… 214
  17.3.1 饼图和圆环图…………… 214
  17.3.2 折线图和面积图………… 216
  17.3.3 散点图和气泡图………… 218
  17.3.4 直方图和箱形图………… 219

| | 17.3.5 词云图 ·················· 221
| | 17.3.6 数据地图 ················ 222
| | 17.3.7 雷达图 ·················· 224
| | 17.3.8 仪表盘和水球图 ········ 225

第 18 章 使用 SciPy 进行科学计算和统计分析 ············ 227

18.1 使用 SciPy 进行科学计算 ······ 227
    18.1.1 获取基本科学常量 ······ 227
    18.1.2 线性代数和微积分 ······ 228
    18.1.3 插值与拟合 ·············· 229
18.2 使用 SciPy 进行统计分析 ······ 230
    18.2.1 正态分布有关计算 ······ 230
    18.2.2 通过样本推断总体参数 ····· 231
    18.2.3 检验均值 ·················· 232
    18.2.4 检验均值差 ·············· 233
    18.2.5 卡方检验 ·················· 234
    18.2.6 回归分析 ·················· 235

第四篇 实 例 应 用

第 19 章 共享自行车大数据分析 ····· 239

19.1 数据预处理 ···················· 239
    19.1.1 读取数据 ·················· 239
    19.1.2 数据清洗与转换 ········ 240
19.2 探索数据规律 ·················· 241
    19.2.1 年份数据比较 ············ 241
    19.2.2 月份趋势比较 ············ 241
    19.2.3 每日高峰时段分析 ······ 243
    19.2.4 不同季度差异分析 ······ 244
    19.2.5 周末和工作日差异分析 ···· 245

第 20 章 在线销售数据分析与建模 ·· 246

20.1 获取和清洗数据 ················ 246
    20.1.1 获取数据 ·················· 246
    20.1.2 了解数据的基本特征 ···· 247
    20.1.3 清洗与整理数据 ········ 248
20.2 分析与可视化销售数据 ········ 249
    20.2.1 查看销量的描述统计结果 ··· 249
    20.2.2 按产品对销量进行汇总 ·· 249
    20.2.3 按城市汇总产品 ········ 250
    20.2.4 对产品和城市进行交叉分析 ··· 251
20.3 销量趋势分析 ·················· 251
    20.3.1 日期格式转换 ············ 252
    20.3.2 时间和季节趋势分析 ···· 252
    20.3.3 比较不同城市季节趋势的差异 ········ 253

第一篇

Python 基础

第 1 章 Python 概述

1.1 Python 简介

1.1.1 Python 的起源

TIOBE 发布的 2022 年 1 月编程语言排行榜中，Python 已经跃居第一，这表明在过去的一年中 Python 语言的使用率在不断增长，Python 成为最受欢迎的语言之一。

是什么样的契机产生了 Python 语言呢？Python 语言是由荷兰人 Guido van Rossum（吉多·范罗苏姆）于 1989 年发明的，并于 1991 年发行第一个公开版本。20 世纪 80 年代，计算机的配置都比较低，计算机中的各种资源都比较宝贵，所以人们在编程时需充分考虑如何合理使用计算机的资源，从而导致编程过程非常困难。程序员范罗苏姆就开始思考：能否发明一种语言，既能合理地利用计算机的资源，也能更轻松地编程呢？

后来，范罗苏姆参与了 ABC 语言的开发。虽然 ABC 语言具有易读、易用、易学等优点，但由于其缺乏扩展性和迁移能力，导致很难增加新功能。1989 年圣诞节期间，感到非常无聊的范罗苏姆决定开发一个新的脚本解释程序，即一个计算机语言编译器。范罗苏姆在开发这个编译器过程中，继承了 ABC 语言的诸多优点，也吸取了 ABC 语言的教训，他特别注重新编译器的扩展性。范罗苏姆因为非常喜欢英国喜剧团体巨蟒（Monty Python）编剧创作的系列喜剧《巨蟒剧团之飞翔的马戏团》（*Monty Python's Flying Circus*），所以将这种新的计算机语言命名为 Python。

1.1.2 Python 的发展

范罗苏姆在开发 Python 时，确定了以下 4 个目标。
- 简单直观，但功能强大。Python 简单直观，但同时能够与其他语言一样满足各个领域的需求。
- 开源。将 Python 项目开源，以便更多的人可以贡献自己的力量，不断从各个方面完善 Python 语言。

- 易用。Python 的代码像纯英语一样容易理解，不仅便于零基础的用户入门，而且有助于用户开发各种复杂应用。
- 高效。随着信息技术不断发展，产品迭代速度越来越快。Python 应该适用于短期开发的日常任务。

Python 编译器是由 C 语言实现的，它可以直接调用 C 语言的库文件，还沿用了 C 语言中的大部分语法习惯。范罗苏姆的同事非常喜欢使用 Python 语言，并且不断提供使用反馈。范罗苏姆根据同事的反馈对 Python 不断进行改进。

范罗苏姆开发 Python 的哲学是：用一种方法来完成一件事情，最好只能用一种方法来完成某件事情。在 Python 不断进化的过程中，始终秉承着优雅、明确和简单的原则。如果面临的问题有多种解决方案时，Python 开发人员一般不会使用花俏的语法，而是选择没有歧义或少有歧义的语法来解决问题。使用 Python 解决问题时，代码量通常都比较少。一般情况下，用 Python 解决某个问题的代码量是用 Java 的 1/5。

20 世纪 90 年代，操作系统不断改进及网络的普及促使 Python 得到了广泛的传播，范罗苏姆根据用户的邮件反馈继续完善 Python。由于 Python 具有很好的扩展性，因此能满足不同领域的需求。2001 年，Python 2.0 正式发布，Python 也正式转为开源的开发方式。

现在，Python 的框架已经基本确立了。Python 中，一切都是对象，它是以对象为核心组织代码的。Python 中的函数、模块、数值和字符串都是对象。它完全支持继承、重载、多重继承等面向对象特征，也支持运算符重载和泛型设计。

Python 具有强大的标准库。虽然 Python 语言的核心只包含常见的数据类型和函数，如数值、字符串、列表、字典、文件等，但是 Python 标准库提供了丰富的额外功能，如系统管理、网络通信、文本处理、数据库接口和图形处理等。

Python 社区中存在大量的第三方模块，其使用方式与标准库类似。Python 社区的第三方模块覆盖科学计算、人工智能、机器学习、数据库接口等多个领域。

1.2 Python 解释器

目前，市面上有 Python 2 和 Python 3 两个版本。Python 3 相对于 Python 2 有一个较大的提升，而且不向下兼容，是目前主流的 Python 版本。本节以 Python 3 为例介绍在 Windows 下搭建 Python 运行环境的过程。

1.2.1 安装 Python 解释器

Python 解释器是一种特殊的程序。安装 Python 解释器后，便可以执行编写的 Python 程序了。在浏览器地址栏中输入 Python 官方网址，在打开的页面选择下载所需版本的 Python 3 编译程序。下载完成后，运行下载的 .exe 可执行文件，打开如图 1-1 所示的 Python 解释器安装界面。勾选对话框最下面的"Add Python 3.10 to PATH"复选框后，单击 Install Now 选项，开始安装。

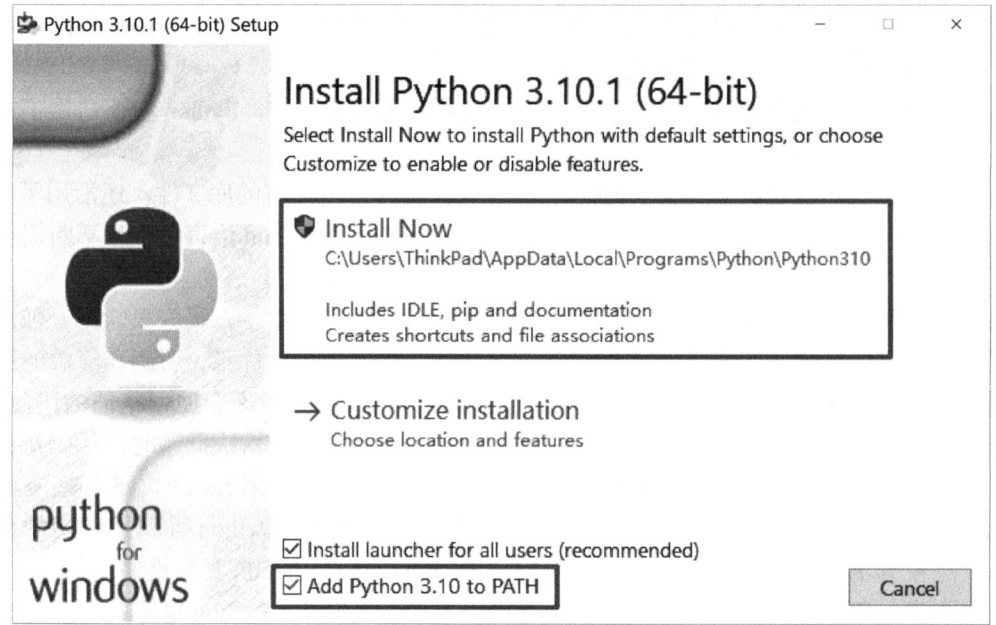

图 1-1　Python 解释器安装界面

使用 Python 解释器，有两种模式运行 Python 程序，一种是交互运行模式，另一种是命令行运行模式。

1.2.2　交互运行模式

打开"命令提示符"窗口，输入"python"命令，执行命令之后出现 >>> 提示符，说明已进入交互运行模式。在提示符后输入 print("Hello World!") 命令并按 Enter 键，可以看到命令执行的结果，如图 1-2 所示。

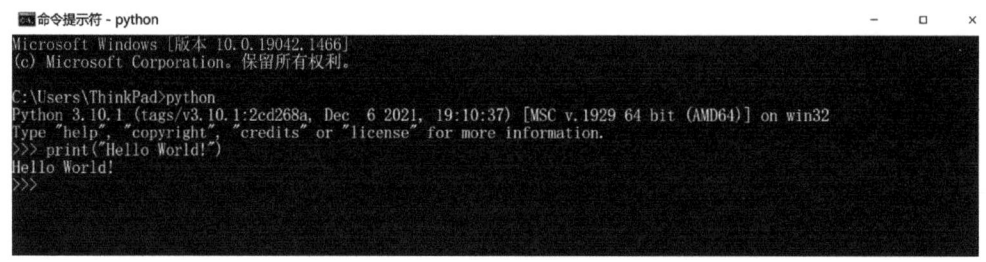

图 1-2　交互运行模式

在交互运行模式中，输入"exit"命令并按 Enter 键，即可退出交互运行模式。

1.2.3　命令行运行模式

如果想要完整地运行一个 Python 程序，可以使用命令行运行模式。在硬盘的某个位置创建一个项目文件夹，在文件夹中使用文本编辑工具创建"hello.py"文件

（Python 程序文件通常以 .py 为扩展名）。

在资源管理器中打开项目文件夹，并在上面的输入栏中输入"powershell"或"cmd"命令，打开"命令提示符"窗口，如图 1-3 所示。

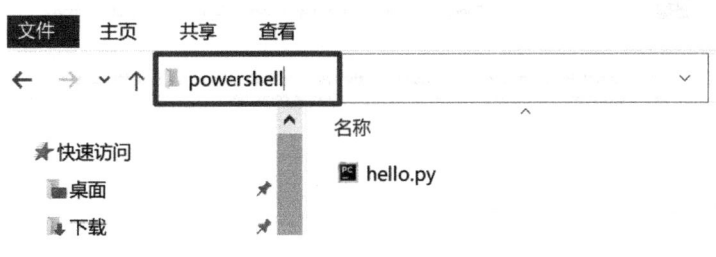

图 1-3　输入"powershell"命令

在"命令提示符"窗口中输入"python hello.py"命令并按 Enter 键，即可解释执行此 Python 程序文件了。

1.3　集成开发环境 PyCharm

运行 Python 程序还可以采用能够实现编辑、调试、编译和运行程序一体化的集成开发环境（Integrated Development Environment，IDE）。日常开发中几乎全部的工作都可以在集成开发环境中完成。最常用的 Python 集成开发环境就是 PyCharm。

PyCharm 主要具备以下功能。
- 图形化开发界面。图形化开发界面使用菜单、导航、按钮等方式实现各种功能，简单直观，可以大大地提高日常开发效率。
- 智能代码辅助功能。PyCharm 提供了智能代码补全功能，并且对代码进行检查，可以实时高亮显示错误和修复错误。此外，PyCharm 还能够进行自动化代码重构。
- 内建许多开发者工具。PyCharm 包括 Python 程序调试器和测试运行工具、Python 分析器、内置终端等，这些工具都是开箱即用的，非常方便。
- 便于进行 Web 开发。PyCharm 提供了各种 Python Web 框架，支持多种版本的 JavaScript 语言和 Web 开发框架，非常适合进行 Web 开发。
- 可定制和跨平台的集成开发环境。通过单个许可证密钥即可在 Windows、macOS 和 Linux 上无缝连接地使用 PyCharm。

1.3.1　安装 PyCharm

打开 PyCharm 官方网址下载页面，其中有两个版本的 PyCharm 可供下载，一个是收费的专业（Professional）版，另一个是免费的社区（Community）版。对于初学者来说，选择免费的社区版即可。

下载完成后，双击下载的可执行文件进行安装。在打开的对话框中单击"Next"

按钮，选择安装路径，如图1-4所示。

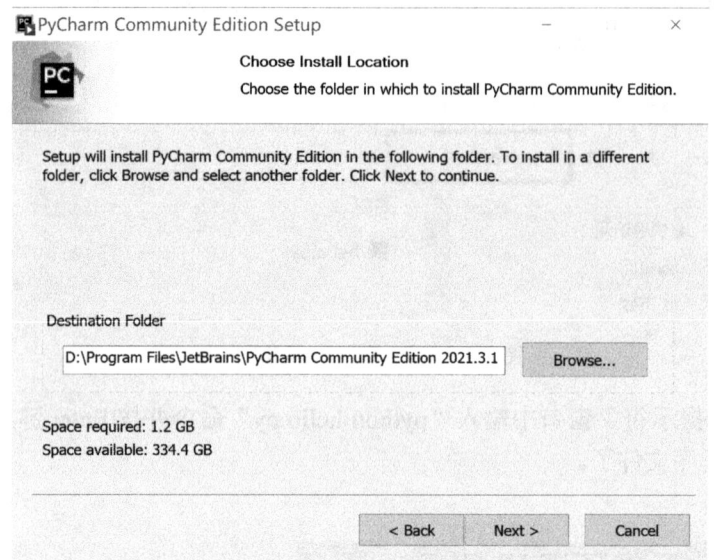

图1-4　选择安装路径对话框

单击"Next"按钮，打开安装选项对话框，如图1-5所示。可以勾选所有的复选框，也可以根据需要进行选择，然后单击"Next"按钮。

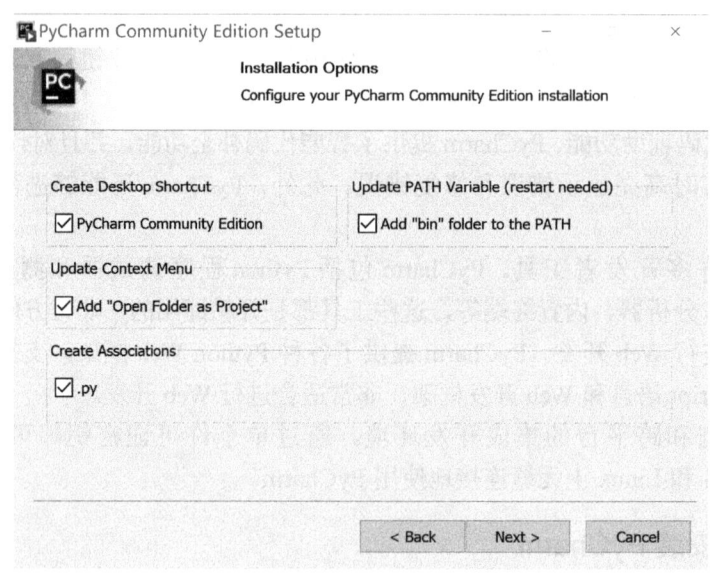

图1-5　安装选项对话框

在打开的对话框中单击"Install"按钮，开始安装。安装完成之后要重新启动计算机。

1.3.2 创建项目

双击桌面上的 PyCharm 图标，打开如图 1-6 所示的初始界面。单击"New Project"按钮即可创建一个新的 Python 项目，也可以单击"Open"按钮打开一个已有的项目。单击"Customize"选项，可以设置窗口的显示风格。

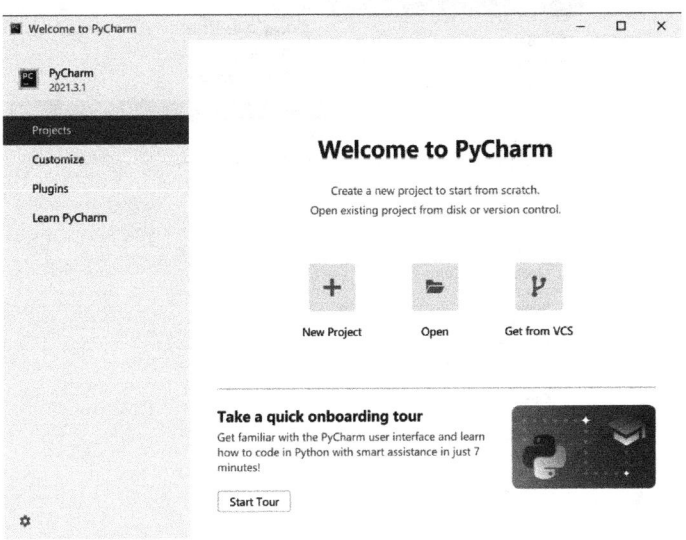

图 1-6 初始界面

单击"New Project"按钮，打开如图 1-7 所示的新建项目对话框，在对话框中确定项目创建的位置。因为 Python 的最佳实践是为每个项目创建一个 Virtualenv，所以选择创建新的虚拟环境。PyCharm 会自动检测到已安装的 Python 解释器。最后取消勾选"Create a main.py welcome script"复选框，单击"Create"按钮即可创建一个新项目。

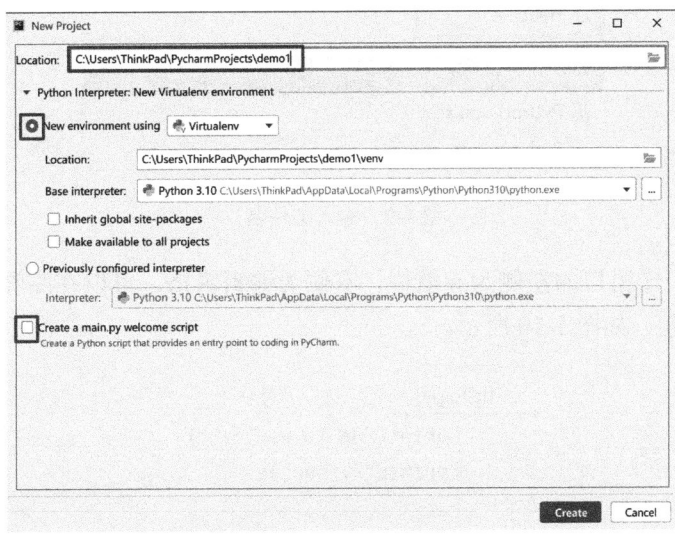

图 1-7 新建项目对话框

1.3.3　创建并运行 Python 文件

在项目文件夹中可以根据需要创建相关的文件。在新建的文件名称上单击鼠标右键，依次选择"New->Python File"命令，如图 1-8 所示。

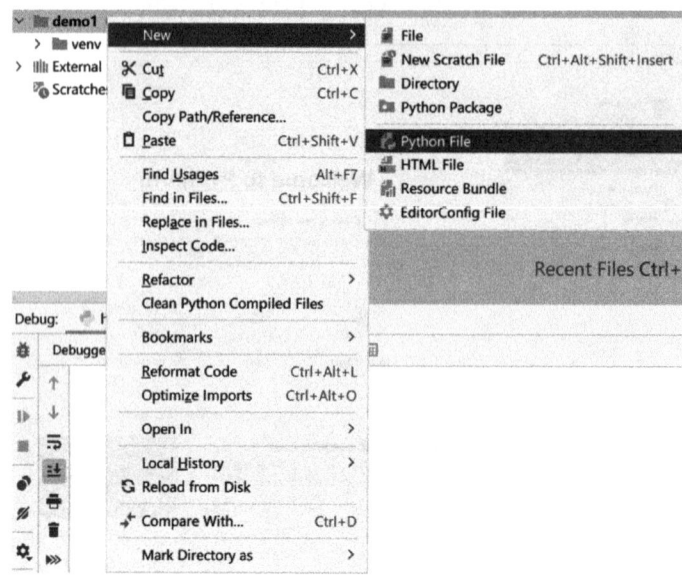

图 1-8　在项目中创建 Python 文件

在打开的对话框中输入文件名，如图 1-9 所示。输入完成后按 Enter 键即可创建新文件，在 PyCharm 工作窗口中会打开新建的文件。

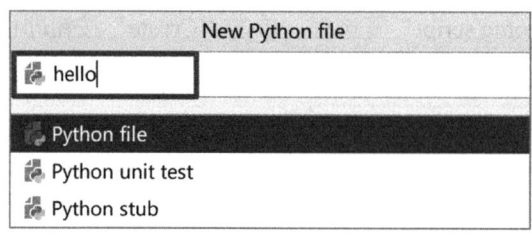

图 1-9　输入文件名

PyCharm 工作窗口的左侧为导航栏，右侧为编辑窗格。可以在编辑窗格中输入简单的 Python 语句，如图 1-10 所示。

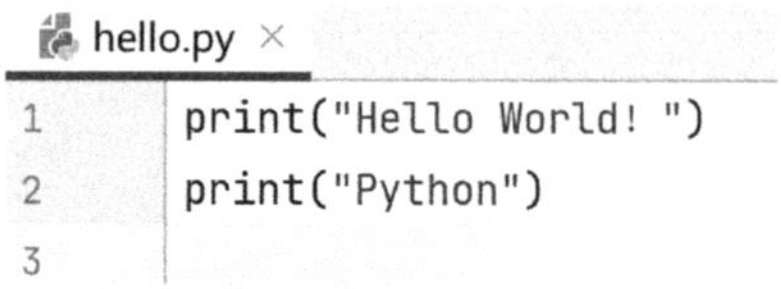

```
hello.py
1    print("Hello World! ")
2    print("Python")
3
```

图 1-10　输入 Python 语句

输入完成之后，保存文件。第一次运行 Python 文件时，在文件名称上单击鼠标右键，选择运行命令，如图 1-11 所示。命令执行完成之后，PyCharm 工作窗口底部的控制台就会显示程序运行结果。要再次运行文件，可以单击窗口右上角的绿色三角形按钮。

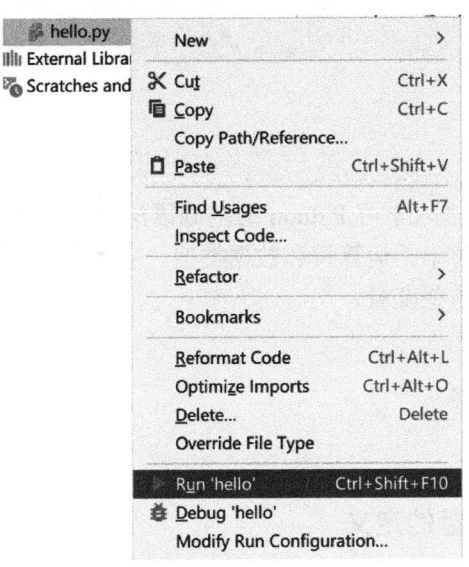

图 1-11　运行命令

第 2 章 Python 编程基础

从本章开始,正式进入学习 Python 的基础语法部分。本章主要介绍 Python 程序中使用的各种变量、字符串、运算符和数据类型,还将介绍如何将数据存储到变量中,以及如何在程序中使用这些变量。

2.1 常量和变量

2.1.1 常量和变量的定义

创建新的 Python 文件,并在其中输入以下代码。

```
number = 1
print(number)              # 输出 1
number = number + 3
print(number)              # 输出 4
```

执行后其输出结果为 1 和 4。程序中 1 和 3 这两个量在程序执行过程中不允许发生变化。在程序执行过程中不允许发生变化的量称为常量。而 number 的值在程序执行过程中从 1 变成 4。在程序执行过程中可以发生变化的量称为变量。变量中保存着其最新的值。

在 Python 中变量定义非常简洁,只需写上变量名,然后使用"="为其赋值即可。Python 规定,每个变量必须赋值后才可以使用。

2.1.2 变量命名规则

在 Python 中给变量命名时,需要遵守相关的规则和约定。正确合理地给变量命名有助于提高程序的可阅读性和可理解性,会对理解和调试程序有很大的帮助。给变量命名时应遵循以下规则和约定。

- 变量名只能包含字母、数字和下画线,且只能以字母和下画线开头。变量中不能包含空格。如果需要将多个部分隔开,可以使用下画线,如 student_id。
- 不能将 Python 中的关键字等保留用于特殊用途的单词作为变量名,如 print。
- 变量名既要保持简单明了,又要做到见名知意。例如,一看到变量名 student_name,就知道其表示学生姓名。

- 变量名尽量避免使用字母 i 和 o，以免与数字 1 和 0 混淆。

在编写程序的过程中，经常会出现写错变量名的情况。如果调试程序时出现类似"NameError: name 'xxxxx' is not defined."的信息，很可能是变量名写错了，找到对应的位置修改成正确的变量名即可。

值得注意的是，在实践中有些程序员会使用全大写的变量名来表示常量。例如：
```
PI = 3.14159
```
在这种情况下，PI 实质上仍然是一个变量，其值也是可以被改变的。如果改变这些变量的值，Python 解释器不会报错。使用全大写的变量名作为常量只是很多程序员的一个习惯。

2.2 简单数据类型

程序除需要处理数学计算外，还需要处理各种不同类型的信息。无论是常量还是变量，都具有自己的数据类型。因为不同的数据类型能够进行的运算和操作不同，所以数据类型是一个非常重要的概念。在使用某个变量时，需要关注以下几点。

- 变量的名称。
- 变量保存的数据。
- 变量存储数据的类型。
- 变量的地址（标示）。

Python 中不需要显示指定变量的类型，但在初次定义变量并给变量赋值时，系统会根据所赋的值的类型来确定变量的类型。

Python 中内置的数据类型包括数值类型、字符串等基本数据类型，以及列表、元组和字典等组合数据类型。本章介绍基本数据类型，第 4 章将介绍组合数据类型。

2.2.1 数值类型

Python 中的数值类型包括 4 种：整型（int）、浮点型（float）、布尔类型（bool，参见 2.2.4 节）和复数类型（complex）。

1. 整型

整型数据与数学中整数的概念一致，包括正数、负数和零。在 Python 3 中，没有限制整型数据的长度。整型数据的表示方法与数学中的表示方法是一致的。

除可以表示十进制数外，Python 中还可以表示二进制数、八进制数和十六进制数，具体如表 2-1 所示。

如果需要在各种进制之间进行转换，可以使用 Python 提供的内置函数。

- bin(i)：将任何进制的整数 i 转换成二进制数，结果会显示"0b"前缀。
- oct(i)：将任何进制的整数 i 转换成八进制数，结果会显示"0o"前缀。
- int(i)：将任何进制的整数 i 转换成十进制数，结果不显示前缀，直接显示数字。
- hex(i)：将任何进制的整数 i 转换成十六进制数，结果会显示"0x"前缀。

表 2-1　各种进制的数

进制	前缀	示例
二进制	0b	0b1101101
八进制	0o	0o155
十进制	无前缀	109
十六进制	0x	0x6d

2. 浮点型

浮点型数据是指带有小数点的数。之所以称为浮点数，是因为计算机是按照科学记数法的形式保存小数的，而在科学记数法中，尾数的小数点位置是不固定的。例如，615.23×10^3 和 0.61523×10^6 都可以表示 615230.0，但尾数的小数点位置不一样。

除按常见的方式表示浮点数外，也可以采用科学记数法表示常数。例如，1.235e2 表示 1.235×10^2，即浮点数 123.5。

3. 复数类型

和数学中的概念一样，Python 中的复数也包含实部和虚部。表示复数的一般形式如下。

```
a+bj
```

其中，a 为实部，b 为虚部。虚部后面可以为 j 或 J。如果有一个复数类型的变量 z，则可以使用 z.real 和 z.imag 分别访问复数的实部和虚部。示例如下。

```
z=3+5j
print(z)            #  (3+5j)
print(z.real)       #  3.0
print(z.imag)       #  5.0
```

从程序的运行结果可以看出，复数的实部和虚部均为实数。

2.2.2　字符串

1. 普通字符串

由单引号或双引号引起来的任意个字符称为字符串。例如，"Alice"、"Hello world!"、'Python' 都是合法的字符串。

如果字符串中包含单引号或双引号，可以在字符串外面使用单引号，在字符串中使用双引号；或者在字符串外面使用单引号，在字符串中使用单引号。示例如下。

```
print('He asks:"How are you?"')      # He asks:"How are you?"
print("I'm a student.")              # I'm a student.
```

如果字符串中同时有单引号和双引号，则需要使用转义字符来表示字符串中的引号。示例如下。

```
print("I\'m \"OK\"")        #I'm "OK"
```

表 2-2 所示为常用的转义字符。

表 2-2 常用的转义字符

转义字符	含义
\n	换行,将光标移到下一行开头
\r	回车,将光标移到本行开头
\t	跳到下一个水平制表位
\\	反斜杠字符 \
\'	单引号
\"	双引号

如果想要按字符串的原样输出,而不进行转义,则可以在字符串前加一个字符 r。示例如下。

```
print("c:\top\top01")    # c:    op    op01
print(r"c:\top\top01")   # c:\top\top01
```

其中,第一个 print 函数中的字符串前面没有 r 字符,其中的 "\t" 被转义成 Tab 符号;第二个 print 函数中的字符串前面有 r 字符,直接按原样输出 "\t"。

如果某个字符串特别长,可以将其放在多行中,每行的末尾加上 "\"。示例如下。

```
str = "I'm a student. \
I'm learning Python. \
I love it."
print(str)    # I'm a student. I'm learning Python. I love it.
```

2. 长字符串

长字符串是指字本身包含回车换行符,可以显示成多行的字符串。多行字符串需要用 3 对双引号或单引号引起来。例如:

```
''' 字符串的内容 '''
""" 字符串的内容 """
```

示例如下。

```
print('''I'm a student.
I like basketball.
''')
```

输出结果如下。

```
I'm a student.
I like basketball.
```

长字符串的功能非常强大,其中可以包含单引号、双引号和 "\" 等特殊字符。长字符串中的换行、空格、缩进等空白符都会原样输出。示例如下。

```
print('''Open the file "c:\project\python1.py"''')
                    # Open the file "c:\project\python1.py"
```

2.2.3 None

None 是一个特殊的常量,其首字母必须大写。None 有一个专属的数据类型 NoneType,不能创建 NoneType 类型的其他变量。None 表示空值,即什么都没有。

None 与 False、0、空字符串等完全不一样。None 表示一无所有的空值。而其他几个量都是有内容的，False 表示逻辑假值；0 表示数值 0；空字符表示有一个字符串存在，只是字符串中没有字符。

当某个变量暂时不用时，如果不对这个变量进行处理，可能会误用这个变量，此时可以将 None 赋值给这个变量。

2.2.4 布尔类型

Python 3 中增加了布尔类型，并且规定了布尔类型的两个常量，即 True 和 False（首字母必须大写）。

可以对任何变量和表达式进行逻辑判断。如果某个表达式的值非 0，则其逻辑值为 True；否则为 False。0、空字符串、None、0j 的逻辑值均为 False，非 0、非空字符串的逻辑值均为 True。

在 Python 3 中，布尔类型实际上是数值类型的一个子类，True 的值为 1，False 的值为 0。它们也是可以进行算术运算的。注意，不建议将布尔类型的数据进行算术运算。

2.2.5 数据类型转换

1. 使用 type 函数查看数据类型

Python 提供 type 函数用于获取数据的数据类型，其基本格式如下。

```
number_a = 3
print(type(number_a))       # <class 'int'>

number_b = 10.3
print(type(number_b))       # <class 'float'>

name = "Alice"
print(type(name))           # <class 'str'>

flag = True
print(type(flag))           # <class 'bool'>
```

2. Python 中的类型转换

整数和浮点数进行混合运算时，会自动将整数转换为浮点数进行运算，结果为浮点类型。示例如下。

```
total = 23.6 + 58
print(type(total))          # <class 'float'>
```

表 2-3 所示为常用的类型转换函数。

在定义变量时，可以使用类型转换函数将变量设定成某个特定的数据类型。示例如下。

```
flag = bool(1)              # 将变量设定成布尔类型
tax  = float(1258)          # 将变量设定成浮点型
```

表 2-3　常用的类型转换函数

函数	功能
int(x)	将 x 转换成整数类型
float(x)	将 x 转换成浮点数类型
str(x)	将 x 转换为字符串
hex(x)	将一个整数 x 转换为一个十六进制字符串
oct(x)	将一个整数 x 转换为一个八进制字符串

2.3 算术运算

算术运算是指加、减、乘、除等数学运算。表 2-4 列出了 Python 中常用的算术运算符及其功能。

表 2-4　常用的算术运算符及其功能

运算符	功能	示例	示例结果
+	求和	9+4	13
-	求差	9-4	5
*	求积	9*4	36
/	浮点除法	9/4	2.25
//	整除法，只取结果的整数部分	9//4	1
%	模运算，取整数除法结果的余数部分	9%4	5
**	乘方运算	3**2	9

在 Python 中，算术运算的加法、减法、乘法与数学运算的加法、减法、乘法是一样的。

乘方运算的格式为 x**y，表示 x 的 y 次方。

下面重点介绍与除法相关的 3 种运算，即 /、// 和 %。

除法运算分为两种，一种是数学中的除法，即浮点除法（/）；另一种是整除法（//）。浮点除法无论参与运算的运算数是整型还是浮点型，都会将其转换成浮点型之后进行运算，因此其结果也为浮点型。整除法的结果只取商的整数部分。示例如下。

```
print( 10 / 3)    # 3.3333333333333335
print( 10 // 3)   # 3
```

模运算（%）是取除法运算的余数。根据参加模运算的运算数符号不同，模运算的结果也不同。计算模运算 m%n 的结果时，可以参照表 2-5。先取两个运算数的绝对值，再计算 m 的绝对值除以 n 的绝对值的余数，假设其为 k。

表 2-5　m%n 的计算结果

运算数	结果	示例	示例结果
m、n 均为正数	k	17%6	5
m、n 均为负数	-k	-17/-6	-5
m 为正数，n 为负数	k-n（负值）	17/-6	-1
m 为负数，n 为正数	n-k（正值）	-17/6	1

2.4　赋值运算符

将表达式的值保存到某个变量中的过程称为赋值。赋值运算符为"="，其基本形式如下。

```
变量名 = 表达式
```

赋值运算符虽然与数学中的等号相同，但它的功能与等号完全不同。赋值运算的计算过程是，先计算右边表达式的值，再将其赋值给左边的变量。

下例使用赋值运算时，第 2 个赋值语句是完全合法的。它先计算右边表达式的值，再将其结果 1 存储到变量 counter 中。

```
counter = 0;              # 将 0 赋值给变量 counter，并定义变量
counter = counter +1      # 将 counter 的值 +1，再将结果赋值给左边变量 counter
print(counter)            # 1
```

有些情况下，可以使用连续的赋值运算给多个变量赋相同的值。例如：

```
a = b = c = 1
```

此表达式将 a、b 和 c 三个变量的值都赋为 1。因为赋值运算具有右结合性，所以先计算最右边的赋值运算，先将 1 赋值给变量 c。此时，c=1 作为一个表达式，其值为 1。接着将 c=1 这个表达式的值 1 赋值给变量 b。依此类推，变量 a 也被赋值 1。因此，a、b 和 c 三个变量的值均为 1。

除简单的赋值运算符外，还有一些复合赋值运算符。这些复合赋值运算符是将算术运算符与赋值号结合在一起构成的，具体如表 2-6 所示。

表 2-6　复合赋值运算符

复合赋值运算符	示例	等价赋值表达式
+=	y += x	y = y + x
-=	y -= x	y = y - x
*=	y *= x	y = y * x
/=	y /= x	y = y / x
//=	y //= x	y = y // x

（续表）

复合赋值运算符	示例	等价赋值表达式
%=	y %= x	y = y % x
**=	y **= x	y = y ** x

在使用复合赋值运算符时，需要注意以下两点。

（1）复合赋值运算符左边的变量必须是事先定义过的。如果不定义此变量，就无法计算右边表达式的值。

（2）如果表达式右边是一个复杂表达式，在进行等价代换时，需要将右边的表达式用括号括起来。例如，y *= x + 3 等价于 y = y * (x + 3)。

2.5 字符串相关运算

2.5.1 字符串连接运算

如果将多个字符串常量放在一起，中间不使用任何间隔符号，则这些字符串会连接在一起，构成一个大的字符串。示例如下。

```
str = "I""love""Python"
print(str)                    # IlovePython
```

如果参加连接运算符的有字符串变量，则需要使用"+"进行连接。示例如下。

```
name = "Alice"
str = name+" love Python."
print(str)                    # Alice love Python.
```

如果要实现字符串和数值类型数据的连接运算，则不能直接使用"+"连接运算。例如，输入并执行以下程序。

```
name = "Alice"
age = 20
str =  name + " is " + age +" years old."
print(str)
```

会看到错误提示信息：can only concatenate str (not "int") to str。意思是不能将字符串和整型数据直接进行连接。

如果要实现字符串和数值类型数据的连接运算，可以使用类型转换函数，将整型数据转换成字符串。示例如下。

```
name = "Alice"
age = 20
str =  name + " is " + str(age) +" years old."
print(str)    # Alice is 20 years old.
```

2.5.2 字符串截取

Python 中没有字符类型，可以将字符看成长度为 1 的字符串，使用索引方式访问字符串中的某个字符。第一个字符的索引为 0，第二个字符的索引为 1，依此类推。注意，索引不能越界，否则会报错。示例如下。

```
str = "Python"
print(str[0])      # P
print(str[3])      # h
```

Python 还支持负数索引，负数索引从最后一个字符开始数，最后一个字符的索引为 -1。示例如下。

```
str = "Python"
print(str[-1])     # n
print(str[-3])     # h
```

除使用索引获取字符串中的某个字符外，也可以采用切片的方式获取指定子字符串，具体格式如下。

字符串名称[start : end : step]

各个参数的含义如下。

- start：指定子字符串的起始索引，子字符串包含该字符。
- end：指定子字符串的结束索引，子字符串不包含该字符。
- step：从 start 开始按 step 指定的距离取一个字符，直到 end 指定的结束位置为止（不包含 end 指定的字符）。

示例如下。在截取子字符串时，也可以采用负数作为起始位置参数。

```
str = "I'm Alice."
print(str[4:9])       # Alice
print(str[-6:-1])     # Alice
print(str[0:6:2])     # ImA
```

在截取子字符串时，除可以省略 step 参数外，也可以省略其他两个参数。省略 start 参数表示从第 1 个字符开始，省略 end 参数表示到字符串结束为止。

```
str = "I'm Alice"
print(str[4:])        # Alice
print(str[:3])        # I'm
print(str[::2])       # ImAie
```

2.6 输出

大多数程序执行的过程是输入数据、处理数据获取结果、输出数据的过程，所以正确输入和输出是很重要的。

函数用于输出各种信息和数据，其基本格式如下。

```
print(*object, sep=' ', end='\n', file=sys.stdout)
```

- object：表示输出的对象。如果一次输出多个对象，则需要用逗号将各个对象隔开。

- sep：输出多个对象时，使用 sep 指定对象之间的间隔符，默认为空格。
- end：用来设定以什么符号结束输出。默认值为 '\n'。
- file：指定将对象输出至特定的文件。

2.6.1 print 函数的基本用法

使用 print 函数可以输出任何类型的变量和常量。

（1）使用 print 函数输出字符串常量和字符串变量。示例如下。

```
# 输出字符串常量
print("Hello World！")        #Hello World！
# 输出字符串变量
name = "Alice"
print(name)                   #Alice
```

（2）使用 print 函数输出数值常量和数值变量。示例如下。

```
# 输出数值常量
print(3)                      # 3
print(3.8)                    # 3.8
# 输出数值变量
age = 20
print(age)                    # 20
```

（3）使用 print 函数输出表达式的值。示例如下。

```
# 输出算术表达式的值
chinese = 87
math = 82
english = 93
print( chinese + math + english)    # 262
# 输出字符串表达式的值
name = "Alice"
print("Her name is " + name)        # Her name is Alice
```

（4）使用 print 函数输出多个对象。示例如下。

```
name = "Alice"
# 输出两个字符串，两个字符串之间默认用空格隔开
print("Hello",name)                 #Hello Alice
counter = 25
sum = 100
# 输出字符串和数值
print("总和为：",sum)                # 总和为：100
# 输出字符串和表达式
print("平均值为：", sum / counter)   # 平均值为：4.0
```

下面使用输出日期的实例说明 print 函数中 sep 和 end 参数的使用方法。第 5 行语句中，使用 end 参数不是用默认的回车符结束本行输入的，而是用一个空字符结束的。所以执行此语句后不会换行。第 6 行语句中，使用 sep 参数指定各对象之间的分隔符为 "-"，所以输出的年月日之间使用 _ 连接起来。

```
#使用-连接输出日
year = 2022
month = 1
day = 10
print("日期为: ",end='')
print(year,month,day,sep="-")
#输出结果——日期为：2022-1-10
```

2.6.2　print 函数格式化输出

1. 使用格式控制字符串控制输出格式

Python 可以采用与 C 语言一致的方式进行变量格式化输出，其基本格式如下。

```
print("格式控制字符串"%(表达式1,表达式2,…))
```

- 格式控制字符串：包括两种字符，一种是普通字符，按原样输出；另一种是格式控制字符，它前面带有 %，其作用是为后面的表达式占位并指定后面对应表达式按什么格式输出。
- %：分隔符，用于将格式控制字符串和表达式列表分隔开。
- 表达式列表：用逗号分隔开的表达式。

先看下面的程序。

```
wage = 5000
tax_rate = 0.2
print("tax = %f"%(wage * tax_rate))    #tax = 1000.000000
```

其中，格式控制字符中，"tax = "为普通字符，会原样输出。%f 为格式控制字符，输出时它所在的位置为后面表达式的值，而且按照指定的浮点数格式输出表达式的值。示例如下。

```
name = "Alice"
age = 20
print("%s is %d years old."%(name,age)) #Alice is 20 years old.
```

表 2-7 所示为常用的格式控制字符。

表 2-7　常用的格式控制字符

格式控制字符	作用
%b	以二进制数的方式输出整数
%d	以十进制数的方式输出整数
%o	以八进制数的方式输出整数
%x	以十六进制数的方式输出整数
%f	以十进制数的方式输出浮点数
%e、%E	以科学记数法的方式输出
%c	以字符的方式输出
%s	以字符串的方式输出

除控制数据的输出形式外,还可以使用一些参数控制数据输出的对齐方式。

(1) 控制输出数据的宽度。在格式控制字符 % 的后面加一个整数可控制数据输出的宽度。例如:

```
name = "Alice"
age=20
print("name:%10s"%name)    # name:     Alice
print("age: %3d"%age)      # age:  20
```

(2) 控制输出浮点数的小数位数。如果在格式控制字符 % 的后面增加 m.n 的形式(m,n 均为整数),可以指定浮点数输出宽度为 m,小数点后面为 n 位。例如:

```
wage = 5000
tax_rate = 0.2
print("wage = %7.2f"%wage)                    # wage = 5000.00
print("tax = %.2f"%(wage * tax_rate))         # tax = 1000.00
```

(3) 设置输出数据的对齐方式。如果在格式控制字符 % 的后面添加 "+" 或者 "-",可以让输出的数据右对齐或者左对齐。默认情况是左对齐。

加 "+" 是右对齐,示例如下。

```
print("%8d"%10)         #       10
print("%8d"%100)        #      100
print("%8d"%1000)       #     1000
print("%8d"%10000)      #    10000
```

加 "-" 是左对齐,示例如下。

```
print("%-8d"%10)        # 10
print("%-8d"%100)       # 100
print("%-8d"%1000)      # 1000
print("%-8d"%10000)     # 10000
```

2. 使用 format() 方法进行格式化输出

从 Python 2.6 开始,为字符串提供了 format() 方法,用于将字符串格式化。format() 方法的基本格式如下。

```
格式控制字符串.format(表达式列表)
```

格式控制字符串中包括普通字符和格式控制部分。普通字符按原样输出,格式控制部分既是后面表达式列表中某个表达式的占位符,也用于控制其输出格式。

格式控制字符串中的格式控制部分由花括号括起来。每个花括号括起来的部分都作为某个表达式的占位符并指定其格式,所以在对表达式进行格式控制时,不能省略花括号。格式控制部分可以包含以下几个部分。

(1) index:索引。指定在此处输出表达式列表中的第几个表达式,索引值从 0 开始。如果某个格式控制部分指定了索引,则所有的格式控制部分都必须手动指定索引;如果不指定索引,则默认按表达式列表顺序显示表达式值。

(2) :(冒号):索引和其他格式控制字符串之间的间隔符。即使不指定索引,但有后面的格式控制参数,也需要使用 ":"。

(3) fill:在设置左对齐或右对齐时,数据的前后可能会留出空白区域。可以使用 fill 指定的符号来填充空白区域。较为特殊的情况是,如果所控制表达式的值为整数或浮点数，且 fill 指定的分隔符为逗号时，则整数部分使用千分位记数法，每 3 位用逗号隔开。

（4）align：指定数据的对齐方式。
- <：左对齐。
- >：右对齐。
- ^：居中对齐。

（5）sign：指定按什么方式输出数据的正负号或各进制数的前缀。
- +：表示正数前面加正号，负数前面加负号。
- -：表示负数前面加负号，正数前面不加正号。
- 空格：表示负数前面加负号，正数前面加空格。

对二进制数、八进制数和十六进制数使用此参数，各进制数前会分别显示 0b、0o、0x 前缀。

（6）width：指定数据输出的宽度。

（7）precision：指定浮点小数位数，前面需要加小数点。

（8）type：指定按什么格式输出数据。格式控制字符与表 2-7 中所示类似。

【例 2-1】使用花括号占位符输出表达式的值。

```
str = "{} is {} years old."
print(str.format("Alice",20))    # Alice is 20 years old.
```

【例 2-2】采用二进制、八进制和十进制的形式输出某个十进制数。

```
str = "{0:d} 转换为二进制数为 {0:b}，八进制数为 {0:o}，十六进制数为 {0:x}"
print(str.format(19))
                # 19 转换为二进制数为 10011，八进制数为 23，十六进制数为 13
print(str.format(123))
                # 123 转换为二进制数为 1111011，八进制数为 173，十六进制数为 7b
```

根据要求，例 2-2 中需要 4 次按不同的进制输出同一个值，所以整个格式控制字符串中有 4 个花括号。整个格式控制字符串中只有这一个表达式，所以每个花括号中都用索引 0 来表示控制这个表达式的显示格式。

【例 2-3】采用千分位逗号分隔数值。

```
str="{:,}"
print(str.format(123456789))               # 123,456,789
print(str.format(123456789.654321))        # 123,456,789.654321
```

【例 2-4】按指定格式显示数值。

```
number = 123.456789
str = "{0:15.3f}|{0:^15.3f}|{0:<15.3f}|"
print(str.format(number))
                #         123.457|    123.457    |123.457        |
```

格式字符串 str 中每个花括号为一个占位符，每个占位符的索引均为 0，用于设置第一个表达式的显示格式。默认情况下，数值在指定的宽度内靠右对齐；^ 用于指定数值在指定宽度内居中对齐；< 用于指定数值在指定宽度内靠左对齐。

2.7 输入

Python 提供 input 函数用于输入数据,其基本格式如下。

```
字符串变量名 = input("输入提示字符串")
```

input 函数从终端接收用户输入的数据,并将其作为一个字符串赋值给左边的字符串变量。在执行 input 函数接收输入时,会原样显示输出提示字符串。

运行以下程序。

```
number1 = input("Input number1:")
number2 = input("Input number2:")
print(number1 + number2)
```

执行过程中分别输入 10 和 20。

```
Input number1:10
Input number2:20
1020
```

可以看到其执行结果为 1020,它是连接两个字符串的结果,而不是将两个数值相加的结果。这也说明,通过 input 函数接收到的数据都是字符串类型的。

可以使用类型转换函数将接收到的字符串转换成所需的类型。可以将以上程序转换成如下形式。

```
number1 = input("Input number1:")
number2 = input("Input number2:")
number1 = int(number1)
number2 = int(number2)
print(number1 + number2)
```

此时,如果再输入 10 和 20,其输出的结果为 30。

2.8 程序注释

为了提高程序的可读性,可以在程序中添加适当的注释。注释用来对程序进行解释说明,通常包括对程序和语句功能的描述、数据的说明等相关信息。程序在执行过程中,会忽略注释。注释只是给编写和读程序的人看的。编写可读性好的程序不仅便于之后自己阅读程序,而且有助于与他人理解程序。

注释包括两种,一种是单行注释,另一种是多行注释。

(1) 单行注释前面加 "#"。从 "#" 开始的内容到本行结束都为注释的内容。例如:

```
# 按指定的格式输出数据
number1 = 123.456789
str = "{0:15.3f}|{0:^15.3f}|{0:<15.3f}|"        # 右对齐 | 居中 | 左对齐
print(str.format(number1))
```

(2) 多行注释可以采用多行字符串的形式,即将注释的内容用 3 个单引号引起来。例如:

```
''' 按指定的格式输出数据
    默认情况下为右对齐
    ^ 指定居中对齐
    < 指定左对齐
'''
number1 = 123.456789
str = "{0:15.3f}|{0:^15.3f}|{0:<15.3f}|"
print(str.format(number1))
```

第 3 章 程序控制结构

Python 与其他高级语言一样,程序控制结构包括 3 种:顺序结构、选择结构和循环结构。这 3 种结构都有一个共同特点:只有一个入口和一个出口。这样有利于控制程序的逻辑结构,并提高程序的可读性。

顺序结构指从第一个语句开始按顺序执行其中的每个语句,直到最后一个语句结构为止。选择结构指根据条件选择执行某些语句。循环结构则指根据条件重复执行某些语句。

可以使用程序流程图直观地描述各种程序控制结构。程序流程图通常包含图 3-1 所示的 7 种基本元素。

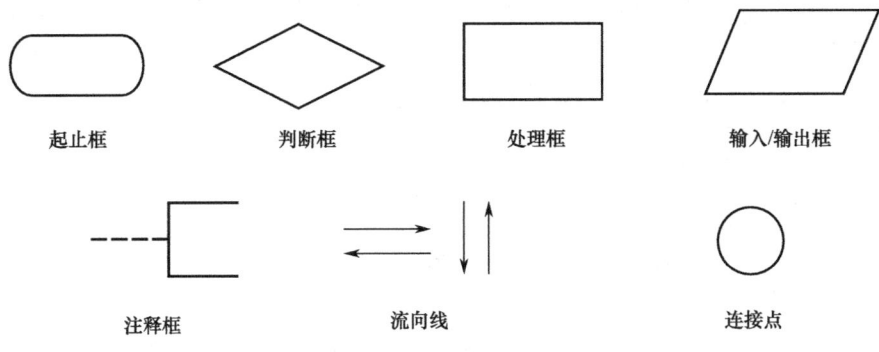

图 3-1 程序流程图的基本元素

顺序结构按照先后顺序依次执行每个语句,下面重点介绍选择结构和循环结构。

3.1 选择结构

选择结构指根据给出的条件,选择执行某些语句。按照能够选择的分支数不同,选择结构可以分为单分支结构、二分支结构和多分支结构。

3.1.1 条件表达式

从理论上讲,条件表达式可以是任何形式的合法表达式。例如,结果非零的数值表达式表示条件成立，结果为零的数值表达式表示条件不成立。但通常情况下，条件表达式主要包含比较运算符和逻辑运算符。

1. 比较运算符

比较运算符通常用于比较两个表达式的大小。常用的比较运算符如表 3-1 所示。

表 3-1　常用的比较运算符

比较运算符	含义
>	大于
>=	大于等于
<	小于
<=	小于等于
==	等于
!=	不等于

比较运算符可以连用，其具体含义与数学中是一致的。示例如下。

```
age = 20
print(0 <= age <= 150)    # True
```

其运行结果为 True。

也可以对字符串进行比较运算，但字符串的比较结果是字符 Unicode 码的比较结果。如果字符串的第一个字符相同，则比较第二个字符；第二个字符相同，则比较第三个字符。依此类推，直到得到最后的结果为止。示例如下。

```
idno1 = "1101032200206154589"
idno2 = "1101042010120 53692"
print(idno1 == idno2)      # False
print(idno1 >= idno2)      # False
print(idno1 < idno2)       # True
```

2. 逻辑运算符

在需要进行复杂条件判断时，可能会用到逻辑运算符。Python 中常用的逻辑运算符包括 and（与）、or（或）和 not（非）三种，如表 3-2 所示。

表 3-2　常用的逻辑运算符

运算符	含义	示例	示例结果
and	逻辑与	x and y	x 和 y 都为真值时，结果为真
or	逻辑或	x or y	x 和 y 中有一个为真时，结果为真
not	逻辑非	not x	x 为假时，结果为真

逻辑运算遵循"短路原则"。在逻辑与运算中，如果 x 的值为假，则整个表达式的值为假，此时就不需要再计算 y 的值了。在逻辑或运算中，如果 x 的值为真，则整个表达式的值为真，也不需要再计算 y 的值了。

假设 a=3，b=-2，有表达式 a<0 and b<0，因为 a<0 的值为假，所以整个表达式的值为假，此时不再计算 b<0 的值了。

假设 a=3，b=-2，有表达式 a>0 or b<0，因为 a>0 的值为真，所以整个表达式的值为真，此时不再计算 b<0 的值了。

值得注意的是，逻辑运算的结果并不都是布尔类型的，其结果为最后一个计算表达式的值。

例如：

```
a = 3
b = -3
print(a<0 and a+b)    # False
print(a>0 and a+b)    # 0
print(a<0 or a+b)     # 0
print(a>0 or a+b)     # True
```

其中，第 1 个和第 4 个 print 函数由于短路原则，只计算前面表达式的值，所以整个表达式的结果为前面表达式的值。第 2 个和第 3 个 print 函数会计算后面表达式的值，其结果为 0，所以整个表达式的值也为 0。

逻辑非运算 not 的优先级较低，在写相关逻辑表达式时需要注意其运算顺序。例如，not a == b 相当于 not(a == b)；而 a == not b 会产生语法错误，可以将其修改为 a == (not b)。

3.1.2 单分支结构 if 语句

单分支结构是指对给出的条件进行判断，如果条件成立，则先执行指定的语句，再执行后续语句；如果条件不成立，则直接执行后续语句。

单分支结构的程序流程图如图 3-2 所示。

Python 中单分支结构的 if 语句格式如下。

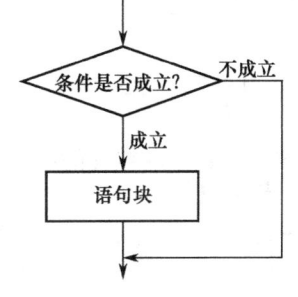

图 3-2 单分支结构的程序流程图

```
if(条件表达式):
    语句块
```

在执行单分支结构时，如果条件表达式成立，则执行语句块后再执行后续语句；否则，直接执行后续语句。语句块可以是一个语句，也可以是多个语句序列。需要注意的是，if 条件表达式后面有冒号，语句块中的所有语句必须要缩进。

【例 3-1】 输入商品的重量（质量）。如果商品重量在 10kg 至 10.5kg 之间，则输出"合格"。

```
weight =float(input("输入商品重量: "))
if(10 <= weight <= 10.5):
    print("合格")
```

3.1.3 二分支结构 if-else 语句

Python 中二分支结构的 if-else 语句格式如下。

```
if(条件表达式):
```

```
    语句块1
else:
    语句块2
```

在整个二分支结构中，可以有选择地执行其中的两个语句块。如果条件表达式成立，则执行语句块1；如果条件表达式不成立，则执行语句块2。同样需要注意，条件表达式和else后面有冒号，语句块1和语句块2必须缩进。

二分支结构的程序流程图如图3-3所示。

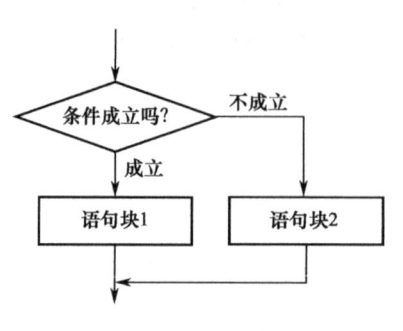

图3-3 二分支结构的程序流程图

【例3-2】输入商品的重量（质量）。如果商品重量在10kg至10.5kg之间，则输出"合格"；否则，输出"不合格"。

```
weight =float(input("输入商品重量:"))
if(10 <= weight <= 10.5):
    print("合格")
else:
    print("不合格")
```

程序两次运行结果如下（其中带有下画线的部分为用户输入部分，↙表示回车操作）。

```
输入商品重量:10.3↙
合格
```

【例3-3】输入学生的学号，如果学号为"13020678"，输出"输入正确"；否则，输出"未找到"。

```
studentno=input("输入学号:")
if(studentno == "13020678"):
    print("找到了")
else:
    print("未找到")
```

程序两次运行结果如下。

```
输入学号:13020678↙
找到了
输入学号:13020677↙
未找到
```

【例3-4】输入学生的学号和姓名，如果学号为"13020678"且姓名为"张三"时，输出"输入正确"；否则，输出"未找到"。

```
studentno=input("输入学号:")
studentname = input("输入姓名:")
if(studentno == "13020678" and studentname == "张三"):
    print("找到了")
else:
    print("未找到")
```

程序两次运行结果如下。

```
输入学号:13020678↙
```

```
输入姓名：张三↙
找到了
输入学号：13020678↙
输入姓名：李四↙
未找到
```

3.1.4 多分支结构 if-elif-else 语句

在多分支结构中，可以根据条件表达式结果的不同，选择不同的语句段执行。多分支结构的语句格式如下。

```
if(条件表达式1):
    语句块 1
elif(条件表达式2):
    语句块 2
……
elif(条件表达式n):
    语句块 n
else:
    语句块 n+1
```

执行多分支结构语句时，先判断条件表达式 1。如果条件表达式 1 成立，则先执行语句块 1，再执行多分支结构的后续语句。如果条件表达式 1 不成立，则判断条件表达式 2。同样，如果条件表达式 2 成立，则先执行语句块 2，再执行多分支结构的后续语句。如果条件表达式 2 不成立，则继续判断条件表达式 3。依此类推，如果某个条件表达式 i 成立，则先执行其后的语句块 i，再执行多分支结构的后续语句。如果所有的条件表达式都不成立，则执行 else 后面的语句块 n+1。

多分支结构的程序流程图如图 3-4 所示。

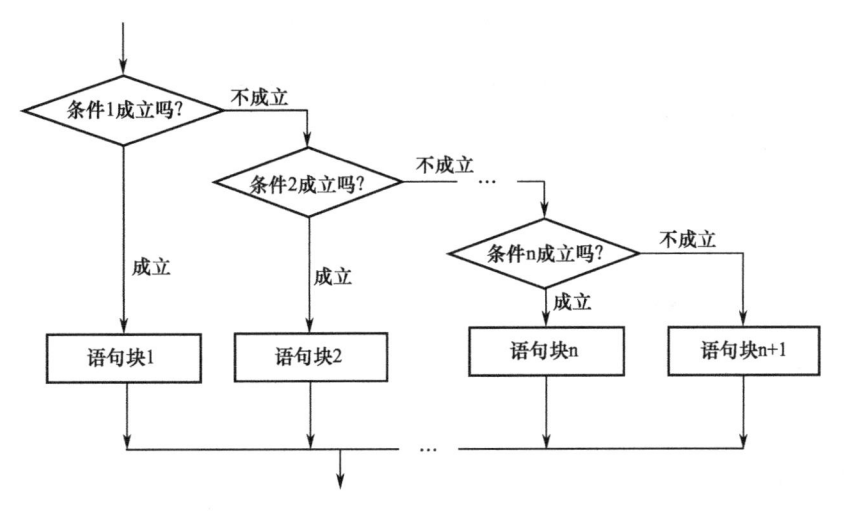

图 3-4　多分支结构的程序流程图

【例3-5】输入学生的成绩。如果学生的成绩大于等于90分,输出"优秀";如果学生成绩小于90分并大于等于80分,输出"良好";如果学生成绩小于80分并大于等于70分,输出"中等";如果学生成绩小于70分并大于等于60分,输出"及格";如果学生成绩小于60分,输出"不及格"。

```python
score =float(input("输入学生成绩:"))
if(score >= 90):
    print("优秀")
elif(90 > score >= 80):
    print("良好")
elif(80 > score >=70):
    print("中等")
elif(70 > score >= 60):
    print("及格")
else:
    print("不及格")
```

程序两次运行结果如下。

```
输入学生成绩:50
不及格
输入学生成绩:83
良好
```

【例3-6】近期内的机动车限行规则是,周一尾号为1和6的机动车限行、周二尾号为2和7的机动机限行、周三尾号为3和8的机动机限行、周四尾号为4和9的机动车限行、周五尾号为0和5的机动机限行、周六和周日不限行。输入机动车的尾号和星期几,判断机动车是否限行。

```python
number = int(input("输入尾号:"))
if(weekday == 1 and ( number == 1  or number == 6 ) ):
    print("限行")
elif(weekday == 2 and ( number == 2  or number == 7 ) ):
    print("限行")
elif(weekday == 3 and ( number == 3  or number == 8 ) ):
    print("限行")
elif(weekday == 4 and ( number == 4  or number == 9 ) ):
    print("限行")
elif(weekday == 5 and ( number == 5  or number == 0 ) ):
    print("限行")
else:
    print("不限行")
```

程序两次运行结果如下。

```
输入星期几:4
输入尾号:9
限行
输入星期几:1
输入尾号:3
不限行
```

3.2 循环结构

循环结构是指在满足某种条件时重复执行某个语句块。其中，重复执行的语句块称为循环体。按照循环条件的不同，可以分为遍历循环和条件循环两种类型，分别由 for 语句和 while 语句实现。

3.2.1 for 语句实现遍历循环

遍历循环操作的对象是某种数据结构。遍历的意思是按顺序逐一访问这种数据结构中的每个元素。遍历的数据结构可以是字符串、文件、组合数据类型或 range 函数等。

for 语句格式如下。

```
for 循环变量 in 数据结构:
    循环体语句块
```

在使用 for 语句时，循环体语句块必须缩进。

for 语句在执行时，从其中的数据结构中取出每个元素，并将其赋值给循环变量。每次将数据结构中的元素赋值给循环变量后，都执行一次循环体语句块。执行完成循环体语句块后，再将数据结构中的下一个元素赋值给循环变量，并再次执行循环体语句块。一直重复此过程，直到处理完数据结构中的每个元素为止。

1. range 函数

如果要遍历某个范围内的每个整数，可以使用 range 函数来指定范围。range 函数格式如下。

```
range(start,stop,step)
```

其功能是产生从 start 开始，按步长 step 进行递增或递减，直至 stop-1 的全部整数。注意，其中不包含 stop 这个值。

range 函数中的 start 参数和 step 参数都可以省略。

如果 range 函数只有一个参数，其表示 stop，默认从 0 开始，步长为 1 递增，直到 stop-1 为止。

如果 range 函数有两个参数，其表示 start 和 stop，即从 start 开始，按步长为 1 进行递增，直到 stop-1 为止。

如果要获取递减序列，必须使用 step 参数来指定。示例如下。

```
range(5)         # 0, 1, 2, 3, 4
range(3,7)       # 3, 4, 5, 6
range(2,11,2)    # 2, 4, 6, 8, 10
range(9,2,-1)    # 9, 8, 7, 6, 5, 4, 3
```

在 Python 3 中，range 返回的是一个对象，无法直接使用 print 函数输出其中的值，但可以使用 for 语句访问对象中的每个元素。

2. 使用 for 语句遍历指定范围整数

在使用 for 语句遍历指定范围整数时，可以使用 range 函数得到指定范围内的整数。

【例 3-7】 输出 1 ～ 5 之间的所有整数。

```
for i in range(1,6):
    print(i)
```

程序运行结果如下。

```
1
2
3
4
5
```

【例 3-8】 输出 30 ～ 40 之间的全部偶数（包括 30 和 40）。

```
for i in range(30,41,2):
    print(i)
```

程序运行结果如下。

```
30
32
34
36
38
40
```

【例 3-9】 输入 5 个学生的成绩，统计其中有几个学生优秀。成绩大于等于 90 分的为优秀。

```
counter = 0
for i in range(5):
    score = int(input("输入分数："))
    if(score >= 90):
        counter = counter + 1
print("优秀学生个数为 %d。"%counter)
```

程序运行示例如下。

```
输入分数：86↙
输入分数：92↙
输入分数：78↙
输入分数：50↙
输入分数：96↙
```

优秀学生个数为 2。

例 3-7 和例 3-8 的循环体对数据结构中的每个元素都进行了相关的操作。例 3-7 的循环体输出了每个元素；而例 3-8 的循环体对每个元素进行判断，如果满足条件则计数。

例 3-9 中的循环并没有对数据结构中的每个元素进行相关操作，它仅仅用于记录操作的次数。range(5) 会产生 5 个元素，所以 for 语句会执行 5 次循环体。循环体中没有直接对数据结构中的元素进行操作。每次执行循环体时，输入分数后进行判断并计数。

【例 3-10】 计算 1+2+3+4+…+100 的结果。

```
sum = 0
for i in range(101):
    sum += i
print("sum = %d"%sum)
```

程序运行结果如下。

```
sum = 5050
```

3. 使用 for 语句遍历字符串

使用 for 语句也可以遍历字符串,它会将字符串拆开,每次将一个字符赋值给循环变量。

【例 3-11】 输出字符串中的每个字符。

```
for ch in "Alice":
    print(ch)
```

程序运行结果如下。

```
A
l
i
c
e
```

【例 3-12】 输入一个字符串,统计其中字母 a 出现的次数(大小写都统计)。

```
counter = 0
str = input("输入一个字符串:")
for ch in str:
    if(ch == 'a' or ch == 'A'):
        counter += 1
print("其中有%d个字母a(A)"%counter)
```

程序运行结果如下。

```
输入一个字符串:aabbccAAA↙
其中有5个字母a(A)
```

3.2.2 while 语句实现条件循环

条件循环是指满足某种条件时重复执行循环体的语句块。如果执行的过程中,致使循环条件不成立,则结束循环语句,执行后续语句。如果开始执行循环语句时,条件表达式不成立,则一次都不执行循环语句,直接执行后续语句。

Python 中条件循环的 while 语句格式如下。

```
while 条件表达式:
    循环体语句块
```

while 语句的程序流程图如图 3-5 所示。

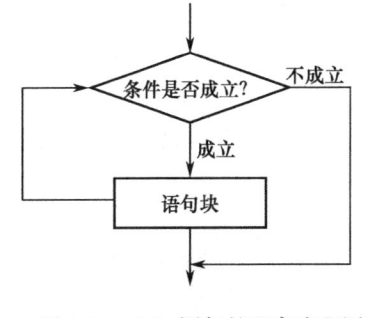

图 3-5 while 语句的程序流程图

【例 3-13】 输入一个正整数 *n*，使用条件循环的方式计算 *n*!。

```
factorial  = 1
i = 1
n = int(input(" 输入 n:"))
while i <= n:
    factorial *= i
    i += 1
print("%d! = %d"%(n,factorial))
```

程序运行结果如下。

```
输入 n:5↙
5! = 120
```

在完成这个程序时，先考虑整个过程中涉及哪些数据。首先确定有一个数据 n，然后确定需要放置阶乘结果的数据 factorial。在进行运算的过程中，需要一个数据来记录每次应该乘的乘数，应该从 1 开始，每次增 1，直至达到 n 为止。因此，在实现过程中需要 3 个变量，即存储结果的 factorial、从 1 开始增加的变量 i 及最后一个乘数 n。

程序开始时，要确定每个变量的初值。存储结果的 factorial 初值为 1，乘数 i 的初值为 1，n 的初值为用户输入的值。

循环执行的条件为 i<=n，满足这个条件时执行循环语句，否则执行循环语句的后续语句。

本例中循环语句是乘法运算，每次乘以 i。需要重点注意的是，完成乘法运算后，一定要更新 i 的值，将其加 1。否则，每次乘的 i 不会变，而且循环条件 i<=n 永远为真，从而导致无法结束循环，陷入死循环。

【例 3-14】 输入两个数 *m* 和 *n*，要求 *m*<*n*，计算两个数之间的偶数和。

```
sum = 0
m = int(input(" 输入 m:"))
n = int(input(" 输入 n(n>m):"))
i = m
while(i <= n):
    if(i%2 == 0):
        sum = sum +i
    i += 1
print("sum = %d"%(sum))
```

与例 3-12 类似，这里需要 m、n、sum 和 i 四个变量。先确定这四个变量的初值，再进入循环结构，确定循环条件为 i<=n。同样需要在循环体的最后改变 i 的值。

在 while 语句中，如果循环条件第一次就不满足，则不会执行循环语句。反之，如果条件表达式永远成立，则不会退出循环结构，这种循环称为死循环。

【例 3-15】 死循环示例。根据显示的菜单选择相应的操作。

```
while(True):
    print(" 文件管理系统 ")
    print("1-- 打开文件 ")
    print("2-- 删除文件 ")
```

```
        print("3--修改文件")
        print("4--复制文件")
        choice = int(input("请输入序号选择: "))
        if(choice == 1):
            print("您选择的是：打开文件");
        elif(choice == 2):
            print("您选择的是：删除文件");
        elif(choice == 3):
            print("您选择的是：修改文件");
        elif(choice == 4):
            print("您选择的是：复制文件");
```

程序执行之后会显示以下菜单内容。

```
文件管理系统
1-- 打开文件
2-- 删除文件
3-- 修改文件
4-- 复制文件
请输入序号选择:
```

因为循环条件为 True，所以用户进行选择之后，会重新执行循环语句，重新显示菜单内容，供用户选择。

3.2.3 循环结构中的 else 语句

无论是用 for 语句实现循环，还是用 while 语句实现循环，在循环语句的最后都可以加上 else 语句。

循环结构中的 else 语句属于循环结构的一部分。正常循环执行结束，循环条件不成立时，会执行 else 后的语句块。

for 语句加上 else 语句的格式如下。

```
for  循环变量 in   数据结构:
        循环体语句块
else:
        else 语句块
```

while 语句加上 else 语句的格式如下。

```
while 条件表达式:
        循环体语句块
else:
        else 语句块
```

【例 3-16】循环中的 else 语句示例。输入数字 n，再输入 n 个数，求这 n 个数的总和。完成后用 else 语句输出总和。

使用 for 语句实现的程序如下。

```
sum = 0
n = int(input("输入n:"))
for i in range(n):
    a = int(input("输入一个数: "))
    sum += a
else:
```

```
print("总和为：%f"%sum)
```

使用 while 语句实现的程序如下。

```
sum = 0
n = int(input("输入n:"))
i = 0
while(i < 5):
    a = int(input("输入一个数："))
    sum += a
    i += 1
else:
    print("总和为：%.2f"%sum)
```

程序运行结果如下。

```
输入n:5↙
输入一个数：1↙
输入一个数：2↙
输入一个数：3↙
输入一个数：4↙
输入一个数：5↙
总和为：15.00
```

从以上结果可以看出，如果不使用 else 语句，直接将最后一个 print 语句与 while 对齐，其运行结果也不会发生变化。那为什么会在循环结构中加入 else 语句呢？在 3.2.4 节学习 break 语句后就可以理解 else 语句的用法了。

3.2.4　break 语句和 continue 语句

在循环结构中，还可以使用 break 和 continue 两个语句来辅助控制循环结构的流程。

1. break 语句

beak 语句用于终止当前整个循环结构的执行，直接执行循环结构的后续语句。

【例 3-17】break 语句的应用。输入一批产品的重量（质量），如果重量在 10kg～10.5kg 之间为合格产品。要求检测到不合格产品即结束输入。统计输入结束时，共有多少个合格产品。

```
counter = 0
while(True):
    weight = float(input("输入产品重量："))
    if(10 <= weight <= 10.5):
        counter += 1
    else:
        break;
print("共有%d个合格产品"%counter)
```

程序运行结果如下。

```
输入产品重量：10↙
输入产品重量：10.2↙
输入产品重量：10.6↙
共有2个合格产品
```

【例 3-18】 循环结构中 break 和 else 语句结合应用。先输入班级学生人数 *n*，再输入学生的身高。找到第一个身高超过 185cm 的学生后结束输入，并输出这个学生身高数据。

```
n = int(input("输入n:"))
for i in range(n):
    height = int(input("输入身高（cm）: "))
    if(height >= 185):
        break
else:
    print("未找到身高185cm以上的人")
    quit()
print("此人身高为%dcm"%height)
```

程序中使用了 quit 函数。执行此函数时，会强制结束整个程序的运行。

程序运行结果如下。

```
输入n:30↙
输入身高（cm）: 168↙
输入身高（cm）: 175↙
输入身高（cm）: 186↙
此人身高为186cm
```

从以上结果可以看出，输入 186 后，if 语句检测到身高超过 185，执行 break 语句。此时结束整个循环结构，执行后续语句，输出"此人身高为 186cm"。

执行 break 语句时，退出整个循环结构，也不会执行循环结构中 else 后的语句块。

如果输入的身高都不超过 185cm，运行结果如下。

```
输入n:3↙
输入身高（cm）: 168↙
输入身高（cm）: 179↙
输入身高（cm）: 182↙
未找到身高185cm以上的人
```

因为输入的 n 为 3，循环 3 次后，指定范围中的元素全部处理完成。此时会执行 else 后的语句块，输出"未找到身高 185cm 以上的人"后，执行 quit() 结束整个程序。此时不会执行最后的 print 语句。

从例 3-18 可以看出，可能借助 else 语句控制程序按两个方向执行，如果能够得到满足条件的身高数据，可以直接通过 break 跳出循环，进行后续其他操作。如果整个循环过程中都没有获取满足条件的身高数据，则会因为循环的正常结束而执行 else 后的语句块。此时，因为没有找到满足条件的数据，所以通过 quit() 直接退出程序。

2. continue 语句

continue 语句用于终止本轮循环后续语句的执行，直接跳转到循环开始，执行下一轮循环。

【例 3-19】 continue 语句的应用。输入班级学生人数 *n*，再输入 *n* 个学生的成绩。统计其中有多少个学生优秀。

```
counter = 0
n = int(input("输入学生人数："))
for i in range(n):
```

```
        score = float(input("输入分数："))
        if(score < 90):
            continue
        counter += 1
print("优秀学生人数为：%d"%counter)
```

程序运行结果如下。

```
输入学生人数：5↙
输入分数：85↙
输入分数：97↙
输入分数：68↙
输入分数：90↙
输入分数：63↙
优秀学生人数为：2
```

第4章 组合数据类型

第 2 章介绍了简单的数据类型及其相关运算。如果将简单的数据类型按一定的方式组合起来，并给这些组合添加一些特定的属性和操作，那么这种新的数据类型称为组合数据类型。本章介绍的列表、元组、字典就是具有不同属性和操作的组合数据类型。

4.1 列表

列表是指按一定顺序排列起来的元素。这些元素可以是相同类型的，也可以是不同类型的。

4.1.1 列表的表示与访问列表元素

1. 列表的表示

列表使用方括号（[]）表示。用方括号将列表中的元素括起来，每个元素之间用逗号隔开。示例如下。

```
scorelist = [86,79,92,53,78,85,82,74]
namelist = ['Alice','John','Grace','David']
carlist = ['Audi','Tesla','Benz','Cadillac','Ferrari']
student_age = ['Alice',21,'John',18]
```

可以使用 range 函数产生数字列表。示例如下。

```
numbers = list(range(5))
print(numbers)              # [0, 1, 2, 3, 4]
numbers10 = list(range(10,60,10))
print(numbers10)            # [10, 20, 30, 40, 50]
```

如果直接使用 print 函数输出列表，则会输出包括方括号在内的整个列表。示例如下。

```
print(scorelist)        # [86, 79, 92, 53, 78, 85, 82, 74]
print(namelist)         # ['Alice', 'John', 'Grace', 'David']
print(carlist)   # ['Audi', 'Tesla', 'Benz', 'Cadillac', 'Ferrari']
print(student_age)      # ['Alice', 21, 'John', 18]
```

列表本身有很多相关的操作。例如，可以直接获得列表的长度（即列表中元素的个数），获取列表中的最大值或最小值等。示例如下。

```
numbers = [6,8,1,7,2,9,4]
print(len(numbers))      # 7
print(max(numbers))      # 9
print(min(numbers))      # 1
```

通常情况下，我们不会对列表整体进行操作，而是对列表中的每个元素进行操作。例如，统计 score 列表中多少个学生的成绩是优秀时，需要将列表中的每个元素与 90 进行比较。大多数情况下，需要准确地访问列表中的元素，并对某个元素进行操作。

2. 访问列表元素

为了标识列表中的每个元素，规定列表中每个元素都有一个索引，用于标识元素在列表中的位置。在包含 n 个元素的列表中，第一个元素的索引为 0，最后一个元素的索引为 $n-1$。在表示列表中第 i 个元素时，用"列表名称 [i]"的形式。

【例 4-1】 按顺序输出 namelist 列表中每个名字。

```
namelist = ['Alice','John','Grace','David']
print(namelist[0])    # Alice
print(namelist[1])    # John
print(namelist[2])    # Grace
print(namelist[3])    # David
```

namelist 列表中有 4 个元素，最小索引为 0，最大索引为 3。使用列表名和索引可以按顺序访问列表中的各个元素。

使用索引可以访问列表中的任务元素。此时，可以将列表中的元素当成一个简单的变量来使用，可以对这个元素进行任意合法的操作。

【例 4-2】 将 scorelist 列表中索引为 3 的元素加 5。

```
scorelist = [86,79,92,53,78,85,82,74]
scorelist[3] += 5
print(scorelist)     # [86, 79, 92, 58, 78, 85, 82, 74]
```

【例 4-3】 将 namelist 列表中的"John"改为"Johnson"。

```
namelist = ['Alice','John','Grace','David']
namelist[1] = "Johnson"
```

【例 4-4】 判断 scorelist 列表中索引为 1 的元素是否及格。

```
scorelist = [86,79,92,53,78,85,82,74]
if(scorelist[1] >= 60):
    print("及格")
else:
    print("不及格")
```

在使用列表时，更多的情况是逐一访问列表中的每个元素，并对每个元素进行某种相同的操作，这种访问方式也称遍历。

4.1.2 遍历列表

遍历列表时，需要对列表中的每个元素进行相同的操作。列表有几个元素，就需要操作几次。这种特性与循环结构的功能正好契合,所以可以使用循环结构对列表进行遍历。

【例 4-5】输出 scorelist 列表中每个元素。

```
scorelist = [86,79,92,53,78]
for score in scorelist:
    print(score)
```

程序运行结果如下。

```
86
79
92
53
78
```

程序开始定义了列表 scorelist,其中包含 5 个元素。循环开始执行时,先将 scorelist[0] 元素放到循环变量 score 中,再执行循环体,直接输出第一个元素 86。返回执行第 2 次循环,先将 scorelist[1] 放到循环变量 score 中,再输出第二个元素 79。依此类推,输出列表中所有的元素。

使用循环结构遍历列表时,在循环体中可以对列表中的元素进行任何操作。

【例 4-6】统计分数数组中不及格学生的个数。

```
failCounter = 0
scorelist = [86,79,92,53,78,85,48,74]
for score in scorelist:
    if(score < 60):
        failCounter += 1
print("不及格人数为:%d"%failCounter)
```

程序运行结果如下。

不及格人数为:2

【例 4-7】统计分数数组中的最高分,并确定这是列表中第几个学生取得的分数。

```
scorelist = [86,79,92,53,78,85,48,74]
max = 86
index = 0
maxindex = 0
for score in scorelist:
    if(score >max):
        max = score
        maxindex = index
    index += 1
print("第%d个学生为最高分,分数为%d"%(maxindex+1,max))
```

程序运行结果如下。

第 3 个学生为最高分,分数为 92

本例中使用的数据相对较多,可以先分析程序中的变量。分析问题过程中,可以看到分数数组 scorelist、最高分 max、最高分索引 maxindex 这几个变量是必需的。scorelist 是初始的数组,最高分 max 是最终存储结果的变量,那 maxindex 的值应该如何设置及变化呢?

maxindex 是最高分对应元素的索引。随着发现的最高分 max 的变化，最高分对应的索引 maxindex 也会发生变化。需要保证 max 记录着已访问元素的最大值，而 maxindex 是值为 max 元素的索引。也就是说，只要更新 max 的值，就要同时更新 maxindex 的值。程序开始，可以将 max 的初值设置为第一个元素，maxindex 的初值设置为 0。

程序执行过程中，需要记录访问元素的索引，以便记录发现最高分的索引。程序中使用 index 记录正在处理元素的索引，初值为 0。在循环执行过程中，处理完一个元素之后，其值加 1。

4.1.3 添加列表元素

在初始创建列表或者进行某些操作的过程中，需要向列表中添加元素。Python 提供了几种不同的方式来添加列表元素。

1. 在列表末尾添加元素

可以使用 append() 方法在列表末尾添加新元素。

【例 4-8】将 'Linda' 添加到 namelist 列表最后。

```
namelist = ['Alice','John','Grace','David']
namelist.append('Linda')
print(namelist)    # ['Alice', 'John', 'Grace', 'David', 'Linda']
```

使用 append() 方法和循环结构可以从无到有添加列表中的全部数据，即可以动态地创建列表。

【例 4-9】动态创建列表。输入 5 个名字，将其存储在 namelist 列表中。

```
namelist = []
for i in range(5):
    name = input("输入名字:")
    namelist.append(name)
print(namelist)
```

程序运行示例如下。

```
输入名字:Alice↵
输入名字:John↵
输入名字:Grace↵
输入名字:David↵
输入名字:Linda↵
['Alice', 'John', 'Grace', 'David', 'Linda']
```

首先定义一个空列表 namelist。接着通过 range(5) 方法循环 5 次，每次都将输入的姓名添加至 namelist 列表。循环结束后，namelist 数组中就包含 5 个元素了。

【例 4-10】动态创建列表。输入学生分数，将其存储在 scorelist 列表中。如果输入小于 0 的数，则结束输入操作。

```
scorelist = []
while(True):
    score = float(input("输入分数:"))
```

```
        if(score < 0):
            break
        scorelist.append(score)
print(scorelist)
```

程序运行示例如下。

```
输入分数:86✓
输入分数:67✓
输入分数:53✓
输入分数:92✓
输入分数:-1✓
[86, 67, 53, 92]
```

因为事先不知道会输入多少个列表元素,所以将循环条件确定为 True,看似一个死循环。但循环体中的 if 判断包含 break 语句,可以结束循环。每次输入分数之后,如果小于 0,则退出循环;否则添加至列表尾部。

2. 在列表指定位置插入元素

使用 insert() 方法可以将新元素添加在列表的指定位置,其具体格式如下。

```
列表名.insert(index,新元素)
```

【例 4-11】将新元素插入有序表中。假设某个整数列表已按从小到大顺序进行排列,输入一个整数,将其排列到正确的位置。

```
numbers = [2,5,6,9,15]
n = int(input("输入要插入的数:"))
for i in range(len(numbers)):
    if(numbers[i] >= n):
        break
    else:
        numbers.append(n)
        print(numbers)
        quit()
numbers.insert(i,n)
print(numbers)
```

输入为 1 时,程序的运行结果如下。

```
输入要插入的数:1✓
[1, 2, 5, 6, 9, 15]
```

输入为 4 时,程序的运行结果如下。

```
输入要插入的数:4✓
[2, 4, 5, 6, 9, 15]
```

输入 18 时,程序的运行结果如下。

```
输入要插入的数:18✓
[2, 5, 6, 9, 15, 18]
```

无论是在列表中间,还是在列表的最前面或最后面插入新元素,运行结果都是正确的。

循环的作用是找到插入新元素的位置。正确的插入位置为第一个大于 n 的元素之前。所以循环找到第一个大于 n 的数时立即退出。接着使用 numbers.insert(i,n) 方法将 n 插入索引为 i 的位置。

但有一种特殊情况，即输入的数据 n 大于所有的元素时，循环执行 5 次后退出，此时 i 的值为 4。如果在这种情况下直接调用 numbers.insert(i,n) 方法，会将 n 插到最后一个元素的前面。这是错误的结果。

如果输入的数据 n 大于所有的元素，for 循环会因为遍历完 range(len(numbers)) 范围内的所有元素后结束。此时可以使用 for 循环的 else 语句来专门处理这种情况。在 else 后直接使用 append() 方法将数据 n 添加至列表的尾部。

4.1.4 删除列表元素

与向列表中添加元素一样，Python 也提供了几个删除列表中元素的方法。可以根据元素所在的位置或者元素的值来删除某个元素。

1. 删除指定位置的元素

如果知道要删除元素的索引，可以直接使用 del 语句来删除该元素。del 语句的格式如下。

```
del  列表名[索引]
```

【例 4-12】删除 namelist 列表中的第一个名字和最后一个名字。

```
namelist = ['Alice','John','Grace','David']
del namelist[0]
print(namelist)    # ['John', 'Grace', 'David']
del namelist[2]
print(namelist)    # ['John', 'Grace']
```

第一次执行 del 语句后，将索引为 0 的第一个元素删除。此时 namelist 列表中只有 3 个元素了。删除最后一个元素时，最后一个元素的索引为 2，所以使用 del namelist[2] 指令可以删除最后一个元素。

【例 4-13】利用 range 函数产生 1~20 之间的数字列表，然后删除其中的偶数。

```
numbers = list(range(1,11))
print(numbers)         # [1, 2, 3, 4, 5, 6, 7, 8, 9, 10]
i = 0
while(i<len(numbers)):
    if(numbers[i]%2 == 0):
        del numbers[i]
    i += 1
print(numbers)         # [1, 3, 5, 7, 9]
```

2. 删除特定值的元素

如果要删除列表中特定的值，可以使用 remove() 方法，其格式如下。

```
列表名.remove(元素值)
```

【例 4-14】删除数字列表中值为 0 的元素。

```
numbers = [4,6,0,7,3]
numbers.remove(0)
print(numbers)
```

在使用 remove() 方法时需要注意：如果列表中有重复元素，remove() 方法只删除其中的第一个元素。

【例 4-15】 使用 remove() 方法删除列表中某个重复元素时，只删除第一个元素。

```
numbers = [4,6,0,7,2,0,3]
numbers.remove(0)
print(numbers)    # [4, 6, 7, 2, 0, 3]
```

可以看出，执行 remove() 方法时，只删除了列表中第一个 0，第二个 0 依然在列表中。

3. 删除指定位置的元素并返回元素值

如果在删除指定位置元素的同时，需要使用要删除的这个元素，可以使用 pop() 方法。pop() 方法用于返回删除的元素。

【例 4-16】 输入一个数字 n，删除 namelist 中第 n 个名字。

```
namelist = ['Alice','John','Grace','David']
n = int(input("输入数字（1~4）: "))
name = namelist.pop(n-1)
print("删除的姓名为: %s"%name)
```

程序运行结果如下。

```
输入数字（1~4）: 2↙
删除的姓名为: John
```

4.1.5 列表排序

在实际应用中，很多情况下需要对列表中的元素先进行排序再进行处理。Python 通常使用两种方法，即 sort() 和 sorted()。使用 sort() 方法排序，列表中的元素就会按照指定的方式按顺序存储，这是永久性的，不可恢复成原来的顺序。与之相反，使用 sorted() 方法对列表排序，原来列表的顺序并不会发生变化。

1. sort() 方法

sort() 方法是列表的方法，其基本格式如下。

```
列表.sort()
```

默认情况下，sort() 方法会按照从小到大的顺序排列。如果在 sort() 方法中使用 reverse=true 作为参数，则可以反向排序，即从大到小排序，具体格式如下。

```
列表.sort(reverse=True)
```

其中，True 为逻辑真值，首字母必须大写。

【例 4-17】 对数字列表进行正向排序和反向排序。

```
numbers = [6,8,1,7,2,9,4]
numbers.sort()
print(numbers)              # [1, 2, 4, 6, 7, 8, 9]
numbers.sort(reverse = True)
print(numbers)              # [9, 8, 7, 6, 4, 2, 1]
```

本例中两次输出数组 numbers，第一次使用 sort() 排序，列表按从小到大的顺序排列。第二次使用 sort(reverse=True) 排序，列表按从大到小的顺序排列。这种排序是永久的，不可还原成原来的顺序。

2. sorted() 方法

sorted() 方法不会更改列表中元素的顺序，而是返回一个新的按顺序排列的列表。其基本格式如下。

```
sorted(列表)                          # 正向排列
sorted(列表,reverse=True)             # 反向排列
```

【例 4-18】 使用 sorted() 方法对数字列表排序。

```
numbers = [6,8,1,7,2,9,4]
numbersnew1 = sorted(numbers)
print(numbers)           # [6, 8, 1, 7, 2, 9, 4]
print(numbersnew1)       # [1, 2, 4, 6, 7, 8, 9]
numbersnew2 = sorted(numbers,reverse=True)
print(numbers)           # [6, 8, 1, 7, 2, 9, 4]
print(numbersnew2)       # [9, 8, 7, 6, 4, 2, 1]
```

第 2 行对 numbers 列表进行排序之后，将返回的新列表赋值给 numbersnew1。从接下来的输出结果可以看出，排序之后 numbers 列表的顺序并没有变化，而新列表 numbersnew1 中元素的顺序是从小到大。

也可以使用 sort() 方法和 sorted() 方法对字符串进行排序。

【例 4-19】 对汽车品牌列表进行排序。

```
carlist = ['Audi','Tesla','Benz','Cadillac','Ferrari']
carlist.sort()
print(carlist) # ['Audi', 'Benz', 'Cadillac', 'Ferrari', 'Tesla']
carlistnew = sorted(carlist,reverse=True)
print(carlistnew)
              # ['Tesla', 'Ferrari', 'Cadillac', 'Benz', 'Audi']
```

对字符串进行排序时，遵循字符串比较规则。

4.2 元组

元组和列表一样，也是按一定顺序排列起来的元素。但元组有一个特点，就是其在整个程序运行期间是固定的，不允许发生改变。

元组使用圆括号 () 表示，用圆括号将元素括起来，每个元素之间用逗号隔开。元组中元素的使用方式与列表基本相同。

【例 4-20】 使用元组表示喜马拉雅山的经度、纬度和高度。

```
mountain = (28,84,8844)
print("喜马拉雅山：")
print("北纬%d度"%mountain[0])
print("东经%d度"%mountain[1])
print("高度为%d米"%mountain[2])
```

程序运行结果如下。

```
喜马拉雅山：
北纬28度
```

东经84度
高度为8844米

也可以使用循环结构遍历元组中的元素。

【例 4-21】 使用循环结构输出元组中的所有元素。

```
mountain = (28,84,8844)
# 使用 for 循环结构输出元组元素
for i in mountain:
    print(i)
# 使用 while 循环结构输出元组元素
index = 0
while(index < 3):
    print(mountain[index])
    index += 1
```

不能直接修改元组中的元素。例如：

```
mountain = (28,84,8844)
mountain[0] = 30
print(mountain)
```

执行时，会给出以下错误提示。

```
mountain[0] = 30
TypeError: 'tuple' object does not support item assignment
```

提示元组中的元素不可以直接修改。但可以重新给元组变量赋值，从而改变元组变量的值。例如：

```
mountain = (28,84,8844)
print(mountain)      # (28, 84, 8844)
mountain = (36,117,1545)
print(mountain)      # (36, 117, 1545)
```

4.3 字典

列表和元组都是元素序列构成的，但本书之前涉及的元素都是简单类型的元素。这些元素可以为数值类型、字符串、逻辑类型等。但在实际应用中，有些问题仅使用简单类型是无法表示的。例如，前面示例在表示学生成绩时，只使用了数值类型，只能表示分数值，但不能说明某个分数值属于哪个学生的哪门学科。

为了表示实际问题中更复杂的数据，还有一种常用的数据即字典。字典由一系列的键值对构成，这些键值对由花括号括起来。字典的基本格式如下。

```
{键1:值1,键2:值2,键3:值3,…}
```

例如：

```
studentscore = {'name':'Alice','subject':'Python','score':92}
```

理论上说，字典中键值对的数量可以是任意多个；其中的值也可以是任意类型的，包括字符串、数值、列表等。

4.3.1 创建字典

创建字典时,可以直接将字典赋值给变量。

【例 4-22】 直接将字典赋值给变量。

```
student = {'sno':'2022010203','name':'张三','ty':True}
print(student)
         #{'sno': '2022010203', 'name': '张三', 'ty': True}
```

还可以定义一个空字典,然后逐步向其中添加键值对。

【例 4-23】 从零开始逐步创建字典。

```
student = {}
student['sno'] = '2022010203'
student['name'] = '张三'
student['dy'] = True
print(student)
             # {'sno': '2022010203', 'name': '张三', 'dy': True}
```

程序开始时创建了一个空的字典 student。接着使用赋值的方式为字典的每个键值对赋值。从最后的输出语句可以看出,字典包含 3 个键值对。

创建字典后可以直接访问键值对中的值。

【例 4-24】 输出 student 字典中所有键值对中的值,并将其 name 改为"李四"。

```
student = {'sno':'2022010203','name':'张三','ty':True}
print("学号:%s"%student['sno'])
print("姓名:%s"%student['name'])
print("是否为团员:%s"%student['ty'])
student['name'] = '李四'
print(student)
```

程序运行结果如下。

```
学号:2022010203
姓名:张三
是否为团员:True
{'sno': '2022010203', 'name': '李四', 'ty': True}
```

【例 4-25】 动态创建学生成绩字典 score,然后判断学生成绩是否优秀。

```
score = {}  #'sno': '2022010203', 'name': '张三','score':85
score['sno'] = input("输入学号:")
score['name'] = input("输入姓名:")
score['cj'] = int(input("输入成绩:"))
if(score['cj'] >= 90):
    print("优秀")
else:
    print("未达到优秀")
```

程序两次运行结果如下。

```
输入学号:2022010203
输入姓名:张三
输入成绩:95
优秀
```

```
输入学号：2022010203
输入姓名：张三
输入成绩：82
未达到优秀
```

4.3.2 添加和删除键值对

可以向字典添加新的键值对。添加方式与例 4-22 中创建字典的方式一样。

【例 4-26】 向 student 字典中添加年龄 age 键值对。

```
student = {'sno':'2022010203','name':'张三','ty':True}
student['age'] = 21
print(student)
# {'sno': '2022010203', 'name': '张三', 'ty': True, 'age': 21}
```

如果需要删除字典中的键值对，可以使用 del 语句。

【例 4-27】 删除 student 字典中键值对。

```
student = {'sno':'2022010203','name':'张三','ty':True}
del(student['ty'])
print(student)    # {'sno': '2022010203', 'name': '张三'}
```

4.3.3 遍历字典

字典是由键值对组成的。在不同情况下，可能需要访问每个键值对，或者需要只访问每个键或值。字典有如下几个相关的方法，用于返回键值对列表、键构成的列表、值构成的列表。

- 字典名 .items()：返回字典的键值对构成的列表。
- 字典名 .keys()：返回字典的键构成的列表。
- 字典名 .values()：返回字典的值构成的列表。

借助以上 3 个方法，可以根据需要遍历字典。

【例 4-28】 定义字典 car，并分别遍历字典 car 中的所有键值对、所有键及所有值。

```
car = {'brand':'奥迪','type':'A4','price':35}
# 遍历字典 car 中的键值对
print("遍历字典 car 中的键值对：")
for key,value in car.items():
    print("key:",key)
    print("value:",value)
# 遍历字典 car 中的键
print("*************************")
print("遍历字典 car 中的键：")
for key in car.keys():
    print("key:",key)
# 遍历字典 car 中的值
print("*************************")
print("遍历字典 car 中的值：")
```

```
for value in car.keys():
    print("value:",value)
```

程序运行结果如下。

```
遍历字典 car 中的键值对：
key: brand
value: 奥迪
key: type
value: A4
key: price
value: 35
************************
遍历字典 car 中的键：
key: brand
key: type
key: price
************************
遍历字典 car 中的值：
value: brand
value: type
value: price
```

上述程序定义字典 car 后，分别使用 3 个循环结构遍历字典 car 的键值对、键和值。三次循环的对象分别为 car.items()、car.keys() 和 car.values()。这 3 个方法执行后返回对应的列表，使用循环变量即可分别访问列表中的元素。

需要注意的是，在遍历键值对时，循环结构的第一句如下。

```
for key,value in car.items():
```

从中可以看出，循环的对象为 car.items()，即执行 cars.items() 方法的结果，其为键值对组成的列表。每次循环时，将当前处理键值对的键赋给变量 key，值赋给变量 value。key 和 value 是变量名，也可以使用其他变量名，但应做到见名知意。

4.3.4 字典嵌套

有时需要将列表和字典相结合来使用。一个列表中存储多个字典、一个字典中存储多个列表甚至字典中存储字典。这些嵌套手法在实际项目中经常用得到。

那么什么时候使用列表、什么时候使用字典呢？建议，当存储数据类型一样时，使用列表；而当存储数据类型不一样时，使用字典。例如，当仅仅要存储多个人的姓名时，使用列表；而当要存储的不仅包括姓名，还包括年龄、性别、成绩、科目等信息时，使用字典更加合适。

1. 字典嵌套列表

若字典中需要存储的值不止一个，并且这些值的数据类型相同，则可以将这些相同类型的值变成列表存储到字典中。示例如下。

```
student1 = {
    'name': '张三',
    'gender': '男'
    'age': 16,
```

```
    'course': ['语文','数学','英语','地理','政治','历史']
}
```

2. 列表中嵌套字典

当列表中的所有元素富含多种复杂数据类型信息,而单一字符串无法表达时,可以将其存储为一个字典嵌套在列表中。示例如下。

```
student1 = {
    'name': '张三',
    'gender': 'male',
    'age': 16,
    'course':['语文','数学','英语','地理','政治','历史']
}
student2 = {
    'name': 'lucy',
    'gender': 'female',
    'age': 20,
    'course': ['语文','数学','英语']
}
name_list=[student1,student2]
print(name_list)
```

程序运行结果如下。

```
[{'name': '张三', 'gender': 'male', 'age': 16, 'course': ['语文',
'数学','英语','地理','政治','历史']}, {'name': 'lucy', 'gender':
'female', 'age': 20, 'course': ['语文','数学','英语']}]
```

3. 字典中嵌套字典

就像俄罗斯套娃一样,在多重关系、多行记录的情况下,可以考虑将字典嵌入字典的方法。字典中嵌套字典的方法体现了字典记录数据的灵活性,既可以横向记录,如一个人的多重信息;也可以纵向列举多行人的姓名。同时,可以方便地体现数据之间的关系。示例如下。

```
students = {
    '张三': {
    'gender': 'male',
    'age': 16,
    'course': ['语文','数学','英语','地理','政治','历史']
    },
    '李四': {
    'gender': 'male',
    'age': 17,
    'course': ['语文','数学','英语','地理','政治','历史']
    },
    '王五': {
    'gender': 'male',
    'age': 15,
    'course': ['语文','数学','英语','地理','政治','历史']
    },
}
```

第5章 函数

随着应用程序的规模变大，在程序中会出现大量的重复代码。例如，在学生信息管理系统中，在很多地方都需要输入学生的姓名或学号。每次输入姓名或学号时，都需要检测学号和姓名的合法性。如果每次都编写程序来检测输入姓名或学号的合法性，就会出现大量的重复程序。此外，不同人编写的检测程序可能不同，可能会引起程序运行错误。为了避免过多重复程序可能带来的弊端，可以使用函数，将这些重复的程序组织成一个模块。

应用程序规模变大还会带来另一个问题——程序的可读性大大降低，程序的控制变得更复杂。如果按照程序的功能，将大规模的程序分成小的模块，会使得程序更容易控制。划分模块之后，可以将应用程序分开进行开发，并且按照模块的形式进行调试，在小范围内保证程序正确之后再将其组合成大的应用程序。使用函数能够实现应用程序的模块化。

5.1 函数的定义和调用

1. 定义函数

为了说明函数定义的过程，先讲解一个实例。

【例5-1】 输出以下图形。

```
********************
********************
********************
**********
**********
******************************
******************************
```

此图形由3行20列、2行10列、2行30列"*"构成。下面先定义一个函数，用于输入 *n* 行 *m* 列的"*"。

```
def print_star(m,n):
    # 循环m次，每次循环代表1行
    for i in range(m):
        # 每次循环的任务是输出这一行的n个*
```

```
    str = ''
    for j in range(n):
        str += '*'
    print(str)
```

在 Python 中，使用 def 关键字来定义函数。在函数定义的首行包含 3 个部分，第一部分为关键字 def；第二部分为函数名，这是给函数取的名字，必须符合标识符的规则，并做到见名知意；第三部分为用括号括起来的函数参数。函数参数类似数学函数 $y=f(x)$ 中的自变量 x，引起函数结果发生变化的因素即函数参数。

在 print_star 函数中，如果行或列发生了变化，输出图形的结果就会发生变化，所以行 m 和列 n 为函数的参数。如何确定函数参数需要不断积累经验，需要在之后的学习中多加注意。

在定义函数时，参数 m 和 n 的值是不确定的，只用于代表实际的值。因此，定义函数时使用的参数称为形式参数（简称形参）。

2. 函数调用

定义好函数后，可以调用函数输出图形。调用函数时，要确定输出几行几列的 "*"，此时可以使用实际的值来代替形参。调用函数时使用的实际值为实际参数（简称实参）。

例如，便用以下函数调用语句可以输出 3 行 20 列 "*"。

```
print_star(3,20)
```

依此类推，使用以下 3 个函数调用语句可以输出指定的图形。

```
print_star(3,20)
print_star(2,10)
print_star(2,30)
```

定义一次函数后，可以多次调用函数完成特定的任务，这就实现了代码复用。

3. 有返回值的函数

在实际使用函数的过程中，大多数情况下函数在执行完成后都会有一个函数的值，这个值称为函数的返回值。在定义函数时，可以使用 return 语句返回值。

【例 5-2】定义函数，判断三条边是否能构成三角形。

```
def triangle(a,b,c):
    if(a + b > c and b + c > a and c + a > b):
        return True
    else:
        return False
```

判断三条边是否能构成三角形，需要知道三角形三条边的边长，所以判断时需要以三条边的边长为参数。如果三条边能构成三角形，则返回 True；否则，返回 False。

调用函数后，函数值为 True 或 False。此时，可以将整个函数调用当成一个逻辑型的值来使用。

【例 5-3】 输入三角形的三条边,判断其是否能构成三角形,如果能构成三角形,则输出其周长;如果不能构成三角形,则输出"三边不能构成三角形。"。要求定义函数判断三条边能否构成三角形。

```
def triangle(a,b,c):
    if(a + b > c and b + c > a and c + a > b):
        return True
    else:
        return False

a = int(input("输入边长 a: "))
b = int(input("输入边长 b: "))
c = int(input("输入边长 c: "))
if triangle(a,b,c):
    print("三角形周长为%.2f"%(a+b+c))
else:
    print("三边不能够构成一个三角形。")
```

程序两次运行的示例结果如下。

```
输入边长 a: 3
输入边长 b: 4
输入边长 c: 5
三角形周长为 12.00
输入边长 a: 1
输入边长 b: 1
输入边长 c: 3
三边不能够构成一个三角形。
```

5.2 函数参数传递

前面介绍过,函数参数可分为形参和实参。定义函数时,没有使用实际的值,使用具有占位功能的形参进行占位,从而定义函数的功能。定义函数后,可以多次调用函数,实现不同的具体目标。因此,在调用函数时,使用的是参数具体的值,这些值才是真正参与运算的值,所以这些参数称为实参。

函数其实相当于一个工具。定义一个函数后,无论是调用还是不调用,这个工具都在。不调用函数时,这个工具只是安静地存储在内存中,不会发挥任何作用。只有在调用函数时,这个工具才真正发挥作用,完成指定的任务。

在 Python 中,每次调用函数时,怎么得到不同的结果呢?这个过程也与数学函数一样,每次都是将不同的实参传递给函数,并执行函数的功能,从而得到具体的函数值。

向函数传递参数的方式有多种,可以按参数位置传递参数,也可以按参数名称传递参数。

1. 按位置传递参数

在定义函数时,形参虽然仅为占位符,但每个参数都有特定的功能。调用函数时,按照形参的顺序给函数传递参数,即可正确调用函数完成特定功能。按位置传递参数时,实参的顺序与定义函数时的形参的顺序必须一致。

【例 5-4】定义函数,根据学生的性别和志愿,确定学生的体育课程分班情况。分班规则如表 5-1 所示。

表 5-1　分班规则

性别	志愿	班级
女	篮球	体育 1 班
	羽毛球	体育 2 班
	游泳	体育 3 班
男	篮球	体育 4 班
	羽毛球	体育 5 班
	游泳	体育 6 班

```
def pe_class(gender,application):
    if(gender == '女' and application == '篮球'):
        return '体育 1 班'
    elif(gender == '女' and application == '羽毛球'):
        return '体育 2 班'
    elif(gender == '女' and application == '游泳'):
        return '体育 3 班'
    elif(gender == '男' and application == '篮球'):
        return '体育 4 班'
    elif(gender == '男' and application == '羽毛球'):
        return '体育 5 班'
    elif(gender == '男' and application == '游泳'):
        return '体育 6 班'
    else:
        return '参数错误!'
#函数定义完毕

name = input("输入学生姓名:")
gender = input("输入学生性别:")
application = input("输入学生的志愿:")
class1 = pe_class(gender,application)
print("%s 所属的班级为:%s"%(name,class1))
```

程序运行结果示例如下。

```
输入学生姓名:张三
输入学生性别:男
输入学生的志愿:篮球
张三所属的班级为:体育 4 班
```

程序分为两个部分,前半部分定义函数 pe_class,后半部分输入相关变量后调用函数确定学生分班情况。

定义 pe_class 函数时,使用了两个形参,即性别 gender 和志愿 application。在调用函数时，如果不特别指定，必须严格按照形参的顺序给出实参，即 gender 的值在前面，application 的值在后面。如果在调用函数的过程中，不按照给定的顺序给出实参的值，返回的结果就会不同。

2. 按名称传递参数

按名称传递参数时，实参不需要与形参的顺序完全一致。

【例 5-5】输入学生的平时成绩和期末成绩，按照平时成绩占 30%、期末成绩占 60% 的标准计算学生的总评成绩。

```
def total_score(regular_score,final_score):
    total = regular_score * 0.7 + final_score * 0.3
    return total
# 函数定义结束

score1 = int(input("输入平时成绩："))
score2 = int(input("输入期末成绩："))
total1 = total_score(regular_score = score1,final_score = score2)
print("总评成绩为%.2f"%total1)
total2 = total_score(final_score = score2,regular_score = score1)
print("总评成绩为%.2f"%total2)
```

程序运行结果示例如下。

```
输入平时成绩：90
输入期末成绩：80
总评成绩为87.00
总评成绩为87.00
```

程序开始定义了 total_score 函数，用于计算总评成绩。接着输入学生的平时成绩和期末成绩，然后两次调用 total_score 函数计算总评成绩。两次调用函数过程中，都使用了形参的名称，直接将实参赋给形参。两次调用交换了参数的位置，但程序运行结果没有发生变化。因此，按名称传递参数时，不会影响程序的运行结果。

3. 参数的默认值

在定义参数时，可以指定参数的默认值。如果调用参数重新给具有默认值的参数传递了实参，则使用实参，否则使用默认值。

【例 5-6】定义函数，输入学生的出生年份，返回学生的年龄。假设学生出生年份的默认值为 2000。

```
def age(year = 2000):
    result = 2022 - year
    return result
# 函数 age 定义结束
stu_age = age()
print("学生的年龄为：%d"%stu_age)
```

程序运行结果如下。

```
学生的年龄为：22
输入学生出生年份：2000
学生的年龄为：22
```

程序先定义 age 函数。在定义函数时，将 year 形参的默认值设置为 2000。接着两次调用 age 函数，第一次调用时，没有指定参数的值，此时使用默认值，函数输出了正确的年龄；第二次调用函数时，给出了实参，函数也能输出正确的结果。

5.3 列表作为函数参数

5.3.1 简单数据类型参数传递值

在前面的函数实例中，函数的参数都为简单变量。大多数情况下，定义函数的形参和调用函数的实参都采用相同的名称。但实际上，形参和实参会存储在不同的存储空间，它们的值并不总保持一致。

【例 5-7】 简单变量作为函数参数时，形参和实参的值存储在不同的空间。

```
def fun1(x,y):
    x += 5
    y *= 2
    print("2:x = %d y = %d "%(x,y))

x = 1
y = 1
print("1:x = %d y = %d"%(x,y))
fun1(x,y)
print("3:x = %d y = %d"%(x,y))
```

程序运行结果如下。

```
1:x = 1 y = 1
2:x = 6 y = 2
3:x = 1 y = 1
```

程序执行过程中，首先给 x 和 y 变量赋值，其初值均为 1，所以第一次输出 x 和 y 的值均为 1。接着调用函数 fun1，将实参的值赋给形参。此时实参和形参的值虽然相同，但二者并不占用相同的存储空间。在函数 fun1 中修改了形参 x 和 y 的值，所以第二次输出时，输出的是形参的值，x 和 y 的值分别为 6 和 2。函数 fun1 执行完毕，并没有返回值。最后执行后续 print 语句，此时语句输出的 x 和 y 的值为 1，说明函数调用并没有改变实参的值。

简单数据类型的数据作为函数参数时，调用函数过程中会将实参的值赋给形参。执行函数时，可以通过 return 语句获得函数的值。这种情况下，虽然实参和形参可以同名，但占用不同的存储空间。

5.3.2 组合数据类型参数公用存储空间

列表和字典等复杂数据类型的数据作为函数参数时，情况会发生变化。这时，形参和实参公用存储空间。也就是说，在调用函数时，如果改变了组合数据类型参数中的元素，会直接影响到实参中元素的值。

【例5-8】列表作为函数参数时，调用函数可以直接改变实参列表中元素的值。

```
def add5(numbers):
    for i in range(len(numbers)):
        numbers[i] += 5

numbers = [1,2,3,4,5]
add5(numbers)
print(numbers)
```

程序运行结果如下。

[6, 7, 8, 9, 10]

numbers 列表中有 5 个元素，其初值分别为 1,2,3,4,5。函数调用 add5(numbers) 后，numbers 列表中的每个元素都加了 5，变成了 6, 7, 8, 9, 10。而将每个元素加 5 的操作在是 add5 函数内部完成的。调用函数过程中，对 numbers 列表操作的结果，在函数外依然保留。

之所以在函数外能够保存函数中对列表的操作，是因为实参和形参操作的是同一个存储区域的列表，所以无论是形参改变列表，还是实参改变列表，其结果在函数内部和外部都能看到。在组合数据类型的数据作为函数参数时，即使形参和实际的名称不同，其指向的存储区域也是相同的。

5.3.3 组合数据类型的数据作为函数参数的应用

简单数据类型的数据作为函数参数时，函数调用过程中，与函数之间的关联只有两次。第一次是调用时将实参的值赋给形参。第二次是被调函数执行完后，通过 return 语句将函数值返回。而 return 函数只能返回一个值，所以简单数据类型的数据作为函数参数时，最多只能获得一个结果。

列表或字典类型的数据作为函数参数时，调用过程中对列表中元素进行的修改会保留到函数调用结束后。而列表或字典中可以有多个元素，因此在函数调用过程中，可以利用多个元素获得多个结果。

【例5-9】利用字典类型的参数，定义函数求三角形的周长和面积。

```
import math
def triangle(tri):
    p = tri['a'] + tri['b'] + tri['c']
    tri['perimeter'] = p
    tri['area'] = math.sqrt(p*(p-tri['a'])*(p-tri['b'])*(p-tri['c']))

tri = {}
tri['a'] = 3
tri['b'] = 4
tri['c'] = 5
triangle(tri)
print("三角形周长为：%.2f"%tri['perimeter'])
print("三角形面积为：%.2f"%tri['area'])
```

程序运行结果如下。

```
三角形周长为：12.00
三角形面积为：77.77
```

计算三角形面积时，需要使用开方函数 sqrt。这个函数是 Python 内置模块 math 中的一个函数，使用 import 引入 math 模块后，即可使用模块中预先定义的 sqrt 函数。

程序中定义的 triangle 函数中，参数为字典类型的 tri。函数中使用字典 tri 的 perimeter 和 area 键来计算并存储三角形的周长和面积。因为字典 tri 是组合数据类型的，函数中存储的数据在函数调用结束后依然存在，所以函数结束后，可以正确地输出三角形的周长和面积。这样就通过一个函数获得了两个结果。

5.4 模块

定义函数后，可以多次调用函数，给函数传递不同的值时，会得到不同的结果。这样一种机制就实现了代码复用，减少代码的冗余。除此之外，还可以将某些公用的函数单独放到一个模块文件中。如果在某个地方需要使用模块中的函数，使用 import 引入即可。例 5-9 中引入的 math 模块，其中便是 Python 内部实现的一些数学函数。程序中用 import 引入 math 模块后，即可使用其中的数学函数。

5.4.1 创建模块

创建模块的方法与创建 Python 程序文件的方法一样，只需创建一个扩展名为 .py 的文件，然后将函数代码存储在该文件中即可。

【例 5-10】创建一个模块文件 triangle.py，其中包含三个函数，分别用于判断三条边是否能构成三角形、计算三角形的周长和计算三角形的面积。

```python
import math

# 判断三条边是否能构成三角形
def istriangle(tri):
    a = tri['a']
    b = tri['b']
    c = tri['c']
    if(a + b > c and b + c > a and a + c > b):
        return True
    else:
        return False

# 定义求三角形周长的函数
def perimeter(tri):
    if(istriangle(tri)):
        p = tri['a'] + tri['b'] + tri['c']
        return p
    else:
```

```
        return -1
# 定义求三角形面积的函数
def area(tri):
    if(istriangle(tri)):
        p = tri['a'] + tri['b'] + tri['c']
        a = math.sqrt(p*(p-tri['a'])*(p-tri['b'])*(p-tri['c']))
        return a
    else:
        return -1
```

istriangle 函数用于判断三条边是否能构成三角形，如果能构成三角形，则返回 True；否则返回 False。

perimeter 函数和 area 函数分别用于计算三角形的周长和面积。在计算前，使用 istriangle 判断三条边是否能构成三角形。如果能构成三角形，则进行计算；否则返回 −1。

5.4.2 导入模块

模块定义好后，在需要使用模块函数的文件中导入模块即可使用其中的函数。导入模块的方式分为两种，一种是导入整个模块，另一种是导入模块中的特定函数。

1. 导入整个模块

导入整个模块时，使用 import 语句即可，格式如下。

```
import 模块名称
```

导入模块时，还可以给模块指定别名。指定别名后，在文件中只能使用模块的别名，格式如下。

```
import 模块名称 as 模块别名
```

导入整个模块后，可以采用以下格式调用模块中的函数。

```
模块名称.函数名称(实参列表)
```

在 triangle.py 模块文件所在的目录下新建一个名为 use_triangle.py 的文件。在 use_triangle.py 文件的开始输入 import triangle.py，即可导入 triangle 模块。

【例 5-11】在 triangle.py 模块文件所在的目录中新建一个名为 use_triangle.py 的文件。在新文件中导入 triangle 模块，使用模块中的函数求三角形的周长和面积。

```
import triangle

tri = {}
tri['a'] = int(input("输入边长 a:"))
tri['b'] = int(input("输入边长 b:"))
tri['c'] = int(input("输入边长 c:"))

# 计算并输出三角形周长
perimeter = triangle.perimeter(tri)
if(perimeter >= 0):
    print("三角形的周长为：%.2f"%perimeter)
else:
```

```
        print("输入的三边无法构成三角形。")

# 计算并输出三角形面积
area = triangle.area(tri)
if(area >= 0):
    print("三角形的面积为：%.2f"%area)
else:
    print("输入的三边无法构成三角形。")
```

程序运行结果示例如下。

```
输入边长a:3
输入边长b:4
输入边长c:5
三角形的周长为：12.00
三角形的面积为：77.77
```

2. 导入模块中的特定函数

有些模块包含的函数非常多，如果只需使用模块中的少数几个函数，可以指定导入所需要的函数。导入指定函数时可以采用以下格式。

```
from 模块名称  import 函数名称1, 函数名称2,…
```

同样，导入指定函数时也可以为函数指定别名，格式如下。

```
from 模块名称  import 函数名称1  as  函数别名1, 函数名称2  as  函数别名2,…
```

但这样会导致语句很长，如果导入的函数不多，可以分开导入函数，一次只导入一个函数，格式如下。

```
from 模块名称  import 函数名称1  as  函数别名1
from 模块名称  import 函数名称2  as  函数别名2
```

导入指定函数后，调用函数时不再需要使用模块名称，直接使用函数名称调用函数即可，格式如下。

```
模块名称 . 函数名称（实参列表）
```

【例5-12】在 triangle.py 模块文件所在的目录中新建一个名为 use_triangle.py 的文件。采用导入指定函数的方式，利用 triangle 模块计算三角形的周长和面积。

```
from triangle import perimeter
from triangle import area as area1

tri = {}
tri['a'] = int(input("输入边长 a:"))
tri['b'] = int(input("输入边长 b:"))
tri['c'] = int(input("输入边长 c:"))

# 计算并输出三角形周长
perimeter = perimeter(tri)
if(perimeter >= 0):
    print("三角形的周长为：%.2f"%perimeter)
else:
    print("输入的三边无法构成三角形。")

# 计算并输出三角形面积
area = area1(tri)
```

```
if(area >= 0):
    print("三角形的面积为：%.2f"%area)
else:
    print("输入的三边无法构成三角形。")
```

导入 perimeter 函数时，未指定别名，直接使用函数名称调用即可。导入 area 函数时，为其指定别名 area1，调用时需要使用别名。

可以使用以下格式导入模块中的全部函数。

```
from 模块名称 import *
```

其功能虽然与导入整个模块看似相同，但采用这种方式调用全部函数后，调用函数时不需要写模块的名称，相对简洁。但这样只使用函数名称调用函数，可能与文件中的其他函数同名，会带来问题，所以不建议使用这种方式。

第6章 类和对象

现在，主要的编程思想有两种：面向过程编程思想和面向对象编程思想。前面几章所讲解的内容都是面向过程编程的相关内容。在面向过程编程时，其思想主要是以解决问题的过程为线索，将解决问题的过程分为多个步骤，每个步骤通过多个不同的函数完成。为了解决问题，需要调用很多函数，而且这些函数之间会存在复杂的调用关系。随着程序规模的增大，函数之间的关系会更加复杂，导到应用程序的可维护性变得很低。

随着编程语言的发展，出现了面向对象编程技术。在面向对象编程中，不再以解决问题的步骤为中心。面向对象技术模拟现实世界，以参与的实体为中心，首先分析需要完成哪些任务（可以按步骤顺序，也可以不按步骤顺序），然后分析参与完成这些任务的实体，最后分析这些实体所具有的属性和需要完成的操作。如果要完成某个具体的任务，可以通过这些实体中的相关方法。

下面先从面向对象的基本概念开始介绍面向对象编程的相关知识。

6.1 类和对象的概念

面向对象编程是模拟现实世界的。类是对一群具有相同特征或行为事物的统称。使用面向对象的方式解决问题时，先进行需求分析，找到解决问题需要涉及哪些实体。这些实体可以定义为类。例如，解决学校选修课选课问题，教务人员发布课程信息后，学生选课。在完成选课任务时，参与其中的实体有3个：教务人员、课程和学生。需要将这3个实体定义为类。有的人可能会想，教师为什么不是选课系统中的实体呢？其实，在选课这个环节，教师是不参与其中的。教师在选课完成的教学过程中进行教学活动，但在选课这个环节，教师不需要参与。因此，如果只单纯地解决选课问题，是没有教师这个实体的，教师只是课程类的一个属性特征。

在面向对象编程中，类是对现实问题中实体的抽象，由属性和方法构成。属性是静态信息，用于描述实体的特征。解决问题时，会使用到实体的某些特征，这些特征就是类的属性。需要注意的是，只有问题空间涉及的特征才为属性，与问题无关的特征则不需要考虑。在学生选课问题中，学生类的属性可以包括学号、姓名、专业、班级。但学生的身高、年龄等与选课问题无关，不是学生类的属性。如果是在记录学生体检的问题中，学生类的属性不仅要包括学号、姓名、专业、班级，还要包括身高、年龄等属性。

方法是类的动态特性。实体需要完成的任务或实现的操作等行为特征，就是类的方法。同样是学校选修课选课问题，教务人员、课程和学生3个实体在选课时，都做了哪些操作呢？教务人员需要发布课程相关的信息，发布这个行为就是教务人员类中的方法。同样，学生需要选课，选课就是学生类中的方法。

如何理解"类是一群具有相同特征或行为事物的统称"呢？在选课问题中，发布课程信息的教务人员和参与选课的学生都不止一个，而有多个。在定义类时，把多个学生与选课相关的共同特征抽象成类的属性，把多个学生的共同行为抽象成方法。因此，学生类就是一群学生个体的抽象。

6.2 定义只具有方法的类和对象

因为类和对象都是比较抽象的概念。如果习惯面向过程编程的开发过程，刚接触面向对象编程时，还需要经过不断的练习才能真正掌握相关知识。下面先用简单的实例来说明类和对象的定义方法及面向对象的基本概念，最后使用综合实例进一步介绍面向对象编程技术的应用。因此，读者在学习的过程中，应先掌握定义类和对象的方法，再关注如何使用类和对象解决实际问题。

类由属性和方法构成。在 Python 的实际应用中，通常会使用初始化方法处理属性，本节介绍类中方法的定义和使用，6.3 节将介绍使用相关方法定义类的属性。

6.2.1 定义类

方法为类中定义的函数，但方法的定义和使用有自己的特殊性。下面是包含方法类的一般格式。

```
class 类名:
    def 方法1(self, 参数1, 参数2,…):
        语句块1
    def 方法2(self, 参数1, 参数2,…):
        语句块2
```

定义只含方法的类时，需要注意以下几点。

（1）使用 class 关键字定义类。

（2）类名采用大驼峰风格命名。大驼峰风格是指名称中每个单词之间都不需要连接符号，每个单词首字母都要大写。这就意味着，类名的首字母一定要大写。

（3）方法的定义与函数的定义基本一致，但方法的第一个参数必须为 self。后续详细讲解 self 的具体作用。

【例 6-1】定义一个汽车类，让汽车能够在路上跑，也能够给汽车加油。

```
class Car:
    def run(self):
```

```
        print("汽车在路上跑！")
    def refuel(self):
        print("给汽车加油！")
```

本例定义了一个简单的类 Car，其中包括两个方法，分别为 run 和 refuel。如果运行 run 方法，则说明汽车在路上跑；如果运行 refuel 方法，则给汽车加油。

6.2.2 实例化对象

定义类后，并不能直接使用它来解决具体的问题。类是一群具有相同特征或行为事物的统称，它仅用于定义这群事物的特征和行为。要解决具体的问题，需特别指定某个特定的事物来完成相关操作。这些特定的事物称为对象。

例 6-1 中仅定义了汽车类，说明所有的汽车类都能跑，并且能够给汽车类加油。但真正实现跑和加油功能的是某辆特定汽车，而这辆汽车也属于这个类。

类是对象的模板，可以通过类这个模板创建很多对象。通过类创建对象的过程称为实例化对象。通过一个类可以创建多个对象，这些对象之间相互独立。

实例化类的一般格式如下。

```
对象名称 = 类名()
```

【例 6-2】通过例 6-1 的 Car 类，创建两个对象 my_car 和 your_car，分别让两个对象完成跑和加油功能。

```
# 省略例 6-1 中创建类 Car 的过程
my_car = Car()
my_car.run()
my_car.refuel()
print("**************")
your_car = Car()
your_car.refuel()
your_car.run()
```

程序运行结果如下。

```
汽车在路上跑！
给汽车加油！
**************
给汽车加油！
汽车在路上跑！
```

在 Car 类的后面创建了两个对象，对象名分别为 my_car 和 your_car。这两个对象是通过 Car 类创建的，所以也具备 Car 类中定义的方法。有了具体对象后，就可通过这些对象执行类中定义的方法，从而完成相关任务。通过对象执行方法的格式如下。

```
对象名.方法名()
```

第一个对象 my_car 创建完成后，通过 my_car.run() 执行让汽车跑的功能，通过 my_car.refuel() 方法执行给汽车加油的功能。第二个对象 your_car 也是一样，它先执行加油功能，再执行跑的功能。

本节先定义了一个简单的类，然后通过类的实例化过程创建了两个对象，最后通过执行对象的方法输出了相关信息。这个类非常简单，不包含属性，下节介绍类属性相关的知识。

6.3 对象初始化方法及属性

6.3.1 对象初始化方法 __init__()

在实例化类创建对象时，Python 通常会完成两个操作。第一个操作是在内存中为新的对象分配存储空间；第二个操作是执行对象的初始化方法__init__()。在 Python 中，__init__()方法为对象的内置方法。

【例 6-3】 对象初始化方法__init__()实例。

```
class Car:
    def __init__(self):
        print("创建新对象")

my_car = Car()
your_car = Car()
```

程序运行结果如下。

```
创建新对象
创建新对象
```

程序先创建了一个类 Car，类中只有一个方法__init__()。接着使用 Car 类实例化两个对象，分别为 my_car 和 your_car。创建这两个对象后并没有显式地调用__init__()方法。但从程序运行结果中可以看出，创建这两个对象时都自动执行了__init__()方法。

实际上，__init__()方法专用于定义对象的属性。

6.3.2 定义类的属性

属性是类的静态特征，可以用变量表示。在 Python 中，通常使用初始化方法__init__()处理属性。

【例 6-4】 定义汽车类，其中包括品牌和颜色属性，并使用方法显示品牌和颜色。

```
class Car:
    # 定义初始化方法
    def __init__(self,brand,color):
        self.brand = brand
        self.color = color
    # 定义显示汽车品牌和颜色的方法
    def print_info(self):
        print("汽车品牌为 %s"%self.brand)
        print("汽车颜色为 %s"%self.color)

red_car = Car("奥迪","红色")
red_car.print_info()
print("**************")
```

```
silver_car = Car("路虎","银色")
silver_car.print_info()
```
程序运行结果如下。

```
汽车品牌为奥迪
汽车颜色为红色
**************
汽车品牌为路虎
汽车颜色为银色
```

不同的汽车对象有不同的品牌和颜色。只有在创建对象时才能确定品牌和颜色。创建对象时，会自动执行初始化方法 __init__()，red_car = Car("奥迪","红色") 语句将 "奥迪" 传递给 __init__() 方法的 brand 参数，将 "红色" 传递给 __init__() 方法的 color 参数。

本例 __init__() 方法中只有如下两个赋值语句。

```
self.brand = brand
self.color = color
```

其中，self 是指对象本身；如果创建 red_car 对象，self 就指 red_car 对象；如果创建 silver_car 对象，self 就指 silver_car 对象本身。在 self.brand = brand 赋值语句中，左边的 self.brand 指创建对象的 brand 属性，右边的 brand 指形参。此时形参 brand 的值为 "奥迪"。因此，执行赋值语句后，red_car 对象的 brand 属性的值为 "奥迪"。同理，执行初始化语句后，red_car 对象的 color 属性的值为 "红色"。

如果定义类，并创建 red_car 对象后，执行如下 print 语句：

```
red_car = Car("奥迪","红色")
print(red_car.brand)
print(red_car.color)
```

则输出结果如下：

```
奥迪
红色
```

由此可见，因为在定义类时还没有具体的对象，无法使用某个具体的对象名称引用其属性，所以使用 self 表示要创建的对象。在类的每个方法中，第一个参数都为 self，它们都可以表示要创建的对象，可以通过 self 访问类中的属性和其他方法。

6.3.3 访问对象属性

通过初始化方法 __init__() 可以定义属性。创建对象后，即可通过对象本身来访问属性。访问对象属性的一般格式如下。

```
对象名.属性名
```

获取到对象属性后，可对属性进行任何合法的运算。这些运算的结果如果修改了属性的值，新的值也会被存储到对象的属性中。

【例 6-5】设计一个类 CarPrice，用方法记录各品牌汽车价格变动的过程。

```
class CarPrice:
    def __init__(self,brand,price):
        self.brand = brand
        self.price = price
```

```
        def change_price(self,adjustment):
            self.price += adjustment

        def print_carprice(self):
            print("%s品牌的价格为%.2f"%(self.brand,self.price))

audi_price = CarPrice("奥迪",53)
landover_price = CarPrice("路虎",60)
while(True):
    print("请选择调价的品牌：")
    print("1-- 奥迪")
    print("2-- 路虎")
    choice = int(input("请选择："))
    if(choice == 1):
        adjustment = float(input("输入调价幅度："))
        audi_price.change_price(adjustment)
        audi_price.print_carprice()
    elif(choice == 2):
        adjustment = float(input("输入调价幅度："))
        landover_price.change_price(adjustment)
        landover_price.print_carprice()
    else:
        quit()
```

程序运行时，先显示选择品牌的菜单。如果用户没有输入1或2，则直接退出程序。如果用户选择了某个品牌，进入品牌相应的程序分支，输入调价幅度。接着调用相应对象的 change_price() 方法更新价格，最后调用对象的 print_carprice() 方法输出新的价格信息。

6.3.4 输出对象的描述信息

用户对对象进行操作时，可能需要随时了解对象的信息。为了能够更方便地查看对象的信息，可以在类中定义内置方法 __str__()。在类中定义 __str__() 方法后，如果执行到 print(对象) 形式的语句，就会调用 __str__() 方法，输出相关信息。

【例6-6】对例6-4中的类定义进行改造，使用 __str__() 方法输出对象的描述信息。

```
class Car:
    #定义初始化方法
    def __init__(self,brand,color):
        self.brand = brand
        self.color = color
    #定义__str__()方法输出对象的描述信息
    def __str__(self):
        return("汽车品牌为%s，颜色为%s"%(self.brand,self.color))

red_car = Car("奥迪","红色")
print(red_car)
```

程序运行结果如下。

> 汽车品牌为奥迪，颜色为红色

使用 __str__() 方法时，必须返回一个字符串。在执行到 print(red_car) 语句时，直接调用 red_car 对象的 __str__() 方法，输出对象的描述信息。

6.3.5 封装性

第 5 章介绍过函数是对程序进行的封装，便于模块化和代码复用。面向对象编程中，类是比函数更高级的封装，它将所有对象的属性和方法封装起来。通过将类作为模板，可以实例化出多个不同的对象，这些对象之间是相互独立的。

类是一个高度抽象的概念。在解决实际问题时，并不能直接使用类完成相关的任务，只能将类作为模板实例化对象，然后通过具体的对象访问类中定义的属性和方法。从对象的角度来看，并不知道每个方法的实现细节，它只知道方法需要参数及返回值。

定义类时，将属性和方法封装起来，可以将方法的细节隐藏起来。在进行类定义时，就要考虑方法的实现细节。对每个对象来说，只需知道方法的使用方式即可。这样会简化程序设计的过程。因此，定义类时，重点考虑方法的实现；使用类时，主要考虑业务的逻辑流程。这也是封装带来的最大好处。

6.4 类和对象应用实例

在介绍类和对象相关的基本概念后，本节使用一个实例巩固之前所学的知识。

【例 6-7】设计一个汽车类，用于模拟汽车的行驶和加油的过程。

```
class Car:
    # 定义初始化方法
    def __init__(self,brand,rated,total,left):
        self.brand = brand        # 品牌
        self.rated = rated        # 额定每千米油耗
        self.total = total        # 油箱容量
        self.left = left          # 剩余油量
    # 定义行驶方法
    def run(self,kilos):          #kilos: 计划要行驶的千米数
        # 计算汽车剩下的油还能行驶多长距离
        distance = self.left / self.rated
        # 如果剩下的油还能跑的距离大于计划行驶的千米数
        if ( distance > kilos):
            print(" 开始行驶...")
            self.left = self.left - kilos * self.rated
            print("%s 已经行驶了 %d 千米 "%(self.brand,kilos))
            print(" 还剩 %.2f 升油 "%self.left)
            print(" 行驶结束。")
        else:
            print(" 油耗不足，无法行驶！ ")
```

```
        print("****************")
    # 定义加油方法
    def refuel(self,volumn):      #volumn 为计划加油的数量

        if(self.left + volumn <= self.total):
            self.left += volumn
            print("共加油%.2f升。"%volumn)
            print("油箱共有%.2f升油。"%self.left)
            print("加油完毕！")
        else:
            print("加油太多，超出容量！加油失败！")
        print("****************")

my_car = Car("奥迪",0.1,65,65)
my_car.run(300)
my_car.refuel(15)
my_car.run(200)
my_car.refuel(20)
```

程序运行结果如下。

```
开始行驶...
奥迪已经行驶了300千米
还剩35.00升油
行驶结束。
****************
共加油15.00升。
油箱共有50.00升油。
加油完毕！
****************
开始行驶...
奥迪已经行驶了200千米
还剩30.00升油
行驶结束。
****************
共加油20.00升。
油箱共有50.00升油。
加油完毕！
****************
```

6.5 类的继承

6.5.1 继承的定义

继承性是面向对象编程的一个重要特征。继承是指在不修改已有类的情况下，使

用另一个新的类继承其属性和方法。新的类可以在继承的基础上进一步扩展。被继承的类称为"基类"或"父类",而通过继承产生的新类称为"派生类"或"子类"。

通常情况下,父类和子类应是包含关系的。或者说,子类应是父类的一个子集。例如,如果有动物类 Animal,因为狗和猫属于动物,所以狗类 Dog 和猫类 Cat 可以继承动物类 Animal;但因为计算机不属于动物,所以计算机类 Computer 不属于动物类 Animal。

使用继承机制,父类中属性和方法的代码均可以重用,不需要重新编写。这样不仅可以减少代码量,并且可以提高代码的可维护性。

Python 中定义继承的方法很简单,只需定义子类时指定父类的名称即可。

【例 6-8】 定义 Animal 类和 Dog 类,其中 Animal 类为父类,Dog 类为子类。

```
class Animal:
    def __init__(self,weight,color):
        self.weight = weight
        self.color = color
    def eat(self):
        print("吃东西")
    def sleep(self):
        print("睡觉")

class Dog(Animal):
    def bark(self):
        print("汪汪叫")

wangwang = Dog(6,"黄色")
print("wangwang的重量为:%.2f"%wangwang.weight)
print("wangwang的颜色为:%s"%wangwang.color)
wangwang.eat()
wangwang.sleep()
wangwang.bark()
```

程序运行结果如下。

```
wangwang的重量为:6.00
wangwang的颜色为:黄色
吃东西
睡觉
汪汪叫
```

程序中定义了两个类,即 Animal 和 Dog。在定义 Dog 类时,类名后的圆括号中包含 Animal 类,这就是指定 Dog 类继承 Aminal 类。

类定义完成后,使用 wangwang = Dog(6," 黄色 ") 语句实例化了一个 Dog 类的对象 wangwang。Dog 类中没有显式定义初始化方法 __init__()。实例化时的参数传递给了父类 Animal 的初始化方法。

创建对象 wangwang 后,两个 print 语句中输出了 wangwang 对象的两个属性(wangwang.weight 和 wangwang.color),这两个属性是从父类 Animal 中继承来的。同样地,从 Animal 类中继承的 eat() 方法和 sleep() 方法也是可以正确执行的。

6.5.2 __init__() 方法的继承

子类继承了父类的全部属性，因此在实例化子类时，不仅需要为子类本身的属性赋值，还需要为父类的属性赋值。

在父类的__init__()方法中，已经有为属性赋值的语句，所以在子类中可以利用父类的__init__()方法为父类的属性赋值。在子类中，可以采用如下格式利用父类的__init__()方法。

```
super().__init__(父类初始化方法形参列表)
```

其中，super 函数返回当前子类的父类。因为这里是调用父类的方法，所以圆括号中父类初始化方法形参列表中不包含 self 参数。

【例 6-9】父类__init__()方法的应用。

```
class Animal:
    def __init__(self,weight,color):
        self.weight = weight
        self.color = color
    def eat(self):
        print("吃东西")
    def sleep(self):
        print("睡觉")

class Dog(Animal):
    def __init__(self,weight,color,type):
        #直接调用父类的 __init__ 方法
        super().__init__(weight,color)
        self.type = type
    def bark(self):
        print("汪汪叫")
    def __str__(self):
        str = "这是一只%s\n"%self.type
        str += "颜色为%s\n"%self.color
        str += "重量为%.2f公斤 \n"%self.weight
        return str

wangwang = Dog(13,"黄色","雪瑞纳")
print(wangwang)          #执行对象的 __str__ 方法
```

程序运行结果如下。

```
这是一只雪瑞纳
颜色为黄色
重量为13.00公斤
```

在定义子类 Dog 的初始化方法__init__()时，圆括号中的参数列表必须包含 weight 和 color 这两个形参。执行子类 Dog 初始化方法中的 super().__init__(weight,color)语句时，会直接调用父类 Animal 的__init__()方法，将形参 weight 和 color 获取的实参值赋给对象的 weight 和 color 属性。

本例最后用 print(wangwang) 语句输出对象，此时为调用子类中定义的__str__()方法输入对象的描述信息。

6.5.3 重写父类方法

父类相对子类来说，通用性更高。因此，父类中定义的方法不一定适合子类。但在子类中不一定要删除这些方法，可以改写这些方法的行为。在这种情况下，可以在子类中改写父类的方法。

【例 6-10】 在 Dog 类中重新改写 Animal 类中的 eat() 方法。

在例 6-9 程序的 Dog 类中加入以下方法。

```
def eat(self):
    print("吃肉骨头和狗粮")
```

这样就改写了父类 Animal 中的 eat() 方法。

接着实例化 Dog 类，并调用对象的 eat() 方法。

```
wangwang = Dog(13,"黄色","雪瑞纳")
wangwang.eat()
```

程序运行结果如下。

```
吃肉骨头和狗粮
```

子类改写父类的方法后，在使用 wangwang.eat() 语句调用对象的 eat() 方法时，会直接执行子类中的 eat() 方法。

第 7 章 文件操作

在解决实际问题的过程中，有时需要处理大量的数据，这些数据大多可以采用文件的形式存储。在这种情况下，能够正确对文件进行处理尤为重要。本章主要介绍两种常见文件类型文件的处理过程，即 TXT 类型文件和 CSV 类型文件。

7.1 基本操作

在对文件进行操作时，文件存储的位置一般都是外存。程序运行过程中，无法直接读取外存的数据，所以对文件进行操作的第一步是将文件从外存转到内存中，这个过程称为打开文件。

读取文件后，就可以使用文件中的相关数据。如果使用完数据后，需要将某些数据或结果存储到文件中，则需要完成写入文件的操作。所有操作完成后，需要关闭文件，以免出现数据被改写或丢失的情况。

由上可知，对文件进行操作时，一般会分成以下 3 个步骤。
（1）打开文件。
（2）读取或写入文件。
（3）关闭文件。

为了实现以上步骤，Python 通常会使用表 7-1 所示的函数或方法对文件进行操作。

表 7-1 常用的文件操作函数和方法

函数/方法	作用
open	打开文件，返回文件操作对象
read	将文件内容读取到内存中
write	将指定的内容写入文件
close	关闭文件

【例 7-1】利用文件操作方法和函数打开文本文件，并输出其中的内容。

先新建一个名为 sno.txt 的文件，存储在本章项目根目录中。在 sno.txt 文件中输入以下内容。

```
2022010101
2022010102
2022010103
```

再在项目根目录中创建一个新的 Python 文件,这个文件与 sno.txt 文件在同一目录中。在 Python 文件中输入以下程序。

```
# 打开文件,将返回的对象用 file_object 保存下来
file_object = open('sno.txt')
# 读取文件,使用 read() 方法读取文件对象的内容,赋值给 file_content 变量
file_content = file_object.read()
print(file_content)
# 关闭文件
file_object.close()
```

程序运行结果如下。

```
2022010101
2022010102
2022010103
```

本例展示了在 Python 中使用文件的一般步骤:先打开文件,再读取文件,最后关闭文件。

7.2 打开文件

打开文件要使用文件对象的 open() 方法。open() 方法的常用格式如下。

```
open("文件路径","打开方式")
```

文件路径为要打开文件的绝对路径或相对路径。打开文件时,常用的打开方式参见 7.2.2 节。需要注意的是,文件路径是对英文字母大小写敏感的。

7.2.1 文件指针

实际上,进行打开文件操作时,返回的文件对象都有一个文件指针,用于指示文档操作的位置。例如,如果打开文件时指定方式为"r",即以只读方式打开文件,文件指针指向文件的开始位置;如果打开文件时指定方式为"w",即以只写方式打开文件,文件指针指向文件的开始位置,原文件中的内容将被覆盖;同理,如果打开文件时指定方式为"a",即以追加方式打开文件,文件指针指向文件的结束位置。

以只读方式打开文件后,如果使用 read() 方法读取文件全部的内容,文件指针将指向文件的结尾。

如果想指定从文件的哪个位置开始读写内容,可以使用与文件指针相关的两个方法,即 seek() 方法和 tell() 方法。tell() 方法用于获取文件指针当前的位置;seek() 方法用于指定文件指针的位置。

【例 7-2】文件指针的应用。

```
# 打开文件
file = open('score.txt','r',encoding='UTF-8')
```

```
print("打开文件时文件指针位置：%d"%file.tell())
print("***********************")
#读取文件
file_content = file.read()
print(file_content)
print("读取完成后文件指针位置：%d"%file.tell())
print("***********************")
#再次读取文件内容
file_content = file.read()
print("再次读取文件时文件内容如下：")
print(file_content)
print("***********************")
#将文件指针设置为0后，再读取文件内容
file.seek(0)
file_content = file.read()
print("再次读取文件时文件内容如下：")
print(file_content)
print("***********************")

#关闭文件
file.close()
```

程序运行结果如下。

```
打开文件时文件指针位置：0
***********************
2022010101 张三 85
2022010102 李四 92
2022010103 王五 78
读取完成后文件指针位置：64
***********************
再次读取文件时文件内容如下。
***********************
再次读取文件时文件内容如下。
2022010101 张三 85
2022010102 李四 92
2022010103 王五 78
***********************
```

以只读方式刚打开文件时，文件指针为0，指向文件的开始位置。第一次读取程序结果后，文件指针为64，指向文件结束位置。此时如果再使用read()方法读取文件内容，则读取出来的内容为空。使用seek()方法将文件指针设置为0后，再次读取文件，又可以读取文件的全部内容了。

7.2.2 打开方式

表7-2列出了常用的文件打开方式。

通常情况下，以读写方式打开文件时，会耗费更多的系统资源，尽量使用表7-2中前3种访问方式。

表 7-2 常用的文件打开方式

方式	说明
r	以只读方式打开文件。文件指针指向文件的开始位置。这是默认模式
w	以只写方式打开文件。如果该文件已存在，则文件指针指向文件开始位置，原有内容会被删除；如果该文件不存在，则创建新文件
a	以追加方式打开文件。如果该文件已存在，则文件指针指向文件结束位置，新的内容将会被写到已有内容之后；如果该文件不存在，则创建新文件
r+	以读写方式打开文件。文件指针将会指向文件的开始位置
w+	以读写方式打开文件。如果该文件已存在，则文件指针指向文件开始位置，原有内容会被删除；如果该文件不存在，则创建新文件
a+	以读写方式打开文件。如果该文件已存在，则文件指针指向文件结束位置，将内容追加在文件最后。如果该文件不存在，则创建新文件

如果文件中包含中文字符，输出文件内容时可能会输出乱码。这种情况下可以在 open() 方法中加入 encoding 参数，并将其设置为 UTF-8。

【例 7-3】以只读方式打开文件时设置其编码方式。

新建一个名为 score.txt 的文件，存储在本章项目根目录中。在 score.txt 文件中输入以下内容。

```
2022010101 张三 85
2022010102 李四 92
2022010103 王五 78
```

在本章已有的 Python 文件中输入以下程序。

```python
# 打开文件
file_object = open('score.txt','r',encoding='UTF-8')
# 读取文件
file_content = file_object.read()
print(file_content)
# 关闭文件
file_object.close()
```

程序运行结果如下。

```
2022010101 张三 85
2022010102 李四 92
2022010103 王五 78
```

7.3 读取文件

前面的实例中使用 read() 方法可以一次性读取全部文件内容。除此之外，也可以一次只读取文件的一行内容。

【例 7-4】打开文件，逐行读取文件中的内容。

```
# 打开文件
```

```
file = open('score.txt','r',encoding='UTF-8')

# 每次读取文件的一行内容
for line in file:
    print(line.strip())    #strip()方法用于删除文件中每行末尾的回车符
print("*************************")

# 将文件中的每行内容读进列表
file.seek(0)      #将文件指针指向文件开始位置
file_lines = file.readlines()
print(file_lines)

file.close()
```

程序运行结果如下。

```
2022010101 张三 85
2022010102 李四 92
2022010103 王五 78
*************************
['2022010101 张三 85\n', '2022010102 李四 92\n', '2022010103 王五 78']
```

程序运行过程中,打开文件后,使用 for 循环每次取出文件的一行内容,然后将其作为字符串输出。这样实现逐行读取文件。然后使用 readlines() 方法,一次性将文件内容全部输出,并将每行内容作为元素构成一个列表。

7.4 写入文件

写入文件可以采用两种方法:write() 方法和 append() 方法。下面主要介绍 write() 方法。

7.4.1 使用 write() 方法向文件中写入内容

【例 7-5】 使用 write() 方法向文件中写入内容。

```
# 查看原文件的内容
file = open('score.txt','r',encoding='UTF-8')
content = file.read()
print("文件的初始内容:")
print(content)
file.close()

# 以读写方式打开文件
file = open('score.txt','w+',encoding='UTF-8')
print("打开文件时文件指针位置: %d"%file.tell())

# 向文件中写入内容
file.write("2022010104 小明 85\n")
print("写入完成后文件指针位置: %d"%file.tell())
```

```
file.write("2022010105 小刚 76\n")
print("写入完成后文件指针位置：%d"%file.tell())

print("*****************************")
file.seek(0)  #将文件指针指向文件开始位置
content = file.read()
print(content)
```

程序运行结果如下。

```
文件的初始内容：
2022010101 张三 85
2022010102 李四 92
2022010103 王五 78

打开文件时文件指针位置：0
写入完成后文件指针位置：22
写入完成后文件指针位置：44
*****************************
2022010104 小明 85
2022010105 小刚 76
```

程序首先以只读方式打开文件，读取文件中的内容并输出。可以看到，文件初始包含 3 个学生的相关信息。

然后程序以读写方式"w+"打开文件，此时文件指针停在文件开始位置。然后使用 write() 方法向文件中写入小明的信息，文件中原有的内容被覆盖。写入小明信息后，文件指针指向文件中第 22 字节的位置。同样使用 write() 方法写入小刚的信息，写完后文件指针位置为第 44 字节。

写入完成后，将文件指针指向文件开始位置，读取文件内容并输出。可以看出，文件原有的内容没有了，只有使用 write() 方法写入的小明和小刚的相关信息。

7.4.2 使用 write() 方法向文件中追加内容

还可以使用 write() 方法向文件中追加内容。以"a"或"a+"方式打开文件时，可以使用 write() 方法向文件中追加内容，文件原有的内容会保留下来。

【例 7-6】使用 write() 方法向文件中追加内容。

```
#查看原文件的内容
file = open('score.txt','r',encoding='UTF-8')
content = file.read()
print("文件的初始内容：")
print(content)
file.close()

#以读写方式打开文件
file = open('score.txt','a+',encoding='UTF-8')
print("打开文件时文件指针位置：%d"%file.tell())
file.write("2022010104 小明 85\n")
file.write("2022010105 小刚 76\n")
```

```python
print("****************************")
file.seek(0)  # 将文件指针指向文件开始位置
content = file.read()
print(content)
```

程序的运行结果如下。

```
文件的初始内容：
2022010101 张三 85
2022010102 李四 92
2022010103 王五 78

打开文件时文件指针位置：66
****************************
2022010101 张三 85
2022010102 李四 92
2022010103 王五 78
2022010104 小明 85
2022010105 小刚 76
```

程序先以只读方式打开文件，并读取输出文件的内容，文件中有 3 个学生的相关信息。再以 "a+" 方式打开文件。向文件中再写入两个学生的相关信息后，文件中共有 5 个学生的信息，完成文件的追加操作。

7.5 读写 CSV 文件

CSV 文件是指由用逗号分隔的值构成的文件。可以使用 Excel 软件打开和编辑 CSV 文件。在 Excel 软件中显示 CSV 文件的内容，与一般的 Excel 文件基本是一致的。但 CSV 文件实质上是文本文件。

Python 有一个专门用于对 CSV 文件进行操作的 csv 模块。在处理 CSV 文件时，首先要引入 csv 模块。可以使用模块中定义的方法来完成对 CSV 文件的相关操作。

7.5.1 读取数据

对 CSV 文件的操作步骤与对一般文件的操作步骤是一样的，都包括打开文件、读写文件、关闭文件等步骤。

在读取 CSV 文件时，通常使用 csv 模块的读取器 reader 来实现。

【例 7-7】读取 CSV 文件中的数据。

使用 Excel 软件创建如图 7-1 所示的数据，并将其在本章项目根目录中存储为 score.csv 文件。

在本章项目根目录中创建新的 Python 文件，输入以下程序。

```
import csv
# 以只读方式打开文件
```

学号	姓名	成绩
2022010101	张三	85
2022010102	李四	92
2022010103	王五	78

图 7-1 CSV 文件数据示例

```
file = open("score.csv","r")
# 使用 csv.reader() 方法创建与文件关联的阅读器
reader = csv.reader(file)

# 输出每行数据
for row in reader:
    print(row)

# 输出某列数据
file.seek(0)
for row in reader:
    print(row[0])

# 关闭文件
file.close()
```

程序运行结果如下。

```
['学号', '姓名', '成绩']
['2022010101', '张三', '85']
['2022010102', '李四', '92']
['2022010103', '王五', '78']
学号
2022010101
2022010102
2022010103
```

程序先使用 import cvs 语句引入 Python 的 cvs 模块，再使用只读方式打开 score.csv 文件，并使用 csv.reader() 方法创建与文件关联的阅读器，所有的读取文件操作都与此阅读器有关。使用以下循环结构，可以输出文件中的每行数据。

```
for row in reader:
    print(row)
```

如果只需读取文件中某列数据，可以使用以下循环结构。

```
for row in reader:
    print(row[0])
```

7.5.2 写入数据

向 CSV 文件中写入数据可以借助 csv 模块的写入器 writer。向 CSV 文件中写入数据时，可以写入模式或追加模式打开文件。

【例 7-8】向 CSV 文件中写入数据。

```
import csv
# 以读写方式打开文件
file = open("score.csv","w+",newline='')
# 使用 csv.writer() 方法创建与文件关联的写入器
writer = csv.writer(file)

# 使用写入器的 writerow() 方法每次向文件中写入一行数据
writer.writerow(['学号','姓名','成绩'])
writer.writerow(['2022010104','小明',86])
```

```
writer.writerow(['2022010105',' 小刚 ',80])

# 使用写入器的 writerows() 方法每次向文件中写入多行数据
writer.writerows([
    ['2022010106',' 小鹏 ',92],
    ['2022010107',' 小佳 ',79]
])

# 将文件指针指向开始位置，再用读取器读取文件中的每行数据
file.seek(0)
reader = csv.reader(file)
for row in reader:
    print(row)

# 关闭文件
file.close()
```

程序运行结果如下。

```
[' 学号 ', ' 姓名 ', ' 成绩 ']
['2022010104', ' 小明 ', '86']
['2022010105', ' 小刚 ', '80']
['2022010106', ' 小鹏 ', '92']
['2022010107', ' 小佳 ', '79']
```

程序引入 Python 的 csv 模块后，以读写方式打开文件。因为以"w+"方式打开文件，所以原文件的内容全部被覆盖了。如果以"a"或"a+"方式打开文件，写入的数据会追加在文件最后。

使用 csv 模块的写入器，既可以采用 writerow() 方法每次写入一行数据，也可以使用 writerows() 方法每次写入多行数据。

第 8 章 常用 Python 标准库

Python 提供了功能齐全、规模庞大的标准库，可以在程序中直接使用标准库中的模块实现某些系统级功能（如文件输入/输出）或解决日常编程中遇到的普遍性问题（如时间/日期处理）。

8.1 datetime 模块

在应用程序中经常会碰到时间和日期的处理，如记录日志时间等。不同的功能可能需要按照不同的格式来显示时间和日期相关的数据。Python 标准库中的 datetime 模块提供了处理及格式化输出时间和日期的相关类，其中常用的类如表 8-1 所示。

表 8-1 datetime 模块中常用的类

类	说明
date	日期类，包括 year、month 和 day 属性
time	时间类，包括 hour、minute、second、microsecond 属性
datetime	时间日期类
timedelta	时间间隔类，表示两个 date、time、datetime 实例之间的时间间隔
tzinfo	时区类

要使用 datetime 模块中的类，需采用以下格式引入这些类。

```
from datetime import date
from datetime import time
from datetime import datetime
```

datetime 模块中有 2 个常量：MINYEAR 和 MAXYEAR。MINYEAR 为 datetime.date 或 datetime.datetime 对象所允许的年份的最小值，值为 1；MAXYEAR 为 datetime.date 或 datetime.datetime 对象所允许的年份的最大值，值为 9999。

8.1.1 date 类

可以使用 date 类的构造方法构造一个 date 对象。构造 date 对象时，可以使用 year、month 和 day 三个参数。例如：

```
from datetime import date
date1 = date(2022,1,1)
print(date1)                                # 2022-01-01
```
也可以分别读取 date 对象的 year、month 和 day 属性。例如：
```
from datetime import date
date1 = date(2022,2,4)
print(date1)              # 2022-01-01
print(date1.year)         # 2022
print(date1.month)        # 2
print(date1.day)          # 4
```
date 类包含一些对日期数据进行操作和格式化的方法，下面详细介绍。

1. 格式化日期方法

可以按照所需的格式输出日期或日期的某个部分。常用的格式化日期方法如表 8-2 所示。

表 8-2 格式化日期方法

方法	功能
isoformat()	返回符合 ISO 8601 标准的日期字符串（YYYY-MM-DD）
isocalender()	返回包含 3 个值的元组，3 个值依次为 year（年份）、week number（本年的第几周），weekday（星期几，周一为 1……周日为 7）。
isoweekday()	返回 ISO 标准的指定日期所在的星期几（周一为 1……周日为 7）
weekday()	返回指定日期为星期几（周一为 0……周日为 6）

【例 8-1】格式化日期的应用。
```
date1 = date(2022,2,4)
isocalendar_date = date1.isocalendar()
print(isocalendar_date)
        # datetime.IsoCalendarDate(year=2022, week=5, weekday=5)
print(isocalendar_date.year)     # 2022
print(isocalendar_date.week)     # 5-- 表示2022年的第5个星期
print(isocalendar_date.weekday)  # 5-- 表示星期五
print(date1.isoformat())         # 2022-02-04
print(date1.isoweekday())        # 5-- 表示星期五
print(date1.weekday())           # 4-- 表示星期五
```

2. 日期比较方法

常用的日期比较方法如表 8-3 所示。

表 8-3 日期比较方法

方法	功能
x.__eq__(y)	判断 x 是否等于 y
x.__lt__(y)	判断 x 是否小于 y
x.__le__(y)	判断 x 是否小于等于 y

(续表)

方法	功能
x.__gt__(y)	判断 x 是否大于 y
x.__ge__(y)	判断 x 是否大于等于 y
x.__ne__(y)	判断 x 是否不等于 y

日期比较方法的返回值为 True 或 False。

【例 8-2】 日期比较的应用。

```
from datetime import date
date1 = date(2022,1,1)
date2 = date(2022,2,4)
print(date1.__eq__(date2))    # False
print(date1.__le__(date2))    # True
print(date1.__lt__(date2))    # True
print(date1.__ge__(date2))    # False
print(date1.__gt__(date2))    # False
print(date1.__ne__(date2))    # True
```

3. 计算两个日期之差的方法

有两种方法可用于计算两个指定日期之间差多少天，如表 8-4 所示。

表 8-4　计算日期之差的方法

方法	功能
x.__sub__(y)	计算 x 和 y 两个日期之间的差
x.__rsub__(y)	计算 y 和 x 两个日期之间的差

【例 8-3】 计算两个日期之差。

```
from datetime import date
# 计算日期差的方法
date1 = date(2022,1,1)
date2 = date(2022,1,21)
print(date1.__sub__(date2))    # -20 days, 0:00:00
print(date1.__rsub__(date2))   # 20 days, 0:00:00
```

4. 其他常用方法

表 8-5 所示为其他常用的日期方法。

表 8-5　其他常用的日期方法

方法	功能
today()	获取当前日期
fromtimestamp()	将时间戳转换成日期

示例如下。

```
from datetime import date
```

```
today = date.today()
print("今天是 ",today)                    # 今天是 2022-02-06
# 将时间戳转换成日期
timestampdate = date.fromtimestamp(1640994364)
print(" 日期为 ", timestampdate)          # 日期为 2022-01-01
```

8.1.2 time 类

可以使用 time 类的构造方法构造 time 对象。构造 time 对象时，可以使用 hour、minute、second、microsecond、tzinfo 等参数，其中，hour 是必需的参数，其他几个为可选参数；tzinfo 是指时区信息。示例如下。

```
from datetime import time
time1 = time(11,20,30,26226)
print(time1)                              # 11:20:30.026226
```

也可以使用 isoformat() 方法按照 ISO 标准格式输出时间。例如：

```
from datetime import time
time1 = time(11,20,30,26226)
print(time1.isoformat())                  # 11:20:30.026226
```

8.1.3 datetime 类

datetime 类可以看成 date 类和 time 类的综合。上述两个类的方法和属性基本都可以用于 datetime 类。创建 datetime 对象时，使用 date 类的构造方法和 time 类的构造方法中相关的参数即可。

datetime 类也有一些自己专有的方法，具体如表 8-6 所法。

表 8-6 datetime 类的专有方法

方法	功能
now()	返回当前日期和时间
date()	返回当前日期和时间的日期部分
time()	返回当前日期和时间的时间部分
combine()	将一个 date 对象和 time 对象合并生成一个 datetime 对象

示例如下。

```
from datetime import datetime
# 给 date1 和 time1 赋初值并输出
date1 = date.today()
time1 = time(11,20,30,26226)
print(date1)           # 2022-02-06
print(time1)           # 11:20:30.026226
# 使用 combine() 方法将 date1 和 time1 合并之后输出
datetime1 = datetime.combine(date1,time1)
print(datetime1)       # 2022-02-06 11:20:30.026226
# 输出 datetime1 的日期部分
print(datetime1.date())    # 2022-02-06
```

```
# 输出 datetime1 的时间部分
print(datetime1.time())        # 11:20:30.026226
```

8.1.4 timedelta 类

timedelta 类表示时间差，参数依次为

```
days, seconds, microseconds, milliseconds, minutes, hours, weeks
```
因此，如果想实例化 1 天零 6 个小时的时间差对象，则需要指明参数如下。

```
from datetime import timedelta
t1 = timedelta(days=1, hours=6)
print(t1)
```
输出结果如下。

```
1 day, 6:00:00
```

timedelta 类时间差可以直接通过实例化得到，也可以由两个 datetime 类型的数据做差得到。使用 timedelta 类可以很方便地在日期上进行时间计算，如果要计算月份则需要另外的办法。

【例 8-4】 使用 timedelta 类计算时间差。

```
from datetime import datetime
start = '2020/1/6 11:09:23'
end = '2021/10/2 9:14:30'
start_time = datetime.strptime(start, '%Y/%m/%d %H:%M:%S')
end_time = datetime.strptime(end, '%Y/%m/%d %H:%M:%S')
print(f'相差 ',(end_time-start_time).days,f' 天 ')
print(f'相差 ',(end_time-start_time).seconds,f' 秒 ')
print(f'相差 ',(end_time-start_time).microseconds,f' 毫秒 ')
print(f'所有时间转换为秒后相差 ',(end_time-start_time).total_seconds(),f' 秒 ')
print(end_time-start_time)
```
程序运行结果如下。

```
相差  634 天
相差  79507 秒
相差  0 毫秒
所有时间转换为秒后相差 54857107.0 秒
634 days, 22:05:07
```

因为 timedelta 对象毫秒位置的分量值为 0，所以毫秒的差值输出为 0。

timedelta.min：返回 timedelta 下限。例如：

```
from datetime import timedelta
print(timedelta.min)
```
程序运行结果如下。

```
-999999999 days, 0:00:00
```

timedelta.max：返回 timedelta 上限。例如：

```
from datetime import timedelta
print(timedelta.max)
```
程序运行结果如下。

```
999999999 days, 23:59:59.999999
```

timedelta.resolution：返回 timedelta 的精度。例如：

```
from datetime import timedelta
print(timedelta.resolution)
```
程序运行结果如下。
```
0:00:00.000001
```

8.1.5 时间转化

在数据处理过程中，经常需要将不同形式的时间进行转换。下面介绍常用的方法。

时间对象转换为字符串，可以通过 isoformat() 方法来实现。例如：
```
import datetime
d1 = datetime.date(2021,12,24)
print(d1.isoformat())
print(type(d1.isoformat()))
```
程序运行结果如下。
```
2021-12-24
<class 'str'>
```
字符串转换为时间对象，可以使用 strptime() 方法，将字符串解析为给定格式的时间对象。例如：
```
import datetime
d1 = '2021-12-24'
d2 = datetime.datetime.strptime(d1,'%Y-%m-%d')
print(d2)
print(type(d2))
```
程序运行结果如下。
```
2021-12-24 00:00:00
<class 'datetime.datetime'>
```

8.1.6 设置日期时间格式

1. 使用 strftime() 方法设置 time 对象的格式

使用 strftime() 方法设置 time 对象的格式，其基本格式如下。
```
time 对象.strftime(格式控制字符串)
```
其中，格式控制字符串中可以使用表 8-7 中所示的格式控制字符。需要注意的是，这些格式控制字符是对英文字母大小写敏感的。

表 8-7　time 对象 strftime() 方法中的格式控制字符

格式控制字符	说明
%H	24 小时制的小时数（0~23）
%I（大写字母 I）	12 小时制的小时数（01~12）
%M	分钟数（00~59）
%S	秒数（00~59）
%p	设置显示 AM（表示上午）或 PM（表示下午）

示例如下。

```
from datetime import time
# 创建time对象
time1 = time(18,20,30)
#12 小时制
print(time1.strftime("%I:%M:%S %p"))    # 06:20:30 PM
#24 小时制
print(time1.strftime("%H:%M:%S %p"))    # 18:20:30 PM
time2 = time(3,10,20)
# 输出 AM 表示上午
print(time2.strftime("%I:%M:%S %p"))    # 03:10:20 AM
```

2. 使用 strftime() 方法设置 date 和 datetime 对象的格式

使用 strftime() 方法设置 date 和 datetime 对象的格式，其基本格式如下。

```
date.strftime(date 对象,格式控制字符串)
datetime.strftime(datetime 对象,格式控制字符串)
```

其中，格式控制字符串中可以使用表 8-8 中所示的格式控制字符。

表 8-8　date 和 datetime 对象 strftime() 方法中的格式控制字符

格式控制字符	说明
%Y	四位数表示年份（0001~9999）
%y	两位数表示年份（01~99）
%m	月份（01~12）
%d	日期（01~31）

datetime 对象 strftime() 方法中使用的与时间相关的格式控制字符与表 8-7 所示的相同。

【例 8-5】使用 strftime() 方法设置 date 和 datetime 对象的格式。

```
from datetime import date
from datetime import datetime
# 创建date对象
date1 = date.today()
# 将date1设置成YYYY-MM-DD格式输出
print(date.strftime(date1,"%Y-%m-%d"))
# 将date1设置成DD/MM/YY格式输出
print(date.strftime(date1,"%d/%m/%y"))
# 创建datetime对象
datetime1 = datetime.now()
# 将datetime1设置成YY-MM-DD H
print(datetime.strftime(datetime1,"%y-%m-%d %H:%M:%S %p"))
```

8.2　math 模块

使用 Python 的 math 模块，需要采用以下格式导入 math 模块。

```
import math
```
Python 中的 math 模块包含许多浮点数的常量和数学函数。

math 模块包含以下常用的数学常量。
- math.pi：数学常数 π = 3.141592…。
- math.e：数学常数 e=2.718281…。
- math.inf：浮点正无穷大。
- math.nan：浮点"非数字"（NaN）值。

math 模块中常用的数学函数如表 8-9 所示。

表 8-9　math 模块中常用的数学函数

数学函数	作用
ceil(x)	返回大于或等于 x 的最小整数
floor(x)	返回小于或等于 x 的最大整数
trunc(x)	返回 x 的整数部分
copysign(x,y)	返回由 y 的符号和 x 的绝对值组合的一个浮点数
sin(x)/cos(x)/tan(x)	返回 x 的正弦值 / 余弦值 / 正切值，x 为弧度
asin(x)/acos(x)/atan(x)	返回 x 的反正弦值 / 反余弦值 / 反正切值，x 为弧度
exp(x)	返回 e 的 x 次方
fabs(x)	返回 x 的绝对值
factorial(x)	返回 x 的阶乘
gcd(x,y)	返回 x 和 y 的最大公约数
log(x)/log10/log2	返回自然对数 / 以 10 为底的对数 / 以 2 为底的对数
pow(x,y)	返回 x 的 y 次方
sqrt(x)	返回 x 的平方根

示例如下。
```
import math
print(math.ceil(3.5))            # 4
print(math.floor(3.5))           # 3
print(math.trunc(3.5))           # 3
print(math.sin(math.pi/4))       # 0.7071067811865476
print(math.cos(math.pi/4))       # 0.7071067811865476
print(math.log(math.e))          # 1.0
```

8.3　random 模块

random 模块用于生成各种不同的伪随机数。在使用 random 模块中的函数前，需要采用以下格式引入 random 模块。
```
import random
```

random 模块中常用的数学函数如表 8-10 所示。

表 8-10　random 模块中常用的数学函数

函数	作用
random()	返回 [0.0,1.0) 范围内的一个随机浮点数
uniform(a,b)	返回 [a,b] 范围内的一个随机浮点数
randint(a,b)	返回 [a,b] 范围内的一个随机整数
randrange(start,stop,step)	返回 [start,stop) 范围内以 step 为步长的序列中的任一值
choice(sequence)	返回 sequence 序列中的一个随机元素，sequence 序列可以为字符串、列表、元组等序列
shuffle(list)	将 list 中的元素随机排列，会改变 list 的值

【例 8-6】 输出各种随机数。

```
import random
print(random.random())                  # 0.05158892406813265
print(random.uniform(10,100))           # 80.42815834024238
print(random.randint(10,100))           # 91
print(random.randrange(10,100))         # 47,10 到 100 之间的随机数
print(random.randrange(4,100,4))        # 44,4 到 100 范围内以 4 递增的序列 [10,14,
18,22…] 中的随机某个数
```

【例 8-7】 返回序列中的随机元素。

```
print(random.choice("Alice Love Python"))
print(random.choice(["Alice", "Love","Python"]))
print(random.choice(("Alice", "Love","Python")))
```

【例 8-8】 随机改变 list 中元素的排列顺序。

```
list=['Alice','love','python']
random.shuffle(list)
print(list)
```

每次执行以上 3 个实例的程序时，会输出不同的值，从而实现输出随机数。但所产生的这些随机数并不是真正的随机数，而是伪随机数，因为这些随机数都是根据随机数种子产生的。随机数种子通常默认为系统时间。在这种情况下，系统时间是不断变化的，因而随机函数产生的结果不同，让用户感觉获得了不同的随机数。

如果将随机数种子设置为固定的值，则随机函数每次产生的结果是相同的。设置随机数种子的方法为 seed()，示例如下。

```
import random
random.seed(1)
print(random.random())                  # 0.13436424411240122
print(random.uniform(10,100))           # 86.26903632435094
print(random.randint(10,100))           # 18
print(random.randrange(10,100))         # 42
print(random.randrange(4,100,4))        # 16
```

8.4　os 模块

在自动化测试中，经常查找操作文件，如查找配置文件（从而读取配置文件内容）、查找测试报告（从而发送测试报告邮件），要对大量文件和大量路径进行操作，这就依赖于 os 模块。

使用 Python 编程时，经常和文件、目录打交道，这就离不开 os 模块。os 模块包含普遍的操作系统功能，与具体平台无关。下面介绍常用的命令。

1. os.name

os.name 用于判断现在正使用的平台，若为 Windows 则返回 nt；若为 Linux 则返回 posix。例如：

```
import os
print(os.name)
```

程序运行结果如下。

```
nt  # 作者目前的操作系统
```

2. os.environ

os.environ 用于查看系统环境变量。例如：

```
import os
print(os.environ)
```

程序运行结果如下。

```
environ({'ALLUSERSPROFILE': 'C:\\ProgramData',……,'C:\\WINDOWS'})
```

上面展示的是作者使用系统环境变量，可以看到 Python 返回的环境变量是一个字典，因此可以通过环境变量名（key）获取环境变量值（value）。例如：

```
import os
print(os.environ.get('PATH'))
```

程序运行结果如下。

```
C:\Java\jdk-15.0.1\bin;……;D:\PycharmDownload\PyCharm Community Edition 2021.1.2\bin;
```

下面列举部分环境变量名。

（1）Windows 环境下。

HOMEPATH：当前用户主目录。

TEMP：临时目录路径。

PATHEXT：可执行文件。

SYSTEMROOT：系统主目录。

LOGONSERVER：机器名。

PROMPT：设置提示符。

（2）Linux 环境下。

USER：当前使用用户。

LC_COLLATE：路径扩展结果排序时的字母顺序。

SHELL：使用 shell 类型。
LAN：使用的语言。
SSH_AUTH_SOCK：ssh 的执行路径。

3. os.listdir()

os.listdir() 用于指定所有目录中所有的文件名称和目录名称，返回一个由文件名和目录名组成的列表。需要注意的是，它接收的参数需要在一个绝对路径上，如图 8-1 所示。例如：

```
# 已知路径：D:\PycharmDownload\PyCharm Community Edition 2021.1.2\bin
import os
path ='/PycharmDownload/'
for i in os.listdir(path):
    print(i)
```

程序运行结果如下。

```
PyCharm Community Edition 2021.1.2
```

图 8-1　文件路径

4. os.remove()

os.remove() 用于删除指定文件。例如：

```
import os
os.remove("D:\PycharmDownload\python_text.txt")
print("文件删除完毕")
```

程序运行结果如下（如图 8-2 和图 8-3 所示）。

```
文件删除完毕
```

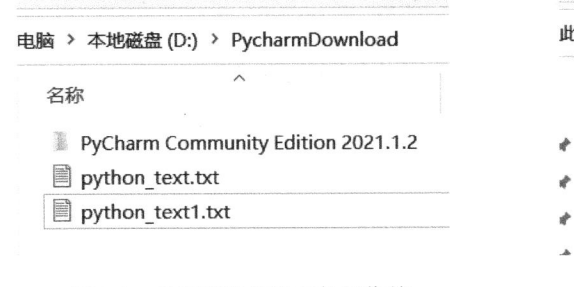

图 8-2　执行删除指定文件操作前　　图 8-3　执行删除文件操作后

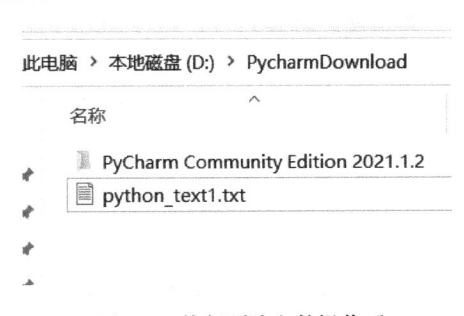

5. os.rmdir()

os.rmdir() 用于删除指定目录。例如：

```
import os
print(" 目录为 : %s"%os.listdir(os.getcwd()))
os.removedirs('text')
print(" 文件删除完毕 ")
```

程序运行结果如下（如图 8-4 和图 8-5 所示）。

```
目录为 : ['.idea', 'main.py', 'text', 'Text.py']
文件删除完毕
```

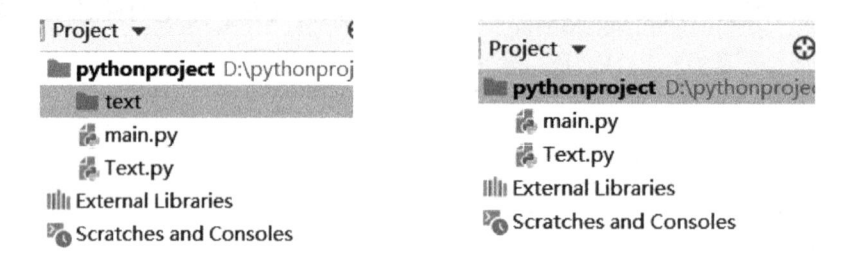

图 8-4　执行删除指定目录操作前　　图 8-5　执行删除指定目录操作后

6. os.mkdir()

os.mkdir() 用于创建目录，但这样只能建立一层。例如：

```
import os
os.mkdir('d:\python_text')
print(' 文件目录已创建 ')
```

程序运行结果如下（如图 8-6 所示）。

```
文件目录已创建
```

图 8-6　创建目录

要想递归创建目录，可使用 os.makedirs()。例如：

```
import os
os.makedirs('d:\python_text1\python_text2\python_text3')
print(' 文件目录已创建 ')
```

程序运行结果如下（如图 8-7 所示）。

```
文件目录已创建
```

图 8-7　递归创建目录

7. os.path.isdir()

os.path.isdir() 用于判断指定对象是否为目录。若是则为 True，否则为 False。例如：

```
import os
dirct = 'D:\PycharmDownload\PyCharm Community Edition 2021.1.2'
for i in os.listdir(dirct):
    print(i)
print(os.path.isdir(dirct))
```

程序运行结果如下（如图 8-8 所示）。

```
bin
brokenPlugins.db
build.txt
classpath.txt
help
icons.db
jbr
lib
license
plugins
product-info.json
skeletons
True
```

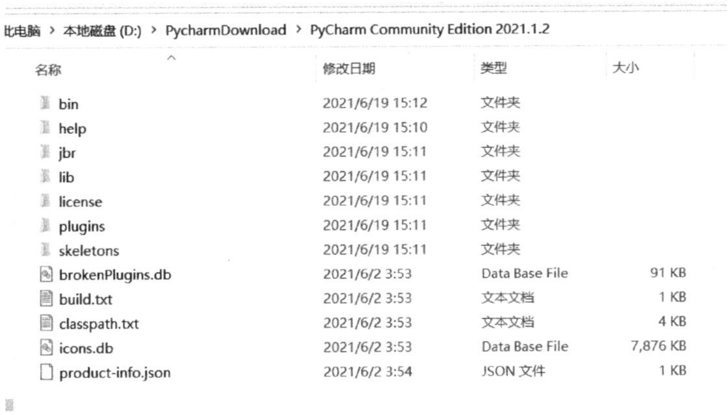

图 8-8 指定路径下的目录和文件

8. os.path.isfile()

os.path.isfile() 用于判断指定对象是否为文件，若是则返回 True，否则返回 False。例如：

```
import os
dirct = 'D:\PycharmDownload\PyCharm Community Edition 2021.1.2'
for i in os.listdir(dirct):
    file = os.path.join(dirct, i)
    if os.path.isfile(file):
        print(i)
        print(os.path.isfile(file))
```

程序运行结果如下。

```
brokenPlugins.db
True
build.txt
True
classpath.txt
True
icons.db
True
product-info.json
True
```

第二篇

数据分析

第 9 章 正则表达式

正则表达式用于搜索、替换和解析字符串。正则表达式遵循一定的语法规则，使用非常灵活，功能强大。使用正则表达式编写一些逻辑验证程序非常方便，如电子邮件地址格式的验证。Python 提供了 re 模块实现正则表达式。

9.1 正则表达式中的元字符

正则表达式本质上是一种字符串，由普通字符和元字符（Metacharacters）组成。其中，普通字符是按照字符字面意义表示的字符；元字符是预先定义好的一些特定字符，其含义是用来描述字符的特殊字符。例如，下面的语句是验证域名为 163.com 的邮箱的正则表达式，其中，\w+ 和 \. 属于元字符，其他则为普通字符。

```
\w+@163\.com
```

9.1.1 主要元字符

元字符由基本元字符和普通字符构成。其中，基本元字符是构成元字符的组成要素，主要有 14 个，具体如表 9-1 所示。

表 9-1 正则表达式中的基本元字符

字符	功能
\	转义符，表示转义
.	表示任意一个字符
+	表示重复 1 次或多次
*	表示重复 0 次或多次
?	表示重复 0 次或 1 次
|	选择符号，表示"或关系"，例如，A|B 表示匹配 A 或 B
{}	定义量词
[]	定义字符类
()	定义分组
^	表示取反，或匹配一行的开始
$	匹配一行的结束

在正则表达式"\w+@163\.com"中,"\w+"是元字符,其中"\"和"+"是基本元字符,"w"则是普通字符;元字符"\."则由两个基本元字符"\"和"."组成。

9.1.2 对字符进行转义

在正则表达式中有时需要对字符进行转义,若要 w 表示任何语言的字符(如英文字母、汉字等)、数字和下画线等内容,则需在 w 前加反斜杠"\",从而成为具有特殊含义的预定义字符。反斜杠"\"属于基本元字符,与 Python 中的字符转义是类似的。在正则表达式中,不仅可以对普通字符进行转义,还可以对基本元字符进行转义。若要"."字符按照点的字面意义使用,作为 .com 域名的一部分,而不是作为基本元字符,则需要在点前加反斜杠"\"进行转义,即"\."才表示点的字面意义。

有些字符很常用,如 [0-9] 等。在正则表达式中,提供了预定义的字符,可以使表达式得到进一步简化,例如,预定义字符 \d 等价于 [0123456789] 或 [0-9],都代表任意的阿拉伯数字。正则表达式中的预定义字符如表 9-2 所示。

表 9-2 正则表达式中的预定义字符

字符	功能
\n	匹配换行符
\r	匹配回车符
\f	匹配一个换页符
\t	匹配一个水平制表符
\v	匹配一个垂直制表符
\s	匹配一个空格符,等价于 [\t\n\r\f\v]
\S	匹配一个非空格符,等价于 [^\s]
\d	匹配一个数字字符,等价于 [0-9]
\D	匹配一个非数字字符,等价 [^0-9]
\b	匹配单词的开始或结束,单词的分节符为空格、标点符号或换行
\w	匹配任意语言的字符、数字和下画线等内容。如果正则表达式标志设置为 ASCII,则只匹配 [a-zA-Z0-9]
\W	等价于 [^\w]

例如,要匹配一个 8 位数字的电话号码,可以使用如下正则表达式。

\d\d\d\d\d\d\d\d

其中,对 d 进行转义后,将预定义的字符"\d"重复了 8 次,依然比较烦琐,后续将介绍更高效的方法。

9.1.3 标记开始与结束

基本元字符 ^ 和 $ 用于匹配一行字符串的开始和结束。当以 ^ 开始时,要求与一行字符串的开始位置匹配；当以 $ 结束时，要求与一行字符串的结束位置匹配。例如，下面两行代码是不同的，第一行代表必须以 163.com 的邮件地址作为字符串的结束，而第二行意味着必须以域名为 163.com 的邮件地址作为字符串的开始。

```
\w+@163\.com$
^\w+@163\.com
```

9.2 匹配一组字符

在正则表达式中可以使用字符类定义一组字符，其中的任意一个字符出现在输入字符串中即匹配成功。需要注意的是，每次只能匹配字符类中的一个字符。

9.2.1 定义一组字符

定义一组字符需要使用"["和"]"基本元字符。例如，想在输入字符串中匹配 python 或 Python，可以使用如下正则表达式。

```
[Pp]ython
```

如果想同时匹配 python、Python 或 PYTHON，则需使用如下正则表达式，其中"|"表示或关系。

```
Python|Python|PYTHON
```

9.2.2 对一组字符取反

上面介绍了通过定义一组字符对想出现的字符串进行匹配，下面介绍限定字符串中不能出现某些字符的方法。要想某字符串不包含某些字符，可以在这些字符前添加"^"，其含义为取反。例如，要匹配不是阿拉伯数字的字符，可以使用如下正则表达式。

```
[^1234567890]
```

9.2.3 使用区间简化一组字符的定义

正则表达式 [^0123456789] 的写法比较烦琐，这种连续的数字可以使用区间表示。区间是用连字符"-"表示的。例如，[0123456789] 和 [^0123456789] 采用区间表示可以分别使用如下正则表达式。

```
[0-9]
[^0-9]
```

区间还可以表示连续的英文字母，例如，要表示所有小写英文字母或者大写英文字母，可以使用如下正则表达式。

```
[a-z]
[A-Z]
```

此外，在正则表达式中也可以表示多个不同区间，例如，要表示所有英文字母和数字，可以使用如下正则表达式组合。

```
[A-Za-z0-9]
```

对不连续的区间，例如，要表示 0、1、2、3、6、7、8 这些字符，可以使用如下正则表达式。需要注意的是，下面的正则表达式由 "0-3" 和 "6-8" 两个表达式组成，而不能理解为 "0-36"。

```
[0-36-8]
```

9.3 使用量词进行多次匹配

在前面的例子中，正则表达式元字符只能匹配显示一次字符或字符串。如果想匹配显示多次字符或字符串，就需要使用量词。

9.3.1 常用量词

量词表示字符或字符串重复的次数，正则表达式中的常用量词如表 10-3 所示。

表 10-3 正则表达式中的常用量词

字符	说明
?	出现 0 或 1 次
*	出现 0 或多次
+	出现 1 或多次
{n}	出现 n 次
{n,m}	至少出现 n 次，但不超过 m 次
{n,}	至少出现 n 次

以匹配 8 位数字的电话号码为例，使用量词后，可以对之前的正则表达式做如下简化，而无须再将预定义的元字符 "\d" 重复 8 次。

```
\d{8}
```

英文单词颜色有 "color" 和 "colour" 两种拼写方法，如果需要同时对其进行匹配，则可以使用如下正则表达式，其中，?代表字符 u 不出现或出现 1 次，但不可以出现更多次。

```
colou?r
```

9.3.2 贪婪和非贪婪匹配

关于重复的操作，需要注意的是，正则表达式默认是启用 "贪婪" 的匹配方式的。贪婪匹配是指，只要符合条件，就会尽量多地匹配。要想使用非贪婪匹配，只需在量词的后面加 ? 即可。

例如，对字符串 "123456789"，使用如下正则表达式进行匹配。

```
\d{5,9}
\d{5,9}?
```

第一行为默认的贪婪匹配，匹配到的结果为 "123456789"；第二行为非贪婪匹配，匹配到的结果为"12345"。

9.3.3 分组

在前面的例子中,量词只能重复显示一个字符,如果想让一个字符串作为整体使用量词对其进行重复匹配,可将整个字符串放到一对圆括号中,称为分组。

例如,下面的正则表达式可以对字符串"123123123"进行匹配,如果 123 两端没有圆括号,将只会对字符 3 进行重复匹配。

```
(123){3}
```

分组在正则表达式中有着广泛的应用,例如,要匹配如下格式的座机号码"010-12345678",其中,区号可以有 3 或 4 位;接着是短横线;后面是电话号码,可以有 6 ~ 8 位,可以使用如下正则表达式。

```
(\d{3,4}-\d{6,8})
```

9.4 使用 re 模块处理正则表达式

Python 的 re 模块具有正则表达式匹配的功能。re 模块提供了一些根据正则表达式查找、替换、分隔字符串的函数,这些函数使用一个正则表达式作为第一个参数。

在使用 re 模块时,需要先将其导入,语法格式如下。

```
import re
```

9.4.1 Python 正则表达式的语法

在 Python 中使用正则表达式,是将其作为模式字符串使用的。例如,要匹配不是字母的一个字符的正则表达式,将其表示为模式字符串,可以使用下面的代码。

```
'[^a-zA-Z]'
```

如果要将匹配以字母 d 开头的单词的正则表达式转换为模式字符串,则不能直接在其两侧添加单引号定界符,下面的代码是不正确的。

```
'\bd\w*\b'
```

这是因为正则表达式使用反斜杠"\"来代表特殊形式或作为转义字符,这跟 Python 的语法是冲突的。因此,Python 用"\\"表示正则表达式中的"\"。下面将字符串中的"\"进行转义,转换后的结果如下。

```
'\\bd\w*\\b'
```

由于模式字符串可能包括大量的特殊字符和反斜杠,因此需要写为原生字符串,即在模式字符串前加 r 或 R。例如,上面的模式字符串采用原生字符串表示如下,可以看到这样的写法使正则表达式具有更好的可读性。

```
r'\bd\w*\b'
```

9.4.2 匹配字符串

re 模块中提供了 match()、search() 和 findall() 等方法用于字符串匹配。

1. match() 方法

match() 方法用于从字符串的开始位置进行匹配，如果在开始位置匹配成功，则返回 Match 对象，否则返回 None。其语法格式如下。

```
re.match(pattern, string, [flags])
```

其中，pattern 为模式字符串，由要匹配的正则表达式转换而来；string 为要匹配的字符串；flags 为可选参数，表示标志位，用于控制匹配方式，如是否区分字母大小写等。

【例 9-1】 判断一个列表中的字符串是否以"micro"开头，并且不区分字母大小写。

```
# 导入 re 模块
import re
mystr=['microsoft','Microsoft',' e-micromacro ','MicroMacro','Microshare',
'micromedia']
# 将正则表达式编译成 pattern 对象，注意字符串前面的 r 代表 "原生字符串"
p=r'micro\w+'
# 遍历列表中的每个字符串，并进行匹配，"re.I" 表示不区分字母大小写
for i in range(len(mystr)):
    print(i,re.match(p,mystr[i],re.I))
```

程序运行结果如下。

```
0 <re.Match object; span=(0, 9), match='microsoft'>
1 <re.Match object; span=(0, 9), match='Microsoft'>
2 None
3 <re.Match object; span=(0, 10), match='MicroMacro'>
4 <re.Match object; span=(0, 10), match='Microshare'>
5 <re.Match object; span=(0, 10), match='micromedia'>
```

从上面的结果可以看出，vatch() 方法将返回一个 Match 对象，只有字符串"e-micromacro"没有以"microsoft"开头，因此返回 None。这是因为 match() 方法从字符串的开始位置开始匹配，当第一个字母不符合条件时，不再进行匹配，直接返回 None。

Match 对象包含匹配值的位置和匹配数据。其中，要获取匹配值的开始位置可以使用 Match 对象的 start() 方法；要获取匹配值的结束位置可以使用 end() 方法；使用 span() 方法可以返回匹配位置的元组；使用 string 属性可以获取要匹配的字符串。

【例 9-2】 判断列表中每个字符串是否匹配，如果匹配，则列出匹配的开始位置、结束位置、跨度和匹配的字符串。

```
import re
mystr=['microsoft','Microsoft','e-micromacro','MicroMacro','Microshare',
'micromedia']
p=r'micro\w+'
for i in range(len(mystr)):
    m = re.match(p, mystr[i], re.I)
# 如果匹配成功
    if m:
        print(mystr[i],'开始位置：',m.start(),'结束位置：',m.end(),'跨度：',m.span(),' 匹配内容：',m.string)
```

```
# 如果匹配失败
    else:
        print(mystr[i], '不匹配')
```

程序运行结果如下。

```
microsoft 开始位置: 0 结束位置: 9 跨度: (0, 9) 匹配内容: microsoft
Microsoft 开始位置: 0 结束位置: 9 跨度: (0, 9) 匹配内容: Microsoft
e-micromacro 不匹配
MicroMacro 开始位置: 0 结束位置: 10 跨度: (0, 10) 匹配内容: MicroMacro
Microshare 开始位置: 0 结束位置: 10 跨度: (0, 10) 匹配内容: Microshare
micromedia 开始位置: 0 结束位置: 10 跨度: (0, 10) 匹配内容: micromedia
```

正则表达式在数据处理中有着非常广泛的应用。

【例9-3】 有大约1万5千个手机号码，保存在名为"telephone_number.txt"的文本文件中，判断哪些号码是属于中国电信的号码（中国电信的号段有199、191、189、181、180、177、173、153、133），可以使用正则表达式进行匹配。

首先导入相关的库及加载文档，程序如下。

```
import re
# 定义一个文件对象
f=open('telephone_number.txt','r')
# 将文件读入列表
lst=f.readlines()
print(lst)
```

部分输出结果如下。

```
['18773427986\n', '19063726737\n', '12169495601\n', '18049339946\n',…'18179289047\n', '17616627709\n', '18155790306\n', '11859448570\n', '17947765356\n', '13698377633\n']
```

接着遍历列表，定义模式字符串进行逐一匹配，每成功匹配一次，就累加计数，程序如下。

```
# 定义计数器起始值为0
n=0
# 遍历电话号码列表
for i in range(len(lst)):
# 定义模式字符串
    p = re.match(r'19[91]\d{8}|18[019]\d{8}|17[37]\d{8}|153\d{8}|133\d{8}',lst[i])
# 每次匹配成功为计数器累加1
    if p:
        n+=1
# 输出列表长度即电话号码数量和n的值，也就是中国电信号码数量
print('电话号码数量总计为 {}，其中中国电信号段号码数量为 {}。'.format(len(lst),n))
```

程序运行结果如下。

```
电话号码数量总计为15340，其中中国电信号段号码数量为1545。
```

2. search()方法

search()和match()方法非常相似，区别在于match()方法只能在字符串开始位置查找匹配内容；而search()方法可以在整个字符串中查找，并返回第一个匹配内容，若找到一个则匹配对象，否则返回None。

search() 方法的语法格式如下。

```
re.search(pattern, string, [flags])
```

其中，pattern 为模式字符串，由要匹配的正则表达式转换而来；string 为要匹配的字符串；flags 为可选参数，表示标志位，用于控制匹配方式，如是否区分字母大小写等。

回到例 9-1，如果现在只判断字符串中是否包含"micro"，且不区分字母大小写，而不必从词首开始，则可以使用 search() 方法完成，并且将模式字符串修改为".*micro.*"，其中"."的含义为换行符以外的任意字符，"*"的含义为重复前面字符 0 次或多次，这就意味着，只要单词中出现了"micro"，就可以匹配成功，程序修改如下。

```
# 导入 re 模块
import re
mystr=['microsoft','Microsoft','e-micromacro ','MicroMacro','Microshare','micromedia']
# 将正则表达式编译成 Pattern 对象，注意字符串前面的 r 的意思是"原生字符串"
p=r'.*micro.*'
# 遍历列表中的每个字符串，并进行匹配，"re.I"的含义为不区分字母大小写
for i in range(len(mystr)):
    print(i,re.search(p,mystr[i],re.I))
```

程序运行结果如下，可以看到之前无法匹配的"e-micromacro"现在已经匹配成功了。

```
0 <re.Match object; span=(0, 9), match='microsoft'>
1 <re.Match object; span=(0, 9), match='Microsoft'>
2 <re.Match object; span=(0, 13), match='e-micromacro '>
3 <re.Match object; span=(0, 10), match='MicroMacro'>
4 <re.Match object; span=(0, 10), match='Microshare'>
5 <re.Match object; span=(0, 10), match='micromedia'>
```

3. findall() 方法

findall() 方法用于在整个字符串中搜索所有符合正则表达式的字符串，并以列表的形式返回。如果匹配成功，则返回包含匹配结构的列表，否则返回空列表。findall() 方法的语法格式如下。

```
re.findall(pattern, string, [flags])
```

其中，pattern 为模式字符串，由要匹配的正则表达式转换而来；string 为要匹配的字符串；flags 为可选参数，表示标志位，用于控制匹配方式，如是否区分字母大小写等。

【例 9-4】找出一首歌曲的歌词中，所有包含 fly（不区分字母大小写）的单词。

```
import re
song='''
Fly fly fly The Butterfly ,
In the meadow it's flying high ,
In the garden it is flying low ,
Fly fly fly The Butterfly .
Fly fly fly The Butterfly ,
```

```
    In the meadow it's flying high ,
    In the garden it is flying low ,
    Fly fly fly The Butterfly .
    '''
    p=r'\b\w*[fF]ly\w*\b'
    print(re.findall(p,song))
```

其中，模式字符串为"\b\w*[fF]ly\w*\b"，"\b"代表单词的开始或结束；"\w*"代表任意字母重复 0 次或多次；"[fF]"代表同时匹配 F 或 f。

程序运行结果如下。

```
['Fly', 'fly', 'fly', 'Butterfly', 'flying', 'flying', 'Fly', 'fly', 'fly',
'Butterfly', 'Fly', 'fly', 'fly', 'Butterfly', 'flying', 'flying', 'Fly', 'fly',
'fly', 'Butterfly']
```

9.4.3 替换字符串

在 Python 的正则表达式中，除了进行字符串的匹配，还可以使用 sub() 方法实现字符串的替换，语法格式如下。

```
re.sub(pattern, repl, string, count, flags)
```

其中，pattern 为模式字符串，由要匹配的正则表达式转换而来；repl 为替换的字符串；string 为要被查找替换的原始字符串；count 是可选参数，表示模式匹配后替换的最大次数，默认值为 0，表示替换所有的匹配；flags 是可选参数，表示标志位，用于控制匹配方式，如是否区分字母大小写。

【例 9-5】文件"file_name.txt"中存储了 1000 个文件的路径和文件名，现在要去除其中的路径部分，只打印出文件名。

首先导入相关库，并读取文件，程序如下。

```
import re
f=open('file_name.txt')
c=f.readlines()
print(c)
```

程序运行结果如下。

```
['E:\\method\\candidate\\significant\\special\\friend\\pattern\\
season\\image\\hear.webm\n', 'D:\\director\\soldier\\anything\\carry\\
but\\company\\adult\\by\\institution.tiff\n',
...
'C:\\describe\\girl\\fight\\people.doc\n', 'E:\\color\\tell\\front\\
assume\\analysis\\follow\\head\\miss\\candidate.mov']
```

接着定义模式字符串，其中，".*"代表任意字符出现 0 次或多次；"\\"代表"\"，第一个"\"意味着转义，文件路径中有多个反斜杠，但由于正则表达式默认的匹配模式为贪婪匹配，因此会一直匹配到最后一个反斜杠。最后遍历列表，将模式字符串即文件路径部分替换为空值，并打印，至此完成了文件名的提取。程序如下。

```
p=r'.*\\'
for i in range(len(c)):
    c[i]=re.sub(p,'',c[i])
    print(c[i],end='')
```

最终得到的程序运行结果如下。
```
hear.webm
institution.tiff
…
responsibility.csv
candidate.mov
```

9.4.4 分割字符串

split() 方法用于根据正则表达式分割字符串，并以列表的形式返回。其作用与字符串对象的 split() 方法类似，所不同的是分割字符由模式字符串指定。split() 方法的语法格式如下。

```
re.split(pattern, string, [maxsplit], [flags])
```

其中，pattern 为模式字符串，由要匹配的正则表达式转换而来；string 为要匹配的字符串；maxsplit 是可选参数，表示最大的拆分次数；flags 是可选参数，表示标志位，用于控制匹配方式，如是否区分字母大小写。

【例9-6】文件"email.txt"中有100个企业电子邮件地址，如brenda57@anderson.com，其中"@"之前为用户名，"@"之后的第一个词代表公司名。现在要将每个电子邮件地址中的用户名和公司名提取出来放到一个字典中，其中用户名作为字典的键，公司名作为字典值。

首先导入相关库，并读取文件，程序如下。

```
import re
f=open('email.txt')
c=f.readlines()
print(c)
```

程序运行结果如下。

```
['brenda57@anderson.com\n', 'olsonhayley@diaz.biz\n',… 'ruizerin@wood-hall.info\n', 'james26@delgado.info\n']
```

接着定义模式字符串，其中，"|"代表或关系；"\."代表字符串中实际的点，因此使用"\"来进行转义。然后定义空的字典 d，最后遍历列表，利用模式字符串进行匹配和分割，分割后的结果为一个列表，对这里的电子邮件而言，列表的第 0 个元素为用户名，第 1 个元素为公司名，将其作为键值对添加到字典 d 中。遍历完成后，打印字典，就完成了电子邮件地址的分割。程序如下。

```
p=r'[@|\.]'
d={}
for i in c:
    d[re.split(p,i)[0]]=re.split(p,i)[1]
print(d)
```

最终得到的程序运行结果如下。

```
{'brenda57': 'anderson', 'olsonhayley': 'diaz', … 'ruizerin': 'wood-hall', 'james26': 'delgado'}
```

第 10 章

使用 numpy 进行数值计算

numpy 库是用于科学计算的一个开源 Python 扩充程序库，是其他数据分析包的基础包，为 Python 提供了高性能数组与矩阵运算处理能力。本章将介绍多维数组的创建及其基本属性、数组的索引和切片、数组的运算、数组的存储与读取等内容。

10.1 使用 numpy 生成数组

使用 numpy 库，首先要有符合 numpy 数组的数据，下面介绍几种生成数组的方法。在使用 numpy 数组的函数或方法前，要安装和导入 numpy 包。

打开"命令提示符"窗口，输入如下命令，即可完成安装。

```
pip install numpy
```

安装成功后，在 Python 环境中，使用如下 import 语句可以导入 numpy 包。

```
import numpy as np
```

在一段程序中只要导入一次即可，下面涉及 numpy 中的方法，都假设 numpy 包已导入完成。

10.1.1 常用数组生成函数

使用 numpy 库的 array 函数可轻松创建 ndarray 数组。numpy 库能将序列数据（列表、元组、数组或其他类型序列）转换为 ndarray 数组。对于多维数组的创建，使用嵌套序列数据即可完成。

通常来说，ndarray 数组是一个通用的同构数据容器，其中的所有元素都需要是相同类型的。当创建好一个 ndarray 数组时，会在内存中存储 ndarray 数组的 shape 和 dtype。其中，shape 是 ndarray 维度大小的元组；dtype 是解释说明 ndarray 数据类型的对象。例如：

```
import numpy as np
data=np.array([1,2,3,4,5])
data2=np.array([[1,2,3],[4,5,6],[7,8,9],[10,11,12]])
```

程序运行结果如下。

```
[1 2 3 4 5]
[[ 1  2  3]
```

```
 [ 4  5  6]
 [ 7  8  9]
 [10 11 12]]
```
以上分别创建了一个一维数组和二维数组。在创建数组时，numpy 会为新建的数组推断出一个合适的数据类型，并保存在 dtype 对象中。当序列中有整数和浮点数时，numpy 会把数组的 dtype 定义为浮点类型。

除可以使用 array 创建数组外，numpy 库中还有一些函数可用于创建一些特殊的数组。

zeros 函数用于创建指定长度或形状的全 0 数组。例如：
```
print(np.zeros(9))
```
程序运行结果如下。
```
[0. 0. 0. 0. 0. 0. 0. 0. 0.]
```
ones 函数用于创建指定长度或形状的全 1 数组。例如：
```
print(np.ones(9))
```
程序运行结果如下。
```
[1. 1. 1. 1. 1. 1. 1. 1. 1.]
```
arange 函数类似 Python 的内置函数 range，但是 arange 函数主要用于创建数组。例如：
```
print(np.arange(10))
print(np.arange(1,10))
```
程序运行结果如下。
```
[0 1 2 3 4 5 6 7 8 9]
[1 2 3 4 5 6 7 8 9]
```

10.1.2 ndarray 对象属性

numpy 创建的数组对象类型为 ndarray，使用 type 函数可以进行查看。例如：
```
print(type(np.arange(10)))
```
程序运行结果如下。
```
<class 'numpy.ndarray'>
```
ndarray 对象的属性如表 10-1 所示。

表 10-1　ndarray 对象的属性

属性	说明
ndarray.ndim	秩，即轴的数量或维度的数量
ndarray.shape	数组的维度，对于矩阵，n 行 m 列
ndarray.size	数组元素的总个数，相当于 .shape 中 n*m 的值
ndarray.dtype	ndarray 对象的元素类型
ndarray.itemsize	ndarray 对象中每个元素的大小，以字节为单位
ndarray.flags	ndarray 对象的内存信息

下面为 ndarray 对象属性的一些实例。

```
data=np.array([[1,2,3],[4,5,6],[7,8,9],[10,11,12]])
print(data.ndim)
print(data.shape)
print(data.size)
print(data.dtype)
```
程序运行结果如下。
```
2
(4, 3)
12
int32
```

10.1.3 数组变换

1. 数组重塑

对定义好的数组，可以通过 reshape() 方法改变其数据维度。传入的参数为新维度的元组。例如：

```
import numpy as np
arr=np.arange(1,21)
print(arr)
arr_new=arr.reshape((4,5))
print(arr_new)
```
程序运行结果如下。
```
[ 1  2  3  4  5  6  7  8  9 10 11 12 13 14 15 16 17 18 19 20]
[[ 1  2  3  4  5]
 [ 6  7  8  9 10]
 [11 12 13 14 15]
 [16 17 18 19 20]]
```
多维数组也可以被重塑，例如，可以对 arr_new 执行如下操作。
```
arr_new_2=arr_new.reshape(2,10)
print(arr_new_2)
```
程序运行结果如下。
```
[[ 1  2  3  4  5  6  7  8  9 10]
 [11 12 13 14 15 16 17 18 19 20]]
```
reshape() 方法的参数中，一维参数可以设置为 -1，表示数组的维度可以通过数据本身来推断。例如：
```
print(np.arange(84).reshape(6,-1))
```
上面程序生成的数组如下。
```
[[ 0  1  2  3  4  5  6  7  8  9 10 11 12 13]
 [14 15 16 17 18 19 20 21 22 23 24 25 26 27]
 [28 29 30 31 32 33 34 35 36 37 38 39 40 41]
 [42 43 44 45 46 47 48 49 50 51 52 53 54 55]
 [56 57 58 59 60 61 62 63 64 65 66 67 68 69]
 [70 71 72 73 74 75 76 77 78 79 80 81 82 83]]
```

2. 数组合并

数组合并用于几个数组之间的操作，将多个数组合并在一起。例如：

```
import numpy as np
arr1=np.arange(10).reshape((2,5))
arr2=np.arange(91,101).reshape((2,5))
print(np.concatenate([arr1,arr2]))
```
程序运行结果如下。
```
[[  0   1   2   3   4]
 [  5   6   7   8   9]
 [ 91  92  93  94  95]
 [ 96  97  98  99 100]]
```
concatenate() 方法通过指定轴方向，可以在水平方向对数组进行合并。
```
print(np.concatenate([arr1,arr2],axis=1))
```
程序运行结果如下。
```
[[  0   1   2   3   4  91  92  93  94  95]
 [  5   6   7   8   9  96  97  98  99 100]]
```

3. 数组拆分

数组拆分是与数组合并相反的操作，通过 split() 方法可以将数组拆分为多个数组。例如：
```
import numpy as np
arr=np.arange(20).reshape((10,2))
# 将数组均分为 5 个部分
print(np.split(arr,5))
# 从索引为 2,6,9 的位置，将数组分为 4 个部分
print(np.split(arr,[2,6,9]))
```
程序运行结果如下。
```
[array([[0, 1],
       [2, 3]]), array([[4, 5],
       [6, 7]]), array([[ 8,  9],
       [10, 11]]), array([[12, 13],
       [14, 15]]), array([[16, 17],
       [18, 19]])]
[array([[0, 1],
       [2, 3]]), array([[ 4,  5],
       [ 6,  7],
       [ 8,  9],
       [10, 11]]), array([[12, 13],
       [14, 15],
       [16, 17]]), array([[18, 19]])]
```

4. 数组转置和轴对换

转置是数组重塑的一种特殊形式，可以通过 transpose() 方法进行转置。transpose() 方法需要传入由轴编号组成的元组，这样就完成了数组的转置。例如：
```
import numpy as np
arr=np.arange(1,10).reshape((3,3))
print(arr)
print(arr.transpose((1,0)))
```
程序运行结果如下。

```
[[1 2 3]
 [4 5 6]
 [7 8 9]]
[[1 4 7]
 [2 5 8]
 [3 6 9]]
```

除使用 transpose 方法外，数组有 T 属性，可用于数组的转置。例如：
```
print(arr.T)
```

10.1.4 numpy 的随机数函数

在 random 模块中，提供了多种随机数生成函数。例如，可以通过 randint 函数生成整数随机数，程序如下。

```
import numpy as np
arr=np.random.randint(50,100,size=(5,4))
print(arr)
```

程序运行结果如下。

```
[[65 50 68 81]
 [97 58 97 79]
 [65 91 98 84]
 [73 78 89 75]
 [69 99 92 57]]
```

random 模块中还提供了一些概率分布的样本值函数，如 randn 函数。

【例 10-1】生成平均数为 0、标准差为 1 的正态分布的随机数。

```
import numpy as np
# 生成一个 3 行 5 列的数组
arr=np.random.randn(3,5)
print(arr)
```

程序运行结果如下。

```
[[ 0.54396963 -0.13120172  0.47247222 -0.56352794  2.04641086]
 [-0.24388885 -0.99194067 -0.72758475  0.4240209  -2.56788045]
 [-1.06998861  1.60785257  2.21458651  0.64478403 -0.9271049 ]]
```

通过 normal 函数可以生成指定均值和标准差的正态分布的数组，以下程序将产生的数组包含 50 个元素，并符合平均值为 70、标准差为 10 的正态分布。

```
arr=np.random.normal(70,10,50)
```

10.2 数组的索引和切片

在数据分析中常需要选取符合条件的数据，本节主要介绍数组的索引和切片方法。

10.2.1 数组的索引

一维数组的索引类似于 Python 列表。例如：
```
arr=np.arange(10)
```

```
print(arr)
print(arr[2])
print(arr[-1])
```
程序运行结果如下。
```
[0 1 2 3 4 5 6 7 8 9]
2
9
```
对二维数组,可在单个或多个轴向上完成切片,也可以跟整数索引一起混合使用。例如:
```
arr=np.arange(1,21).reshape((5,4))
print(arr)
print(arr[0])
print(arr[3])
```
程序运行结果如下。
```
[[ 1  2  3  4]
 [ 5  6  7  8]
 [ 9 10 11 12]
 [13 14 15 16]
 [17 18 19 20]]
[1 2 3 4]
[13 14 15 16]
```
如果需要获取各个元素,可通过以下方法。
```
print(arr[1][2])
print(arr[1,2])
```
上面两种方法是等价的,获得的结果都是 7。

10.2.2 数组的切片

一维数组的切片同样类似于 Python 列表。例如:
```
import numpy as np
arr=np.arange(10)
print(arr)
print(arr[::2])
print(arr[::-1])
```
程序运行结果如下。
```
[0 1 2 3 4 5 6 7 8 9]
[0 2 4 6 8]
[9 8 7 6 5 4 3 2 1 0]
```
多维数组的切片是按照轴向进行的,当在方括号中输入一个参数时,数组就会按照 0 轴(也就是第一轴)方向进行切片。例如:
```
arr=np.arange(1,21).reshape((5,4))
print(arr)
print(arr[:,:2])
```
程序运行结果如下。
```
[[ 1  2  3  4]
 [ 5  6  7  8]
```

```
 [ 9 10 11 12]
 [13 14 15 16]
 [17 18 19 20]]
[[ 1  2]
 [ 5  6]
 [ 9 10]
 [13 14]
 [17 18]]
[[11 12]
 [15 16]
 [19 20]]
```

10.3 数组的运算

数组的运算支持向量化运算,将本来需要在 Python 语言中进行的循环,放到 C 语言的运算中,明显地提高了程序的运算速度。本节将介绍数组的各种运算方法。

10.3.1 数组和标量间的运算

数组之所以很强大且重要,是因为其不需要通过循环就可以完成批量计算,即矢量化。例如:

```
import numpy as np
arr=np.arange(1,11)
print(arr)
print(arr**2)
```

程序运行结果如下。

```
[ 1  2  3  4  5  6  7  8  9 10]
[  1   4   9  16  25  36  49  64  81 100]
```

相同维度的数组的算术运算都可以直接应用到元素中,即实现元素级运算。例如:

```
print(arr*arr)
```

以上得到的结果与之前相同,如下所示。

```
[  1   4   9  16  25  36  49  64  81 100]
```

10.3.2 通用函数

通用函数是一种对数组中的数据执行元素级运算的函数,用法简单。例如,通过 abs 函数求绝对值、square 函数求平方等,程序如下。

```
import numpy as np
arr=np.arange(-5,6)
print(arr)
# 计算绝对值
print(np.abs(arr))
# 计算平方
print(np.square(arr))
# 计算标准差
```

```
print(np.std(arr))
# 计算方差
print(np.var(arr))
```
程序运行结果如下。
```
[-5 -4 -3 -2 -1  0  1  2  3  4  5]
[ 5  4  3  2  1  0  1  2  3  4  5]
[25 16  9  4  1  0  1  4  9 16 25]
3.1622776601683795
10.0
```

以上函数都传入了一个数组，所以这些函数都是一元函数。有些函数需要传入两个数组并返回一个数组，称为二元函数。例如，add 函数用于两个数组的相加，minimum 函数用于计算元素最小值，程序如下。

```
import numpy as np
arr1=np.arange(1,11,2)
arr2=np.arange(10,0,-2)
print(arr1)
print(arr2)
print(np.add(arr1,arr2))
print(np.minimum(arr1,arr2))
```

程序运行结果如下。
```
[1 3 5 7 9]
[10  8  6  4  2]
[11 11 11 11 11]
[1 3 5 4 2]
```

10.3.3 统计运算

numpy 库支持对整个数组或按指定轴向的数据进行统计计算。例如，sum 函数用于求和，mean 函数用于求算术平均数，std 函数用于求标准差，程序如下。

```
import numpy as np
arr=np.random.normal(70,10,size=50)
print(arr)
print(arr.max())
print(arr.min())
print(arr.mean())
print(arr.std())
```

以上程序创建了一个包含 50 个元素、平均值为 70、标准差为 10 的数组。求得的结果示例如下（每次生成的数值并不完全相同）。

```
[62.5417641  65.29191125 67.38664454 65.2062119  65.10133228 73.51734709
 84.50206417 78.19919214 58.81295153 64.56480057 86.75079776 60.59980519
 72.89755817 65.89843461 77.40217513 87.02937124 72.68539236 87.35702
 79.35110378 72.07568212 65.32950322 51.31615812 73.1420542  64.58706194
 64.37828393 68.07391295 56.00617446 74.00969808 64.71746941 55.86622259
 83.77442585 73.36080925 68.4417816  92.63647072 70.43709861 57.01196633
 76.77834837 85.4433157  76.74625343 68.5620354  77.89726809 58.65374958
 83.15085114 72.89968581 62.30093656 72.33953084 58.17981518 77.07429886
 80.53962929 78.66203256]
```

```
92.63647071840776
51.31615812235085
71.18976803953156
```

10.4 数组的存储与读取

已经处理好的数组数据需要进行存储，而存储的数据也需要读取使用。本节将介绍数组的存储与读取方法。

10.4.1 数组的存储

在 numpy 中，使用 np.savetxt() 方法可以对数组进行存储，该方法的格式如下。

```
numpy.savetxt(fname, X, fmt='%.18e', delimiter=' ', newline='\n',
header='', footer='', comments='# ', encoding=None)
```

其中，fname 为文件名，X 为要保存的数据，fmt 为数据的格式，delimiter 为分隔符。
先生成一个数组，再使用 np.savetxt() 方法保存数据，程序如下。

```
import numpy as np
arr=np.arange(1,21).reshape((4,5))
np.savetxt(r'\data\arr.csv',arr,fmt='%.2f',delimiter=',')
```

程序运行后，在当前目录的"data"文件夹下可以找到名为"arr.csv"的文件，通过"fmt"参数指定数据格式为保留2位小数的浮点数，通过"delimiter"参数指定分隔符为","。

10.4.2 数组的读取

使用 numpy 进行数据处理时，数据通常保存在外部文件中，经常使用 np.loadtxt() 方法从文本文件中加载数据。注意，文本文件中的每一行必须含有相同的数据。

np.loadtxt() 方法的格式如下。

```
numpy.loadtxt(fname, dtype=<class 'float'>, comments='#',
delimiter=None, converters=None, skiprows=0, usecols=None, unpack=False,
ndmin=0)
```

其中，fname 为要读取的文件名；dtype 为数据类型，默认是 float；delimiter 为分隔符，默认是空格；skiprows 表示跳过前几行读取，默认是 0，必须是 int 整型；usecols 表示要读取哪些列，默认读取所有列，0 是第一列，例如，usecols = (1,4,5) 将提取第 2、5、6 列。

在下面程序中，要将位于当前文件夹下的"score02.txt"文件中的数据导入 numpy 中并打印，由于数据中的分隔符号为"/"，因此要在 delimiter 参数中加以指定。

```
import numpy as np
arr=np.loadtxt(fname='score02.txt',delimiter='/')
print(arr)
```

程序运行结果如下。

```
[[ 90.  85. 100.]
```

```
[100.  87.  65.]
[ 80.  76.  81.]]
```

"score02.txt"文件中包含标题行和标题列，不需要导入，因此可以指定 skiprows 参数和 usecols 参数，跳过不需要的行和列，程序如下。

```
import numpy as np
arr=np.loadtxt(fname='score03.csv',delimiter=',',skiprows=1,usecols=(1,2,3))
print(arr)
```

此外，在 np.loadtxt() 方法中，当加载多列数据时，使用 unpack 参数可以将数据列进行解耦并赋值给不同的变量。例如，下面程序将两列数据分别赋值给两个不同的变量并输出。

```
import numpy as np
arr01,arr02=np.loadtxt(fname='score03.csv',delimiter=',',skiprows=1,usecols=(1,3),unpack=True)
print(arr01)
print(arr02.tolist())
```

程序运行结果如下。

```
[100.  80.  90.]
[65.0, 81.0, 100.0]
```

第11章 pandas 数据分析模块

虽然 Python 提供了列表和字典等数据结构,但在使用 Python 进行数据分析的过程中,使用最广泛的是 pandas 库。利用 pandas 的内置方法,可以高效地完成各种日常数据分析工作,如描述统计,数据清洗、分组及汇总等。pandas 是在 numpy 的基础上开发出来的,所以它继承了 numpy 计算速度快的优点。同时,对于许多烦琐的数据科学领域的工作,使用 pandas 处理更为简单和方便。

11.1 pandas 数据结构

pandas 有两个基本的数据结构:Series 和 DataFrame。本节主要介绍这两个数据结构的创建和应用。

pandas 数据分析模块属于 Python 的第三方库,在使用前需要先安装。打开"命令提示符"窗口,输入如下命令,即可完成安装。

```
pip install pandas
```

安装完毕后,在使用 pandas 时要用如下 import 语句将其导入,其中,pd 为 pandas 库的别名,方便此后调用。

```
import pandas as pd
```

11.1.1 创建 Series 数据

Series 是 pandas 库中最基本的数据结构之一,类似于一维数组,但它由一组数据和一组对应的索引组成。通过一组列表数据即可产生 Series 数据。

Series 数据可以通过 Series 类的构造函数创建,在其中传入列表或字典。例如:

```
import pandas as pd
obj=pd.Series([89,90,100,87,67,92])
print(obj)
```

程序运行结果如下。

```
0     89
1     90
2    100
3     87
4     67
```

```
5    92
dtype: int64
```

在 Series 数据中，索引在左边，值在右边。可以看出，如果没有指定一组数据作为索引，Series 数据会以 0 ~ N-1（N 为数据的长度）作为索引。也可以通过指定索引的方式来创建 Series 数据。例如：

```
import pandas as pd
obj=pd.Series([89,90,100,87,67,92],index=['judy','tracy','mike','zweig','xenia','helen'])
print(obj)
```

程序运行结果如下。

```
judy      89
tracy     90
mike     100
zweig     87
xenia     67
helen     92
dtype: int64
```

Series 数据有 values 和 index 属性，可返回数据的数组形式和索引对象。例如：

```
print(obj.values)
print(obj.index)
```

程序运行结果如下。

```
[ 89  90 100  87  67  92]
Index(['judy', 'tracy', 'mike', 'zweig', 'xenia', 'helen'], dtype='object')
```

Series 与普通的一维数组相比，具有索引对象，可通过索引来获取 Series 的单个或一组值。例如：

```
print(obj['judy'])
print(obj[['tracy','helen']])
```

程序运行结果如下。

```
89
tracy    90
helen    92
dtype: int64
```

Series 运算都会保留索引和值之间的连接，例如，要筛选出所有值小于 90 的数据，可以使用如下程序。

```
print(obj[obj < 90])
```

程序运行结果如下。

```
judy     89
zweig    87
xenia    67
dtype: int64
```

Series 数据中的索引和值一一对应，类似于 Python 字典数据，所以可以通过字典数据来创建 Series 数据。由于字典数据是无序的，因此这里返回的 Series 数据也是无序的，但依旧可以通过 index 指定索引的排列顺序。例如，在 Series 函数中传入一个字典对象，其中，字典的键为 Series 对象的索引，字典的值为 Series 对象的值，程序如下。

```
obj=pd.Series({'judy':89,'tracy':90,'mike':100,'zweig':87,'xenia':67,
'helen':92})
print(obj)
```
程序运行结果如下。
```
judy      89
tracy     90
mike     100
zweig     87
xenia     67
helen     92
dtype: int64
```
Series 数据的索引和值都有 name 属性，这样可以给 Series 定义名称，让 Series 更具可读性。例如：
```
import pandas as pd
score=[89,90,100,87,67,92]
index=['judy','tracy','mike','zweig','xenia','helen']
obj=pd.Series(score,index=index)
obj.name='Score'
obj.index.name='Student_Name'
print(obj)
```
程序运行结果如下。
```
Student_Name
judy      89
tracy     90
mike     100
zweig     87
xenia     67
helen     92
Name: Score, dtype: int64
```
可以看到，Series 数据的索引和值都已经有了名称。

11.1.2　创建 DataFrame 数据

DataFrame 是 pandas 进行数据分析时最常用的一种数据结构。无论是创建数据还是导入外部数据，通常都需要将其转换为 DataFrame 结构。这是因为 DataFrame 结构是一个二维表数据结构，即由行、列数据组成的表格。DataFrame 既有行索引也有列索引，可以看成由 Series 数据组成的字典，不过这些 Series 数据公用一个索引。

DataFrame 数据可以使用 DataFrame 类函数进行构造。例如：
```
df = pd.DataFrame(data=None, index = None, columns = None, dtype = None,
copy= False)
```
参数含义如下。
- data：具体数据，可以是列表、字典、序列、numpy 的 ndarrays 对象或其他 DataFrame。
- index：可选参数，行索引。
- columns：可选参数，列索引。
- dtype：可选参数，列的数据类型。

- copy：可选参数，为布尔值，默认为 False，即不支持复制。

创建 DataFrame 数据的方法有很多，最常用的是传入由数组、列表或元组组成的字典。例如：

```
import pandas as pd
data={
    'name':['zweig','judy','tracy','helen','mike'],
    'sex':['Male','Female','Female','Female','Male'],
    'age':[29,39,33,18,21]
}
df=pd.DataFrame(data)
print(df)
```

程序运行结果如下。

```
    name     sex  age
0  zweig    Male   29
1   judy  Female   39
2  tracy  Female   33
3  helen  Female   18
4   mike    Male   21
```

可以看到，生成的是一个由"name"、"sex"和"age"三列数据组成的二维表格。由于字典是无序的，因此可以通过"columns"参数指定列索引的排列顺序。例如：

```
df=pd.DataFrame(data,columns=['name','sex','age'])
```

当没有指定行索引时，会使用 0～N-1（N 为数据的长度）作为行索引，也可以使用其他数据作为行索引，为此可以使用"index"参数指定行索引的内容。例如：

```
df=pd.DataFrame(data,index=['a','b','c','d','e'],columns=['name','sex','age'])
print(df)
```

程序运行结果如下。

```
    name     sex  age
a  zweig    Male   29
b   judy  Female   39
c  tracy  Female   33
d  helen  Female   18
e   mike    Male   21
```

DataFrame 的行索引和列索引都是索引对象，使用如下程序可以提取行索引和列索引。例如：

```
print(df.index)
print(df.columns)
```

程序运行结果如下。

```
Index(['a', 'b', 'c', 'd', 'e'], dtype='object')
Index(['name', 'sex', 'age'], dtype='object')
```

11.2 添加、修改和删除数据

对 Series 和 DataFrame 来说，有时需要对它们的数据进行添加、修改和删除的操作,这在数据处理中十分常见,本节将讨论这些问题。

11.2.1 添加数据

对于 Series 来说,新增的是元素;而对于 DataFrame 来说,新增的是行或列。

对于 Series 而言,可以直接通过新的索引来增加数据。

【例 11-1】在某数据集中增加一个元素"Japan"。

```
import pandas as pd
country=['China','Germany','Italy','France']
s=pd.Series(country)
s[4]='Japan'
print(s)
```

程序运行结果如下。

```
0        China
1      Germany
2        Italy
3       France
4        Japan
dtype: object
```

如果要增加的数据已经以 Series 的形式存在,则可以使用 append() 方法进行追加,这与 Python 中列表的 append() 方法非常类似。

【例 11-2】将一个 Series 数据追加到另一个 Series 数据的末尾。

```
import pandas as pd
country=['China','Germany','Italy','France']
s=pd.Series(country)
s2=pd.Series(['USA','Canada'])
s_new=s.append(s2)
print(s_new)
```

程序运行结果如下。

```
0        China
1      Germany
2        Italy
3       France
0          USA
1       Canada
dtype: object
```

可以看到,两个 Sereies 数据的索引维持原状没有发生变化,关于如何修改索引,后续讨论。

在 DataFrame 数据中新增数据包含新增行数据和新增列数据。

在 DataFrame 数据中要新增行数据,类似在数据库中追加记录,可以使用 append() 方法。

【例 11-3】追加两条学生的成绩记录。

```
import pandas as pd
score_1=[['David',90],['Stefan',85],['Tracy',96]]
```

```
columns=['Name','Word']
df_1=pd.DataFrame(score_1,columns=columns)
df_2=pd.DataFrame([['Helen',92],['Eileen',99]],columns=['Name','Word'])
df_new=df_1.append(df_2)
print(df_new)
```

程序运行结果如下。

```
     Name  Word
0   David    90
1  Stefan    85
2   Tracy    96
0   Helen    92
1  Eileen    99
```

可以看到,已经将第二个 DataFrame 数据追加到第一个 DataFrame 数据的末尾,但行索引并不会发生变化。

在 DataFrame 数据中要新增列数据,可以直接通过列索引在右侧添加。例如,下面程序可以增加新的一列"Excel"科目的数据。

```
import pandas as pd
score_1=[['David',90],['Stefan',85],['Tracy',96]]
columns=['Name','Word']
df=pd.DataFrame(score_1,columns=columns)
df['Excel']=[100,95,99]
print(df)
```

程序运行结果如下。

```
     Name  Word  Excel
0   David    90    100
1  Stefan    85     95
2   Tracy    96     99
```

但如果希望添加的列数据在原来 DataFrame 数据中指定的位置,则可以使用 insert() 方法。例如,下面程序可以在第一列的右侧添加一列标题为"Sex"的数据。其中,第一个参数代表添加的位置,第二个参数为列标签,第三个参数为列数据。

```
import pandas as pd
score_1=[['David',90],['Stefan',85],['Tracy',96]]
columns=['Name','Word']
df=pd.DataFrame(score_1,columns=columns)
df.insert(1,'Sex',['Male','Male','Female'])
print(df)
```

程序运行结果如下。

```
     Name     Sex  Word
0   David    Male    90
1  Stefan    Male    85
2   Tracy  Female    96
```

11.2.2 修改数据

修改 Series 和 DataFrame 数据中的元素与修改列表(list)中的元素是很接近的,只需指定索引(标签)即可。

对于 Series 数据而言，直接通过索引就可以修改。

【例 11-4】 将 "usa" 修改为大写。

```
import pandas as pd
s=pd.Series(['China','Germany','France','Italy','usa','Canada'])
s[4]='USA'
print(s)
```

程序运行结果如下。

```
0     China
1   Germany
2    France
3     Italy
4       USA
5    Canada
```

对于 DataFrame 数据而言，要同时指定行索引和列索引。需要注意的是，在指定时，列索引在前，行索引在后。

【例 11-5】 将姓名为 "Tracy" 考生的 "Word" 科目的成绩从 56 修改为 96。

```
import pandas as pd
score_1=[['David',90],['Stefan',85],['Tracy',56]]
columns=['Name','Word']
df=pd.DataFrame(score_1,columns=columns)
df['Word'][2]=96
print(df)
```

程序运行结果如下。

```
     Name  Word
0   David    90
1  Stefan    85
2   Tracy    96
```

11.2.3　删除数据

对于 Series 数据来说，删除意味着删除某个元素；而对于 DataFrame 数据来说，删除则指删除行或列。在删除过程中，Series 和 DataFrame 数据都会用到 drop() 方法。

在 Series 数据中，要删除单个元素，直接通过索引指定即可。

【例 11-6】 删除索引为 1 的元素。

```
import pandas as pd
s=pd.Series(['China','Germany','France','Italy','USA','Canada','Japan'])
s=s.drop(1)
print(s)
```

程序运行结果如下。

```
0     China
2    France
3     Italy
4       USA
5    Canada
6     Japan
```

```
dtype: object
```
如果需要同时删除多个元素，可以在 drop() 方法中传入一个 Series 索引的列表。

【例 11-7】删除索引为 2 和 5 的两个元素。

```
import pandas as pd
s=pd.Series(['China','Germany','France','Italy','USA','Canada','Japan'])
s=s.drop([2,5])
print(s)
```

程序运行结果如下。

```
0        China
1      Germany
3        Italy
4          USA
6        Japan
dtype: object
```

此处需要注意的是，使用 drop() 方法删除后，并不会修改原有的 Series 数据，因此对变量进行了重新赋值。如果希望在 drop() 方法中直接修改原有的数组，可以添加 inplace 参数，并将其指定为 True，程序如下。此时就不再需要对变量 s 重新赋值，运行后得到的结果与之前完全一致。

```
import pandas as pd
s=pd.Series(['China','Germany','France','Italy','USA','Canada','Japan'])
s.drop([2,5],inplace=True)
print(s)
```

对于 DataFrame 数据来说，删除指删除行或列，因此，在删除时不仅需要指定行索引或列索引（标签），还需要指定按行或按列删除。

【例 11-8】删除行索引为 1 和 4 的两行记录，并将数据重新赋值给一个新的名为 df2 的 DataFrame。这里需要注意的是，如果没有特殊指定，就表示按行删除。

```
import pandas as pd
score=[['David','Male',90,87],['Stefan','Male',85,91],['Tracy','Female',
96,95],['Aileen','Female',93,100],['Helen','Female',92,97]]
columns=['Name', 'Sex', 'Word', 'Excel']
df=pd.DataFrame(score, columns=columns)
df2=df.drop([1,4])
print(df2)
```

程序运行结果如下。

```
     Name     Sex  Word  Excel
0   David    Male    90     87
2   Tracy  Female    96     95
3  Aileen  Female    93    100
```

在 DataFrame 数据中，如果要删除列，需要在 drop() 方法中指定参数 axis 为 1。

【例 11-9】删除 "Sex" 和 "Excel" 两列数据。

```
import pandas as pd
score=[['David','Male',90,87],['Stefan','Male',85,91],['Tracy','Female',
96,95],['Aileen','Female',93,100],['Helen','Female',92,97]]
columns=['Name','Sex','Word','Excel']
```

```
df=pd.DataFrame(score,columns=columns)
df2=df.drop(['Sex','Excel'],axis=1)
print(df2)
```
程序运行结果如下。
```
    Name  Word
0   David    90
1  Stefan    85
2   Tracy    96
3  Aileen    93
4   Helen    92
```
与 Series 数据类似,如果在 DataFrame 数据中使用 drop() 方法删除数据,希望直接修改原始数据,则在 drop() 方法中添加参数 inplace=True 即可。

11.3 索引操作

本节将针对 Series 和 DataFrame 数据,介绍 Series 和 DataFrame 索引操作的方法。

11.3.1 重设索引

在前面案例中,使用 append() 方法将一个 DataFrame 数据追加到另一个 DataFrame 数据末尾时,索引并没有递增,因此有必要对其进行重新设置。重新设置索引,可以使用 reset_index() 方法。示例如下。
```
import pandas as pd
score_1=[['David',90],['Stefan',85],['Tracy',96]]
columns=['Name','Word']
df_1=pd.DataFrame(score_1,columns=columns)
df_2=pd.DataFrame([['Helen',92],['Eileen',99]],columns=['Name','Word'])
df_new=df_1.append(df_2)
df_new=df_new.reset_index()
print(df_new)
```
程序运行结果如下。
```
   index    Name  Word
0      0   David    90
1      1  Stefan    85
2      2   Tracy    96
3      0   Helen    92
4      1  Eileen    99
```
但会发现,原来的索引变成 DataFrame 中的一列,列标题为"index",如果不需要此列,可以使用前面介绍的 drop() 方法将其删除。例如:
```
df_new=df_new.drop('index',axis=1)
```

11.3.2 将已有列设置为索引

某些数据本身就存在索引,如用户编号、订单编号等,即存在一定的索引性质,因此将这些数据设置为索引也是常见的需求。在 DataFrame 数据中将某列设置为索引，使用 set_index() 方法即可。

【例 11-10】 将数据中的"No."列设置为 DataFrame 数据的索引。

```
import pandas as pd
score=[['001','David','Male',90,87],['002','Stefan','Male',85,91],
['003','Tracy','Female',96,95],['004','Aileen','Female',93,100],['005',
'Helen','Female',92,97]]
columns=['No.','Name','Sex','Word','Excel']
df=pd.DataFrame(score,columns=columns)
df.set_index('No.',inplace-True)
print(df)
```

程序运行结果如下。

```
        Name     Sex  Word  Excel
No.
001    David    Male    90     87
002   Stefan    Male    85     91
003    Tracy  Female    96     95
004   Aileen  Female    93    100
005    Helen  Female    92     97
```

11.3.3　重新命名索引

有时还需要修改索引名称，这样就涉及索引的重命名问题。在 DataFrame 数据中，使用 rename() 方法完成重命名。

【例 11-11】 将默认的索引修改为"C001,C002,…"。

```
import pandas as pd
score=[['David','Male',90,87],['Stefan','Male',85,91],['Tracy','Female',
96,95],['Aileen','Female',93,100],['Helen','Female',92,97]]
columns=['Name','Sex','Word','Excel']
df=pd.DataFrame(score,columns=columns)
df=df.rename(index={0:'C001',1:'C002',2:'C003',3:'C004',4:'C005'})
print(df)
```

可以看到，在 rename() 方法中，需要使用 index 参数，并传入字典，指定原来的行索引和新的行索引的两两对应关系。

程序运行结果如下。

```
        Name     Sex  Word  Excel
C001   David    Male    90     87
C002  Stefan    Male    85     91
C003   Tracy  Female    96     95
C004  Aileen  Female    93    100
C005   Helen  Female    92     97
```

使用 rename() 方法，除了可以修改行索引，还可以修改列索引，只需使用 columns 参数即可；如果希望直接对原数据进行修改，可以添加参数 inplace=True。例如：

```
import pandas as pd
score=[['David','Male',90,87],['Stefan','Male',85,91],['Tracy','Female',
```

```
96,95],['Aileen','Female',93,100],['Helen','Female',92,97]]
columns=['Name','Sex','Word','Excel']
df=pd.DataFrame(score,columns=columns)
df.rename(columns={'Sex':'Gender'},inplace=True)
df=df.rename(index={0:'C001',1:'C002',2:'C003',3:'C004',4:'C005'})
print(df)
```

程序运行结果如下。

```
      Name  Gender  Word  Excel
C001  David   Male    90    87
C002  Stefan  Male    85    91
C003  Tracy   Female  96    95
C004  Aileen  Female  93    100
C005  Helen   Female  92    97
```

使用 rename() 方法也可以同时修改行索引和列索引,将上面程序修改如下。

```
import pandas as pd
score=[['David','Male',90,87],['Stefan','Male',85,91],['Tracy','Female',
96,95],['Aileen','Female',93,100],['Helen','Female',92,97]]
columns=['Name','Sex','Word','Excel']
df=pd.DataFrame(score,columns=columns)
df.rename(index={0:'C001',1:'C002',2:'C003',3:'C004',4:'C005'},columns=
{'Sex':'Gender'},inplace=True)
print(df)
```

11.3.4 层次化索引

层次化索引就是轴上有多个级别索引,类似于表格的多层次表头。

【例 11-12】创建一个层次化索引的 DataFrame 数据,该索引对象为 MultiIndex 对象。

```
import  pandas as pd
data=[[2, 14722731], [3, 5064873], [6, 2622984],
      [4, 3806060], [5, 2707744], [7, 2603004],
      [8, 1886445], [1, 20936600], [9, 1643408]]
index=[['Asia', 'Asia', 'Asia', 'Europe', 'Europe', 'Europe',
'Europe', 'North America', 'North America'],
       ['China', 'Japan', 'India', 'Germany', 'United Kingdom',
'France', 'Italy', 'United States', 'Canada']]
column=['Ranking', 'GDP (millions US dollars)']
df=pd.DataFrame(data,index=index,columns=column)
print(df)
```

程序运行结果如下。

```
                        Ranking    GDP (millions US dollars)
Asia    China           2          14722731
        Japan           3          5064873
        India           6          2622984
Europe  Germany         4          3806060
        United Kingdom  5          2707744
        France          7          2603004
        Italy           8          1886445
```

```
North    America  United States  1              20936600
                  Canada         9               1643408
```

通过 swaplevel() 方法可以对层次化索引进行重排。

【例 11-13】 内外层索引互换。

```
import pandas as pd
df=pd.DataFrame([[3,5],[8,9],[4,7],[2,9]],
                columns=['Level A','Level B'],
                index=[['Germany','Germany','France','France'],
['Male','Female','Male','Female']])
print(df.swaplevel(0,1))
```

程序运行结果如下。

```
              Level A  Level B
Male   Germany      3        5
Female Germany      8        9
Male   France       4        7
Female France       2        9
```

对 DataFrame 数据还存在一个 stack() 方法，它的作用是把多维数组转换为一个与树形结构类似的索引。

【例 11-14】 创建一个 DataFrame 数据，使用 stack() 方法将其转换为树形索引。

```
import pandas as pd
df=pd.DataFrame([[67, 175], [75, 181]],index=['David', 'Stefan'],
columns=['weight', 'height'])
df=df.stack()
print(df)
```

程序运行结果如下。

```
David   weight     67
        height    175
Stefan  weight     75
        height    181
dtype: int64
```

可以看到，原来的列索引已经转换为树形索引。

使用"print(df.index)"语句输出的是索引，结果如下，树形索引本质上是一种多级索引（MultiIndex）。

```
MultiIndex([( 'David', 'weight'),
            ( 'David', 'height'),
            ('Stefan', 'weight'),
            ('Stefan', 'height')],
           )
```

当修改为树形索引后，也可以使用 unstack() 方法将其还原。例如，在上面生成树形索引的语句后添加如下语句，数据即可恢复原状。

```
df=df.unstack()
print(df)
```

11.4 选取数据

在数据分析中，对大型的数据集，经常要查看或处理其中的某个子集，这就需对数据进行定位和筛选。在 pandas 中，这项工作是通过索引和分片来完成的，但是 Series 与 DataFrame 数据的索引和分片有很大不同，因此下面对 Series 和 DataFrame 数据的索引和分片分别进行讨论。

11.4.1 Series 数据的选取

Series 数据的选取较为简单，使用方法类似 Python 的列表，不仅可以通过 $0 \sim N-1$（N 是数据长度）进行索引，还可以通过设置好的索引标签进行索引。例如：

```
import pandas as pd
obj=pd.Series([89,90,100,87,67,92],index=['judy','tracy','mike',
'zweig','xenia','helen'])
print(obj[1])
print(obj['tracy'])
print(obj[['mike','helen']])
```

以上程序分别选取了索引的下标（从 0 开始）为 1，索引为"tracy"，以及索引为"mike"和"helen"的数据。需要注意的是，当选取多条记录时，需要将多个索引项目用列表的形式传入，因此有双层的方括号。

程序运行结果如下。

```
90
90
mike     100
helen     92
dtype: int64
```

Series 的切片运算与 Python 列表略有不同，如果利用索引的下标进行切片，则末端不被包含在内；如果利用索引标签切片，末端是被包含的。例如：

```
print(obj[0:2])
print()
print(obj['judy':'mike'])
```

程序运行结果如下。

```
judy     89
tracy    90
dtype: int64

judy     89
tracy    90
mike    100
dtype: int64
```

11.4.2 DataFrame 数据的选取

DataFrame 数据的选取更复杂，因为它是二维数组，在选取时，可以选取行，也可以选取列，还可以同时选取行和列。

1. 选取列

通过列索引标签可以选取 DataFrame 某列数据，返回的数据为 Series 数据。例如：

```
import pandas as pd
data=[('Male', 29), ('Female', 39), ('Female', 33), ('Female', 18), ('Male', 21)]
r=['zweig','judy','tracy','helen','mike']
c=['sex','age']
df=pd.DataFrame(data,index=r,columns=c)
print(df['sex'])
```

程序运行结果如下。

```
zweig      Male
judy       Female
tracy      Female
helen      Female
mike       Male
Name: sex, dtype: object
```

如果想同时获取多列数据，可以将列名用列表的形式传入，使用两个方括号可以获取多个列的数据。例如：

```
print(df[['sex','age']])
```

程序运行结果如下。

```
         sex   age
zweig    Male    29
judy     Female  39
tracy    Female  33
helen    Female  18
mike     Male    21
```

2. 选取行

通过行索引标签或行索引下标（0 ~ N–1）的切片形式可以选取 DataFrame 的行数据。通过下标的方式，末端不被包含在内；通过索引标签的形式，末端会被包含在内。例如：

```
print(df[0:2])
print()
print(df['zweig':'tracy'])
```

程序运行结果如下。

```
         sex   age
zweig    Male    29
judy     Female  39


         sex   age
zweig    Male    29
```

```
judy    Female    39
tracy   Female    33
```

显然，使用切片方法选取行有很大的局限性。如果想获取不连续的、单独的几行，可以通过 loc() 和 iloc() 方法实现。loc() 方法是按行索引标签选取数据的，iloc() 方法是按行索引下标选取数据的。例如：

```
print(df.loc[['zweig','helen']])
print()
print(df.iloc[[0,3]])
```

程序运行结果如下。

```
        sex     age
zweig   Male    29
helen   Female  18


        sex     age
zweig   Male    29
helen   Female  18
```

3. 同时选取行和列

在数据分析中，有时可能只对部分行和列进行操作，这时就要选取 DataFrame 数据中行和列的子集，通过前面介绍的 loc() 或 iloc() 方法就可以轻松完成。例如：

```
print(df.loc['judy':'helen',['sex','age']])
print()
print(df.iloc[1:4,[0,1]])
```

上面程序首先选取的是行索引从"judy"到"helen"，列索引为"sex"和"age"的数据子集，然后选取的是行索引的下标为 1 到 3（末端不包含在内），列索引的下标为 0 和 1 的数据子集。

程序运行结果如下。

```
        sex     age
judy    Female  39
tracy   Female  33
helen   Female  18


        sex     age
judy    Female  39
tracy   Female  33
helen   Female  18
```

可以看到，上面两种方法选取的数据是一致的。

4. 布尔选择

以上面的数据集为例，如果想筛选出符合某种条件，如性别为"Female"的数据，就需要通过布尔选择来完成。与数组布尔型索引类似，既然可以使用布尔选择，同样也适用于不等于符号（!=）、负号（-）、和（&）、或（|）。例如：

```
print(df[df['sex']=='Female'])
print()
print(df[(df['sex']=='Female') & (df['age'] >20)])
```

上面程序分别筛选了性别为女的记录及性别为女且年龄大于 20 的记录，运行结果如下。

```
        sex    age
judy    Female  39
tracy   Female  33
helen   Female  18

        sex    age
judy    Female  39
tracy   Female  33
```

如果想选取的逻辑关系为"或"，如性别为女或者年龄大约 25 的记录，可以对上述最后一行代码做如下修改。

```
print(df[(df['sex']=='Female') | (df['age'] >25)])
```

程序运行结果如下。

```
        sex    age
zweig   Male    29
judy    Female  39
tracy   Female  33
helen   Female  18
```

11.5 数据运算

数据运算分为简单算术运算、比较运算、汇总运算等，这些运算在进行数据分析时会经常用到。

11.5.1 算术运算

pandas 的数据在进行算术运算时，如果有相同索引，则进行算术运算；如果没有，则会引入缺失值，称为数据对齐。下面先介绍 Series 数据的算术运算。

【例 11-15】 将两个 Series 数据相加。

```
import pandas as pd
obj_1=pd.Series([10,8,12,20,16],index=['a','b','c','d','e'])
obj_2=pd.Series([8,12,15,3,5],index=['c','d','e','f','g'])
print(obj_1+obj_2)
```

程序运行结果如下。

```
a    NaN
b    NaN
c    20.0
d    32.0
e    31.0
f    NaN
g    NaN
dtype: float64
```

可以看到，结果为一个新的 Series 数据，之前两个 Series 数据有相同索引的元素，都进行了求和，没有相同索引的元素显示为"NaN"。

对于 DataFrame 数据而言，对齐操作会同时发生在行和列上。例如：

```
sale_1=[[60,70,80],[65,100,90],[75,85,95]]
row_1=['zweig','judy','mike']
column_1=['jan','feb','mar']
df_1=pd.DataFrame(sale_1,index=row_1,columns=column_1)
sale_2=[[65,72,86],[60,72,80],[65,75,65]]
row_2=['zweig','judy','tracy']
column_2=['mar','apr','may']
df_2=pd.DataFrame(sale_2,index=row_2,columns=column_2)
print(df_1+df_2)
```

在上述两组数据中可以看到，共同的部分只有列索引为"mar"，行索引为"judy""zweig"的行和列，因此其他部分显示都为"NaN"，运行结果如下。

```
       apr  feb  jan    mar  may
judy   NaN  NaN  NaN  150.0  NaN
mike   NaN  NaN  NaN    NaN  NaN
tracy  NaN  NaN  NaN    NaN  NaN
zweig  NaN  NaN  NaN  145.0  NaN
```

上面以加法为例，介绍了 Series 和 DataFrame 数据的算术运算，其减法、乘法和除法等运算的原理与加法完全一致，这里不再赘述。

11.5.2 函数应用和映射

在数据分析时，如果需要对数据进行较复杂的数据运算，简单的算术运算就无法满足需要了，这时可以使用 map 函数，将计算套用在 Series 数据的每个元素中；使用 apply 函数，将计算套用到 DataFrame 数据的行与列上；使用 applymap 函数，将计算套用到 DataFrame 数据的每个元素上。

【例 11-16】 将数据"age"列中的"岁"字去掉（可以使用 map 和 lamda 函数）。

```
import pandas as pd
df=pd.DataFrame({
    'name':['zweig','judy','tracy'],
    'age':['29 岁','38 岁','26 岁'],
    'sex':['male','female','female']
})
df['age']=df['age'].map(lambda x:x[0:-1])
print(df)
```

程序运行结果如下。

```
    name age     sex
0  zweig  29    male
1   judy  38  female
2  tracy  26  female
```

如果在 DataFrame 数据中，需要按行或按列进行计算，可以使用 apply 函数。

【例 11-17】 先对数据集中每个考生三个科目的成绩进行求和（按行），再对每个科目所有考生的成绩进行求和（按列）。

```
import pandas as pd
```

```
df=pd.DataFrame({
    'name':['zweig','judy','tracy'],
    'math':[90,88,79],
    'physics':[100,85,76],
    'chemistry':[80,75,72]
})
df['total_p']=df[['math','physics','chemistry']].apply(lambda x:sum(x),axis=1)
df.loc['total_s']=df[['math','physics','chemistry']].apply(lambda x:sum(x),axis=0)
print(df)
```

其中，axis=1 表示按行进行运算，计算后将获得一个新的列；axis=0 则表示按列进行计算，计算后得到的是一个新的行。程序运行结果如下。

```
          name   math  physics  chemistry  total_p
0        zweig   90.0    100.0       80.0    270.0
1         judy   88.0     85.0       75.0    248.0
2        tracy   79.0     76.0       72.0    227.0
total_s    NaN  257.0    261.0      227.0      NaN
```

如果要对 DataFrame 数据中的每个元素都进行计算，可以使用 applymap 函数。例如：

```
import pandas as pd
df=pd.DataFrame([
    [3.5415,2.7987,0.9987],
    [0.7654,12.345,5.234],
    [1.2354,2.8765,7.345]
])
df=df.applymap(lambda x:'{:.2f}'.format(x))
print(df)
```

上面代码对 DataFrame 数据中的每个元素都进行了保留两位小数的操作，运行结果如下。

```
      0      1     2
0  3.54   2.80  1.00
1  0.77  12.35  5.23
2  1.24   2.88  7.34
```

11.5.3 汇总与统计

pandas 库提供了丰富的数据聚合运算函数，如求和、求最值、求数学期望（均值）、求方差、求标准差等。

1. 最大值和最小值

在 DataFrame 数据中，通过 max 和 min 函数可以分别计算最大值和最小值，与 Excel 中的 max 和 min 函数类似，并且通过指定轴方向，可以实现对行或列进行计算。

【例 11-18】计算考试成绩每个科目的最高分和最低分，以及每个考生的最高分和最低分。

```
import pandas as pd
```

```
df=pd.DataFrame({
        'math':[90,88,79,88,90],
        'physics':[100,85,76,100,79],
        'chemistry':[80,75,72,72,81],},
        index=['zweig','judy','tracy','helen','david']
)
print(df.max())
print()
print(df.min())
print()
print(df.max(axis=1))
print()
print(df.min(axis=1))
```

默认情况下按列进行汇总，当指定参数"axis=1"后，可以对每行的数值型数据进行汇总，运行结果如下。

```
math          90
physics      100
chemistry     81
dtype: int64

math          79
physics       76
chemistry     72
dtype: int64

zweig    100
judy      88
tracy     79
helen    100
david     90
dtype: int64

zweig    80
judy     75
tracy    72
helen    72
david    79
dtype: int64
```

2. 平均值、中位数和众数

在数据集中，代表数据中心的有平均值、中位数和众数。其中，平均值应用最广泛，但中位数有时对于数据分析来说有更大的意义。例如，衡量社会财富分配时，中位数往往比平均值更好，有时平均值无法反映社会的财富分配和贫富差距；而中位数是代表贫富差距的很好的一个指标，反映了社会中间水平。众数则是一组数字中重复出现次数最多的数，可以有多个。

在 pandas 中要计算平均值、中位数和众数，可以分别使用 mean、median 和 mode 函数。

【例11-19】统计例11-17中每个科目的平均值、中位数和众数,以及每个考生的平均分和成绩的中位数。

```
# 计算每列平均值
print(df.mean())
print()
# 计算每行平均值
print(df.mean(axis=1))
print()
# 计算每列中位数
print(df.median())
print()
# 计算每行中位数
print(df.median(axis=1))
print()
# 计算每列众数
print(df.mode())
```

在计算众数时,返回的结果为 DataFrame,原因是如果一列数据中,有两个值都出现了同样的次数,那么这两个值都会作为众数被计算在内,运行结果如下。

```
math          87.0
physics       88.0
chemistry     76.0
dtype: float64

zweig     90.000000
judy      82.666667
tracy     75.666667
helen     86.666667
david     83.333333
dtype: float64

math          88.0
physics       85.0
chemistry     75.0
dtype: float64

zweig     90.0
judy      85.0
tracy     76.0
helen     88.0
david     81.0
dtype: float64

   math  physics  chemistry
0    88    100.0       72.0
1    90      NaN        NaN
```

3. 标准差

标准差是表示数据离散程度的指标,与表示数据中心趋势的平均值及中位数等指标一起,可以帮助数据分析人员更好地把握数据的特征。在 pandas 中可以使用 std()

方法来计算一组数据的标准差。例如，要计算上面考试成绩中每个科目的标准差，可以使用如下程序。

```
print(df.std())
```

程序运行结果如下。

```
math         4.582576
physics     11.423660
chemistry    4.301163
dtype: float64
```

在 std() 方法中，可添加 ddof 参数，该参数默认为 1，即无偏标准差（就是根据从总体中提取的样本数据，对总体标准差推测使用的指标）。如果将该参数指定为 0，可以计算样本的标准差。

4. 分位数

分位数就是一组数据中某个位置对应的数据，常用的是四分位数，即把所有数据由小到大排列并分成四等份，处于三个分割点位置的数据就是四分位数。其中，第一四分位数（Q1），等于该样本中所有数据由小到大排列后第 25% 的数据；第二四分位数（Q2），等于该样本中所有数据由小到大排列后第 50% 的数据，即中位数；第三四分位数（Q3），等于该样本中所有数据由小到大排列后第 75% 的数据。

在 pandas 中计算分位数，可以使用 quantile() 方法。例如，要计算上面考试成绩中，每个科目的第一、第二和第三四分位数，可以使用如下程序。

```
print(df.quantile(q=[0.25,0.5,0.75]))
```

程序运行结果如下。

```
      math  physics  chemistry
0.25  88.0     79.0       72.0
0.50  88.0     85.0       75.0
0.75  90.0    100.0       80.0
```

上面使用单一函数进行计算比较烦琐，如果需要一次性了解一个数据集的情况，可以使用 describe() 方法，它对每个数值型列进行统计，经常用于对数据的初步观察。例如：

```
print(df.describe())
```

程序运行结果如下。

```
            math    physics  chemistry
count   5.000000    5.00000   5.000000
mean   87.000000   88.00000  76.000000
std     4.582576   11.42366   4.301163
min    79.000000   76.00000  72.000000
25%    88.000000   79.00000  72.000000
50%    88.000000   85.00000  75.000000
75%    90.000000  100.00000  80.000000
max    90.000000  100.00000  81.000000
```

11.5.4 唯一值和值计数

在 Series 数据中，通过 unique() 方法可以获取不重复的数组，通过 values_counts()

方法可以统计每个值出现的次数。

【例 11-20】 计算 Series 数据中的不重复元素及每个元素出现的次数。

```
import pandas as pd
obj=pd.Series([2,4,7,4,2,8,2,7,9,7,6])
print(obj.unique())
print(obj.value_counts())
```

程序运行结果如下。

```
[2 4 7 8 9 6]
2    3
7    3
4    2
8    1
9    1
6    1
dtype: int64
```

对于 DataFrame 数据的列而言，每列本质上就是一个 Series 数据，因此 unique() 方法和 values_counts() 方法同样适用。

第 12 章
使用 pandas 获取和写入数据

对于数据分析而言，数据大部分来源于外部，如常用的 CSV 文件、Excel 文件和数据库文件等。第 7 章介绍了如何使用 Python 读写文件，pandas 库的文件读写功能与之相比，更加强大和高效。本章将介绍如何利用 pandas 库将外部数据转换为 DataFrame 数据格式，通过 Python 对数据进行处理，将 DataFrame 数据存储到相应的外部数据文件中。

12.1 文本数据的读取与存储

本节主要介绍 pandas 解析文本数据的函数，灵活使用函数来读取和存储文本类型的数据。

12.1.1 CSV 文件的读取

pandas 库提供了将表格型数据读取为 DataFrame 数据的函数。在现实应用中，常用的有 read_csv 和 read_table 函数，read_csv 函数的作用是从文件中加载带分隔符的数据，默认分隔符为逗号；read_table 函数的作用是从文件中加载带分隔符的数据，默认分隔符为制表符。

对标准的 CSV 文件，使用 read_csv 函数读取即可，下面程序读取了素材文件夹下的 "my_csv.csv" 文件中的数据。

```
import pandas as pd
df=pd.read_csv('data\\my_csv.csv')
print(df)
```

导入后的结果如下。

```
   col1 col2 col3    col4       col5
0     2    a  1.4   apple   2020/1/1
1     3    b  3.4  banana   2020/1/2
2     6    c  2.5  orange   2020/1/5
3     5    d  3.2   lemon   2020/1/7
```

此外，也可以使用 read_table 函数进行读取，指定分隔符即可，程序如下。

```
df=pd.read_table('data\\my_csv.csv',sep=',')
```

但实际应用中，CSV 文件的数据并不会如此规整。下面介绍 read_csv 函数的参数

(read_table 函数的参数相同)。

1. 指定列作为索引

默认情况下，读取的 DataFrame 数据的行索引是从 0 开始进行计数的。以前面的 CSV 文件为例，读者可自由指定列为行索引。例如，通过 index_col 参数指定 col2 列为行索引，程序如下。

```
df=pd.read_csv('data\\my_csv.csv',index_col='col2')
```

如果想将多个列做成一个层次化索引，则传入列编号或由列名组成的列表即可。下面程序读取了素材文件夹下的"GDP.csv"文件中的数据，并指定第 1 列（索引为 0）及列名为"Economy"的列作为索引，从而形成了一个多层次索引。

```
gdp=pd.read_csv('data\\GDP.csv',index_col=[0,'Economy'])
print(gdp)
```

程序运行结果如下。

```
                            Ranking      GDP
Continent       Economy
Asia            China        2        14722731
                Japan        3         5064873
                India        6         2622984
Europe          Germany      4         3806060
                UK           5         2707744
                France       7         2603004
                Italy        8         1886445
North America   USA          1        20936600
                Canada       9         1643408
```

2. 标题行设置

有些情况下，CSV 文件的数据并不是从第 1 行或者第 1 列开始的，直接导入则无法取得正确的结果。此时可以使用 header 参数指定标题行，使用 names 参数指定要导入的列。下面程序中，使用素材文件夹下的"GDP_2.csv"文件，由于第 1 行为空行，因此指定 header 参数的值为 1，即从第 2 行开始；由于第 1 列为空列，因此为 names 参数传入要导入的列名。

```
import pandas as pd
df=pd.read_csv('GDP_2.csv',header=1,names=['Continent','Economy',
'Ranking','GDP'])
print(df)
```

数据导入后的结果如下。

```
       Continent   Economy  Ranking      GDP
0           Asia     Japan        3  5064873
1           Asia     India        6  2622984
2         Europe   Germany        4  3806060
3         Europe        UK        5  2707744
4         Europe    France        7  2603004
5         Europe     Italy        8  1886445
6  North America       USA        1 20936600
7  North America    Canada        9  1643408
```

3. 自定义读取

由于数据本身或数据分析的需要,有时只需选择读取部分行或列,这时可使用 skiprows 参数跳过一些行。以上面"GDP.csv"文件中的数据为例,如果不需要"Japan"和"UK"两行数据,可以使用如下程序,从而忽略原文件中的第3、6行(索引从0开始计算)。

```
df=pd.read_csv('data\\GDP.csv',skiprows=[2,5])
```

如果只需要读取部分数据,可以使用 nrows 参数。例如,对"GDP.csv"文件中的数据,如果只读取其中的前5行,可以使用如下程序,实际上是读取原文件中的标题行和5行记录。

```
df=pd.read_csv('data\\GDP.csv',nrows=5)
```

如果只需要读取国家名称和 GDP 数值,可以使用 usecols 参数,并为其传入需要导入的列名的列表,程序如下。

```
df=pd.read_csv('data\\GDP.csv',usecols=['Economy','GDP '])
```

12.1.2 TXT 文件的读取

TXT 文件中使用的分隔符可能不是逗号,这时可以通过 read_table 函数中的 sep 参数指定分隔符。例如,在当前目录的"data"文件夹下,文本文件"score.txt"的内容是用"/"分隔的,可以用如下方法读取。

```
import pandas as pd
df=pd.read_table('data\\score.txt',delimiter='/')
print(df)
```

程序运行结果如下。

```
        name     sex  word  excel  ppt
0    Albrecht  female    64     91   86
1      Becker  female    80     63   80
2      Cremer    male    83     99   79
3      Daniel    male    88     53   60
4       Esser    male    65     71   59
5     Fischer    male    97     58   55
6     Günther  female    53     96   86
7    Hoffmann    male    97     80   53
8       Issel    male    96     55   88
9      Jansen  female    88     69   73
10      Klein  female    53     77   90
11      Lange    male    86     71   64
12     Müller    male    69     81   58
13    Neumann    male    99     61   54
14       Otto  female    68     73   61
15     Peters    male    52     70   73
16      Quast    male    95     74   72
17     Richter   male    52     81   80
18    Schmidt  female    55     57   71
19      Thiel    male    64     65   86
20      Urban  female    89     58   83
21       Vogt  female    96     94   59
```

12.1.3 文本数据的存储

在对数据进行处理和分析后，通常会把数据存储起来。使用 DataFrame 的 to_csv() 方法，可以将数据存储到以逗号分隔的 CSV 文件中。例如，将 "score.txt" 文件转换为用逗号分隔的 "score.csv" 文件，程序如下。

```
import pandas as pd
df=pd.read_table('data\\score.txt',delimiter='/')
df.to_csv('data\\score.csv',sep=',')
```

12.2 Excel 与 JSON 数据

本节主要介绍 pandas 解析 Excel 和 JSON 数据的方法，以及这两种常见数据的存储方法。

12.2.1 Excel 数据

Excel 软件是 Microsoft Office 的组件之一。使用 Excel 软件可以进行各种数据处理和统计分析，因而其被广泛应用于管理、统计、财经、金融等领域。Excel 软件有不同的版本，Excel 2007 之前版本的文件扩展名为 .xls，而 Excel 2007 及其以后版本的文件扩展名为 .xlsx。

在执行 pandas 读取 Excel 文件的操作时，需要提前安装 xlrd 库或 openpyxl 库。打开 "命令提示符" 窗口，安装的命令如下。

```
pip install xlrd
pip install openpyxl
```

1. 读取 Excel 文件

pandas 提供了 read_excel 函数来读取 Excel 文件。

【例 12-1】 读取当前目录 "data" 文件夹下的 "GDP.xlsx" 文件，并将 "Economy" 列指定为索引。

```
import pandas as pd
df=pd.read_excel('data\\GDP.xlsx',index_col='Economy')
print(df)
```

程序运行结果如下。

```
              Continent  Ranking       GDP
Economy
China              Asia        2  14722731
Japan              Asia        3   5064873
India              Asia        6   2622984
Germany          Europe        4   3806060
UK               Europe        5   2707744
France           Europe        7   2603004
Italy            Europe        8   1886445
USA       North America        1  20936600
Canada    North America        9   1643408
```

2. 存储 Excel 文件

将 DataFrame 数据保存为 Excel 文件，可使用 to_excel 函数，下面程序可以将上面所读取的 Excel 文件中的数据按照国家名称升序排序，并保存到当前目录"data"文件夹下的"GDP_sort.xlsx"文件中。

```
df=df.sort_index()
df.to_excel('data\\ GDP_sort.xlsx')
```

12.2.2 JSON 数据

JSON（JavaScript Object Notation）是一种轻量级的数据交换格式。简单地说，JSON 可以将 JavaScript 对象中表示的一组数据转换为字符串，然后在函数之间轻松地传递这个字符串，或者在异步应用程序中将字符串从 Web 客户端传递给服务器端程序。

JSON 具有良好的可读性和便于快速编写的特性，适合服务器端与 JavaScript 客户端的交互，是目前网络中主流的数据传输格式之一，应用十分广泛。

JSON 数据以一种 key-value（键值对）的方式存在。JSON 值可以是数值（整数或浮点数）、字符串（在双引号中）、逻辑值（True 或 False）、数组（在方括号中）、对象（在花括号中）、null（空值）等。

JSON 的语法规则如下：
- 并列的数据之间用逗号（","）分隔；
- 映射用冒号（":"）表示；
- 并列数据的集合（数组）用方括号（"[ ]"）表示；
- 映射的集合（对象）用花括号（"{}"）表示。

JSON 的 Object（对象类型）：用 { } 包含一系列无序的 key-value（键值对）表示，其中，key 和 value 之间用冒号分隔，每个 key-value 之间用逗号分隔。访问其中的数据，可通过 obj.key 获取对应的 value，如 json={"name":"zweig", "age":56}。

JSON 的 Array（数组类型）：用 [ ] 包含所有元素，每个元素用逗号分隔，元素可以是任意的值。访问其中的元素，使用索引号从 0 开始，如 json=["singing","coding", "painting"]。

JSON 的复杂数据形式为 Object 或数组中的值还是另一个 Object 或数组，如 json= {"name":"zweig"," hobby ":["singing","coding","painting"]}。

1. 读取 JSON 文件

在 pandas 中，可以直接通过 read_json 函数读取 JSON 数据。例如，在当前目录"data"文件夹下有文件"GDP.json"，可通过如下程序读取。

```
import pandas as pd
df=pd.read_json('data\\GDP.json')
print(df)
```

导入后的结果如下。

```
           Continent   Ranking      GDP
Canada   North America        9  1643408
```

```
China            Asia            2   14722731
France           Europe          7    2603004
Germany          Europe          4    3806060
India            Asia            6    2622984
Italy            Europe          8    1886445
Japan            Asia            3    5064873
UK               Europe          5    2707744
USA              North America   1   20936600
```

2. 存储 JSON 文件

使用 to_json 函数可以对 DataFrame 数据进行相应的存储。例如，通过以下程序可以将刚刚导入的 JSON 文件中的数据按照"GDP"列降序排列后，重新以文件名"GDP_sort.json"进行存储。

```
df=df.sort_values(by='GDP',ascending=False)
df.to_json('data\\GDP_sort.json')
```

12.3 数据库的读取与写入

pandas 不仅支持本地文件的读写，还支持对数据库的读取和写入。pandas.io.sql 模块提供了独立于数据库的名为 sqlalchemy 的统一接口，不管是什么类型的数据库，pandas 都以 sqlalchemy 方式建立连接，支持 MySQL、PostgreSQL、Oracle、SQL Server、SQLite 等主流数据库。本节介绍如何通过 Python 连接并操作 SQLite 数据库。

12.3.1 SQLAlchemy 包的安装和数据库的连接

如果直接安装 SQLAlchemy 包，会提示出现错误，这是因为 SQLAlchemy 包依赖 PyMySQL 包。因此，需要先安装 PyMySQL 包，使用如下命令。

```
pip install pymysql
```

再安装 SQLAlchemy 包，使用如下命令。

```
pip install sqlalchemy
```

连接数据库使用 create_engine 函数，用户可以用它配置驱动器所需的用户名、密码、端口和数据库实例等属性，以 SQLite 为例，程序如下。

```
engine = create_engine('sqlite:///foo.db')
```

12.3.2 SQLite 数据库写入和读取数据

SQLite 是一个轻量级的开源的嵌入式数据库，使用方便，性能出众，广泛应用于消费电子、医疗、工业控制、军事等领域。

SQLite 数据库具有以下特点。

- 体积小：最低只需要几百字节的内存就可以运行。
- 性能高：对数据库的访问性能很高，其运行速度比 MySQL 等开源数据库要快得多。

- 可移植性强：支持各种 32 位和 64 位体系的硬件平台，也能在 Windows、Linux、BSD、macOS、Solaries 等平台中运行。
- SQL 支持全面：支持 ANSI SQL92 中的大多数标准，提供了对子查询、视图、触发器等机制的支持。
- 接口丰富：为 C、Java、PHP、Python 等多种语言提供了 API 接口，所有应用程序都可以通过接口访问 SQLite 数据库。

【例 12-2】创建一个 DataFrame 对象，用它在 SQLite 数据库新建一张表。

```
import pandas as pd
import numpy as np
from sqlalchemy import create_engine
df= pd.DataFrame(np.arange(61,81).reshape(4,5),
        columns=['France', 'Germany', 'Japan', 'Canada', 'Italy'])
engine= create_engine('sqlite:///mydata.db')
df.to_sql('country', engine)
```

其中，先使用 create_engine() 方法连接 SQLite 数据库，再使用 to_sql() 方法将其转换为数据库表。

若要读取数据库中已经存在的数据，则需使用 read_sql 函数，参数为表名和 engine 实例，程序如下。

```
engine= create_engine('sqlite:///mydata.db')
table = pd.read_sql('country', engine)
print(table)
```

程序运行结果如下。

```
   index  France  Germany  Japan  Canada  Italy
0      0      61       62     63      64     65
1      1      66       67     68      69     70
2      2      71       72     73      74     75
3      3      76       77     78      79     80
```

第13章 数据预处理

有效的数据是进行数据分析的依据,因此在数据分析中,数据预处理往往需要花费全部工作70%的时间,可见数据处理的重要性。本章将分析pandas中如何进行数据清洗和转换,并介绍数据的合并重塑、字符串处理等内容。

13.1 数据清洗

现实中通过各种方式收集到的数据都是"脏"的,需要清洗。本节将着重讲解数据清洗的工作,如缺失值的处理、重复数据的处理及如何替换值等。

13.1.1 处理缺失值

有时由于设备原因(如设备故障或无法存入数据等)或人为原因(如没有录入或故意隐藏数据等),我们获取的部分数据可能是缺失值。这些缺失值对于数据分析而言是没有任何意义的,需要通过程序处理这些缺失值,以便下一步分析。

1. 查看缺失值

通过人工查看DataFrame数据是否有缺失值的方法是很低效的,尤其当面临大量数据时,人工查看很耗时间。通过isnull()和notnull()方法,可以返回布尔值的对象,快速了解数据的缺失情况。

如果重点关注数据中的缺失值,可以使用isnull()方法,缺失值将显示为True;反之,可以使用notnull()方法,缺失值显示为False。

【例13-1】读取当前目录的"data"文件夹下的"sales_data.csv"文件,并判断每个元素是否缺失,若缺失则显示为True。

```
import pandas as pd
df=pd.read_csv('data\\sales_data.csv')
print(df.isnull())
```

程序运行结果如下。

```
   Month  Western  Central  Eastern
0  False    False    False    False
1  False    False     True    False
2  False    False    False     True
```

```
 3   False   True    False   False
 4   False   False   False   False
 5   False   False   True    False
 6   False   False   False   False
 7   False   False   False   False
 8   False   False   False   True
 9   False   False   False   False
10   False   False   False   True
11   False   False   False   False
```

反之，若要判断哪些元素为非缺失，可以使用如下程序。

```
import pandas as pd
df=pd.read_csv('data\\sales_data.csv')
print(df.notnull())
```

程序运行结果如下，可以看到正好和上面使用isnull()方法的结果相反。

```
    Month   Western  Central  Eastern
 0   True    True     True     True
 1   True    True     False    True
 2   True    True     True     False
 3   True    False    True     True
 4   True    True     True     True
 5   True    True     False    True
 6   True    True     True     True
 7   True    True     True     True
 8   True    True     True     False
 9   True    True     True     True
10   True    True     True     False
11   True    True     True     True
```

在数据分析时，经常需要了解数据集每列中缺失值的整体情况，这时可以通过求和获取每列的缺失值数量，再通过求和获取整个DataFrame数据的缺失值数量。在上面程序中，添加如下语句即可。

```
print(df.isnull().sum())
print(df.isnull().sum().sum())
```

程序运行结果如下。

```
Month      0
Western    1
Central    2
Eastern    3
dtype: int64
6
```

通过info()方法，也可以看出DataFrame每列数据的缺失值情况。在前面案例中，添加如下程序。

```
print(df.info())
```

程序运行结果如下，可以看到已经显示出每列的非缺失值数量。

```
<class 'pandas.core.frame.DataFrame'>
RangeIndex: 12 entries, 0 to 11
Data columns (total 4 columns):
 #   Column   Non-Null Count  Dtype
```

```
 0   Month     12 non-null     object
 1   Western   11 non-null     float64
 2   Central   10 non-null     float64
 3   Eastern   9 non-null      float64
dtypes: float64(3), object(1)
memory usage: 512.0+ bytes
None
```

2. 删除缺失值

在缺失值的处理方法中，删除缺失值是常用的方法之一。通过 dropna() 方法可以删除有缺失值的行，传入参数 how='all'，则只会删除整行为缺失值的行，即删除空行。

【例 13-2】读取当前目录的"data"文件夹下的"sales_data.csv"文件，并删除其中包含缺失值的行。

```
import pandas as pd
df=pd.read_csv('data\\sales_data.csv')
df=df.dropna()
print(df)
```

程序运行结果如下，可以看到只有某行数据包含缺失值，该行才会被删除。

```
       Month    Western   Central   Eastern
0    January   214030.0  103832.0  225732.0
4        May   201154.0   83393.0  220737.0
6       July   203228.0   86652.0  205953.0
7     August   203716.0   89084.0  191023.0
9    October   202222.0   86360.0  205225.0
11  December   209175.0   83339.0  178430.0
```

3. 填充缺失值

当数据量不够或包含缺失值的行的其他部分信息很重要时，就不能删除该数据了，而是要对缺失值进行填充。通过 fillna() 方法可以将缺失值替换为常数值。

【例 13-3】读取当前目录的"data"文件夹下的"sales_data.csv"文件，并将其中的缺失值替换为 0。

```
import pandas as pd
df=pd.read_csv('data\\sales_data.csv')
df=df.fillna(0)
print(df)
```

程序运行结果如下。

```
        Month    Western   Central   Eastern
0     January   214030.0  103832.0  225732.0
1    February   214236.0       0.0  237838.0
2       March   204404.0   94453.0       0.0
3       April        0.0   90269.0  216684.0
4         May   201154.0   83393.0  220737.0
5        June   208070.0       0.0  203828.0
6        July   203228.0   86652.0  205953.0
7      August   203716.0   89084.0  191023.0
8   September   211843.0   91005.0       0.0
```

```
 9    October  202222.0  86360.0  205225.0
10   November  199684.0  86456.0       0.0
11   December  209175.0  83339.0  178430.0
```

在 fillna() 方法中传入字典数据，可以针对不同列填充不同的值，fillna() 方法返回的是新对象，不会对原数据进行修改，可通过 inplace 参数就地对原数据进行修改。下面程序分别对不同列中的缺失值采取了不同的替换值。

```
df.fillna({'Western':0,'Central':10,'Eastern':100},inplace=True)
print(df)
```

以上程序分别将"Western""Central""Eastern" 3 列的空值替换为 0,10,100，并对原 DataFrame 对象进行了修改，运行结果如下。

```
        Month   Western    Central   Eastern
0     January  214030.0   103832.0  225732.0
1    February  214236.0       10.0  237838.0
2       March  204404.0    94453.0     100.0
3       April       0.0    90269.0  216684.0
4         May  201154.0    83393.0  220737.0
5        June  208070.0       10.0  203828.0
6        July  203228.0    86652.0  205953.0
7      August  203716.0    89084.0  191023.0
8   September  211843.0    91005.0     100.0
9     October  202222.0    86360.0  205225.0
10   November  199684.0    86456.0     100.0
11   December  209175.0    83339.0  178430.0
```

除了用固定值进行填充，fillna() 方法还支持使用前一个值或后一个值进行填充，分别用参数 ffill 和 bfill 实现。下面程序对缺失值使用同一列上一个值进行填充。

```
df.fillna(method='ffill',inplace=True)
print(df)
```

程序运行结果如下。

```
        Month   Western    Central   Eastern
0     January  214030.0   103832.0  225732.0
1    February  214236.0   103832.0  237838.0
2       March  204404.0    94453.0  237838.0
3       April  204404.0    90269.0  216684.0
4         May  201154.0    83393.0  220737.0
5        June  208070.0    83393.0  203828.0
6        July  203228.0    86652.0  205953.0
7      August  203716.0    89084.0  191023.0
8   September  211843.0    91005.0  191023.0
9     October  202222.0    86360.0  205225.0
10   November  199684.0    86456.0  205225.0
11   December  209175.0    83339.0  178430.0
```

13.1.2 删除重复数据

在原始数据中往往会出现重复数据，即内容完全相同的行。对于重复数据，仅保留一份即可，其余的可做删除处理。在 DataFrame 数据中，通过 duplicated() 方法可以判断是否有重复数据。

【例 13-4】读取当前目录的"data"文件夹下的"smd.csv"文件,并判断每行数据是否重复。

```
import pandas as pd
df=pd.read_csv('data\\smd.csv')
print(df)
print(df.duplicated())
```

程序运行结果如下,可以看到数据中存在两个重复行。

```
0     False
1     False
2     False
3     False
4     False
5     False
6     False
7     False
8     False
9     False
10     True
11    False
12    False
13    False
14    False
15     True
dtype: bool
```

通过 drop_duplicates() 方法,可以删除数据集中多余的重复数据,程序如下。

```
df_new=df.drop_duplicates()
```

默认情况下,当每行的每个字段都相同时才会将其判断为重复数据。当然,也可以通过指定部分列作为判断重复项的依据。例如,希望所有第 1 个重复的数据,都作为重复数据处理,可以使用如下方法。

```
print(df.drop_duplicates('Package'))
```

程序运行结果如下。

```
   Package Ad Version Start Date  End Date  Clicks
0    TULIP    AB3DEAL  12-Jan-15  19-Jan-15    2762
1     EOB1        AA1  20-Jan-15  27-Jan-15    3183
3    RANCH        AC1   4-Feb-15  11-Feb-15    2347
8    WHALE        AD1  21-Mar-15  28-Mar-15    2486
```

从结果可以看出,保留的数据为第一个出现的重复行。传入参数 keep=last,可以保留最后一个出现的重复行。

13.1.3 替换值

替换值类似于 Excel 中的替换功能,是将查询到的数据替换为相应的数据。在 pandas 中,通过 replace() 方法可实现替换值的功能。

【例 13-5】构造 DataFrame 数据,将 0 替换为 200。

```
import pandas as pd
```

```
df=pd.DataFrame([['zweig',0,676],['Judy',890,900],['tracy',700,0]],
columns=['name','y_2020','y_2021'])
print(df)
# 将 0 替换为 200
df=df.replace(0,200)
print()
print(df)
```

程序运行结果如下。

```
    name  y_2020  y_2021
0  zweig       0     676
1   Judy     890     900
2  tracy     700       0

    name  y_2020  y_2021
0  zweig     200     676
1   Judy     890     900
2  tracy     700     200
```

在进行替换时，也可以同时针对不同值进行多值替换，参数传入方式可以是列表也可以是字典。

【例 13-6】 将"zweig"和"tracy"单词首字母都修改为大写。

```
df=df.replace({'zweig':'Zweig','tracy':'Tracy'})
print(df)
```

程序运行结果如下。

```
    name  y_2020  y_2021
0  Zweig     200     676
1   Judy     890     900
2  Tracy     700     200
```

13.1.4 利用函数或映射进行数据转换

如果要为某个测试评级，可以定义一个等级情况：分数是 900 及以上为"good"；分数是 600～899（含 600）为"pass"；分数是 600 以下为"fail"。在 Excel 中，通过 if 函数可以实现分数等级的划分；在 pandas 中定义好函数，通过 map() 方法也可以实现同样的效果。示例如下。

```
import pandas as pd
df=pd.DataFrame([['zweig',900],['judy',709],['mike',678],['heine',908],['tracy',500]],
                columns=['name','score'])
def f(x):
    if x >=900:
        return 'good'
    elif x>=600:
        return 'pass'
    else:
        return 'fail'
df['level']=df['score'].map(f)
```

```
print(df)
```
程序运行结果如下。
```
    name  score level
0  zweig    900  good
1   judy    709  pass
2   mike    678  pass
3  heine    908  good
4  tracy    500  fail
```

13.2 对数据进行排序和排名

对数据进行排序和排名是常用的基础数据处理与分析手段，pandas 提供了方便的排序和排名方法，通过简单的语句和参数就可以实现。

13.2.1 数据排序

在 pandas 中，对数据进行排序分为按索引排序和按值排序，下面分别介绍 Series 和 DataFrame 数据的排序方法。

在 Series 数据中，通过 sort_index 函数可对索引进行排序，默认为升序；当参数设置为"ascending=False"时，以降序排序。示例如下。

```
import pandas as pd
obj=pd.Series([89,100,75,80,60],index=['b','c','a','e','d'])
print(obj.sort_index())
print()
print(obj.sort_index(ascending=False))
```
程序运行结果如下。
```
a     75
b     89
c    100
d     60
e     80
dtype: int64

e     80
d     60
c    100
b     89
a     75
dtype: int64
```
通过 sort_values() 方法可对值进行排序，默认为升序。例如：
```
print(obj.sort_values())
```
程序运行结果如下。
```
d    60
a    75
e    80
```

```
b     89
c    100
dtype: int64
```

如果按照成绩降序排序，需在 sort_values 函数中添加"ascending=False"参数。

对于 DataFrame 数据而言，通过指定轴方向，使用 sort_index 函数可对行索引或列索引进行排序，默认为按行索引升序排序；要按列索引排序，需添加参数"axis=1"；要降序排序，需添加参数"ascending=False"。

【例 13-7】先按行索引（考生姓名的字母顺序）升序排序，再按列索引（考试科目的首字母）降序排序。

```
import pandas as pd
df=pd.DataFrame({
        'math':[90,88,79,88,90],
        'physics':[100,85,76,100,79],
        'chemistry':[80,75,72,72,81],},
        index=['zweig','judy','tracy','helen','david']
)
print(df.sort_index())
print()
print(df.sort_index(ascending=False,axis=1))
```

程序运行结果如下。

```
       math  physics  chemistry
david    90       79         81
helen    88      100         72
judy     88       85         75
tracy    79       76         72
zweig    90      100         80

       physics  math  chemistry
zweig      100    90         80
judy        85    88         75
tracy       76    79         72
helen      100    88         72
david       79    90         81
```

要根据某列中的数据进行排序，可以通过 sort_values 函数完成，把列名传给 by 参数即可。例如，在上面的数据中，要按照"math"科目的成绩降序排序，程序如下。

```
print(df.sort_values(by='math',ascending=False))
```

程序运行结果如下。

```
       math  physics  chemistry
zweig    90      100         80
david    90       79         81
judy     88       85         75
helen    88      100         72
tracy    79       76         72
```

在对 DataFrame 数据进行排序时，还可以按多个关键字进行。例如，针对上面数据，如果希望首先按数学成绩降序排序，然后按物理成绩降序排序，最后按化学成绩降序排序，则可以对程序做如下调整。

```
print(df.sort_values(by=['math','physics','chemistry'],ascending=False))
```
程序运行结果如下。

```
       math  physics  chemistry
zweig    90      100         80
david    90       79         81
helen    88      100         72
judy     88       85         75
tracy    79       76         72
```

13.2.2 数据排名

有时需要对一些数据进行排名，如运动会竞赛成绩的排名、企业员工销售业绩的排名等，可以使用 pandas 提供的 rank() 方法。

在 pandas 中，排名有多种算法，如下所述。

- average：默认值，对相等的情况，计算排名的平均值。
- first：对相等的情况，先出现的排名在前。
- min：对相等的情况，按最小排名处理。
- max：对相等的情况，按最大排名处理。
- dense：与 min 一样，但组间排名总是递增 1。

单独看上面的参数说明，并不容易理解，下面以一个考试成绩数据集为例，详细解释 pandas 中数据排名的算法（使用素材中的"rank.xlsx"数据集）。

首先读入并查看该数据集，为了方便查看，已经对数据进行了降序排序，在输出时使用了 head() 方法，这样默认只查看前 5 条记录。程序如下。

```
import pandas as pd
df=pd.read_excel('data\\rank.xlsx')
print(df.head())
```

程序运行结果如下。

```
       name     sex  word  excel  ppt  access  outlook  total
0      Vogt  female    96     94   59      96       92    437
1  Albrecht  female    64     91   86      98       82    421
2  Hoffmann    male    97     80   53     100       85    415
3    Cremer    male    83     99   79      56       97    414
4      Otto  female    68     73   78     100       74    393
```

然后按照总分进行排名。删除无关的数据列，分别按照上面介绍的 5 种算法排名并输出，其中排名的算法通过 method 关键字指定，ascending=False 则指定排名的方式为降序。程序如下。

```
df=df.drop(['sex','word','excel','ppt','access','outlook'],axis=1)
df['rank-avg']=df['total'].rank(ascending=False)
df['rank-max']=df['total'].rank(method='max',ascending=False)
df['rank-min']=df['total'].rank(method='min',ascending=False)
df['rank-first']=df['total'].rank(method='first',ascending=False)
df['rank-dense']=df['total'].rank(method='dense',ascending=False)
print(df)
```

程序运行结果如下。

```
     name      total  rank-avg  rank-max  rank-min  rank-first  rank-dense
0    Vogt      437    1.0       1.0       1.0       1.0         1.0
1    Albrecht  421    2.0       2.0       2.0       2.0         2.0
2    Hoffmann  415    3.0       3.0       3.0       3.0         3.0
3    Cremer    414    4.0       4.0       4.0       4.0         4.0
4    Otto      393    5.5       6.0       5.0       5.0         5.0
5    Quast     393    5.5       6.0       5.0       6.0         5.0
6    Becker    391    7.0       7.0       7.0       7.0         6.0
7    Urban     389    8.0       8.0       8.0       8.0         7.0
8    Müller    388    9.0       9.0       9.0       9.0         8.0
9    Jansen    381    10.0      10.0      10.0      10.0        9.0
10   Richter   377    11.0      11.0      11.0      11.0        10.0
11   Klein     376    12.0      12.0      12.0      12.0        11.0
12   Issel     375    13.0      13.0      13.0      13.0        12.0
13   Thiel     374    14.0      14.0      14.0      14.0        13.0
14   Lange     372    15.0      15.0      15.0      15.0        14.0
15   Günther   371    16.0      16.0      16.0      16.0        15.0
16   Neumann   367    17.0      17.0      17.0      17.0        16.0
17   Schmidt   366    18.0      18.0      18.0      18.0        17.0
18   Esser     358    19.0      19.0      19.0      19.0        18.0
19   Fischer   357    20.0      20.0      20.0      20.0        19.0
20   Daniel    336    21.0      21.0      21.0      21.0        20.0
21   Peters    329    22.0      22.0      22.0      22.0        21.0
```

可以看到，其中索引为4和5的两个考生，按照"average"方法计算，他们的排名是第5.5名；按照"max"方法计算，他们的排名都是第6名；按照"min"方法计算，他们的排名都是第5名；按照"first"方法计算，"Otto"先出现的是第5名，"Quast"后出现的是第6名；按照"dense"方法计算，他们都是第5名，但"Becker"递增1，因此是第6名。

13.3 数据合并和重塑

在实际的数据分析工作中，可能有不同的数据来源，这时需通过合并和重塑等操作对数据进行处理。本节将讲解 pandas 中的数据合并和重塑。

13.3.1 数据合并

merge() 方法通过一个或多个键（DataFrame 的列）将两个 DataFrame 数据按行合并起来，其方式与关系型数据库一样。

【例 13-8】合并 df1 和 df2 两个 DataFrame 数据。

```
import pandas as pd
df1=pd.DataFrame([['zweig',960],['judy',1000],['tracy',850],
                  ['mike',768],['heine',810]],
                 columns=['name','score'])
df2=pd.DataFrame([['mike','male'],['tracy','female'],['zweig','male'],
```

```
                    ['xenia','female'],['judy','female']],
                    columns=['name','sex'])
print(pd.merge(df1,df2))
```
由于两个 DataFrame 数据都有列名 name，因此默认按该列进行合并，运行结果如下。

```
    name  score     sex
0  zweig    960    male
1   judy   1000  female
2  tracy    850  female
3   mike    768    male
```

如果两个 DataFrame 数据的列名不一样，也可以单独指定。例如，有两个数据集，姓名列前者为"name"，后者为"Name"，则可以对上面程序做如下修改，通过 left_on 参数指定左侧键，通过 right_on 参数指定右侧键。

```
import pandas as pd
df1=pd.DataFrame([['zweig',960],['judy',1000],['tracy',850],
                 ['mike',768],['heine',810]],
                 columns=['name','score'])
df2=pd.DataFrame([['mike','male'],['tracy','female'],['zweig','male'],
                 ['xenia','female'],['judy','female']],
                 columns=['Name','sex'])
print(pd.merge(df1,df2,left_on='name',right_on='Name'))
```

程序运行结果如下。

```
    name  score   Name     sex
0  zweig    960  zweig    male
1   judy   1000   judy  female
2  tracy    850  tracy  female
3   mike    768   mike    male
```

merge() 方法默认为内连接（inner），即返回交集。通过 how 参数可以选择连接方法：左连接（left）、右连接（right）和外连接（outer）。对上面的数据，如果使用外部连接，则修改代码如下。

```
print(pd.merge(df1,df2,left_on='name',right_on='gender',how='outer'))
```

程序运行结果如下。

```
    name   score   Name     sex
0  zweig   960.0  zweig    male
1   judy  1000.0   judy  female
2  tracy   850.0  tracy  female
3   mike   768.0   mike    male
4  heine   810.0    NaN     NaN
5    NaN     NaN  xenia  female
```

13.3.2 数据连接

如果需要合并的数据集之间没有连接键，就不能使用 merge() 方法了，这时可通过 pandas 的 concat() 方法实现连接。例如，为 3 个没有相同索引的 Series 数据使用 concat() 方法连接，会按行的方向堆叠数据。例如：

```
import pandas as pd
```

```
s1=pd.Series([89,90,],index=['judy','tracy'])
s2=pd.Series([70,99,],index=['heine','mike'])
s3=pd.Series([120,60,],index=['zweig','david'])
print(pd.concat([s1,s2,s3]))
```
程序运行结果如下。
```
judy      89
tracy     90
heine     70
mike      99
zweig     120
david     60
dtype: int64
```

默认情况下，concat() 方法是在 axis=0 上工作的，也可以通过指定轴向按列进行连接，这样就会生成一个 DataFrame 数据。例如：
```
print(pd.concat([s1,s2,s3],axis=1))
```
程序运行结果如下。
```
          0      1      2
judy    89.0    NaN    NaN
tracy   90.0    NaN    NaN
heine    NaN   70.0    NaN
mike     NaN   99.0    NaN
zweig    NaN    NaN  120.0
david    NaN    NaN   60.0
```

在进行数据分析时，数据源经常来自多个文件，使用 concat() 方法可以高效地对存储在不同文件中的数据进行连接和汇总。

【例 13-9】读取当前目录的 "data\sales" 文件夹下的 6 个 Excel 文件（上海 .xlsx，北京 .xlsx，天津 .xlsx，广州 .xlsx，深圳 .xlsx，重庆 .xlsx），并将其纵向连接为一个包含 72 行数据的 DataFrame 数据。

```
import pandas as pd
import os
#创建一个空的列表
l=[]
#遍历文件夹下每个文件，将其读取为 DataFrame 数据
for i in os.listdir('data\\sales'):
    df=pd.read_excel('data\\sales\\{}'.format(i))
#将读入的 DataFrame 数据添加到列表
    l.append(df)
#合并列表中的 6 个元素，每个元素为一个 DataFrame 数据
print(pd.concat(l))
```
合并后的结果如下。
```
     月份    销售额
0    1月    489
1    2月    506
2    3月    158
3    4月    102
4    5月    751
..   ...   ...
```

```
 7     8月   467
 8     9月   945
 9    10月   532
10    11月   821
11    12月   326

[72 rows x 2 columns]
```

13.3.3 数据转置

数据转置是指将数据的行列进行互换,即行转列和列转行。在这个过程中,数据形状进行了变化,数据逻辑也发生了变化。Pandas 提供了非常便捷的 df.T 操作进行数据转置。

【例 13-10】初始构建的 DataFrame 数据中,行标签为科目,列标签为姓名,使用两种 df.T 方式对行列进行转置。

```
import pandas as pd
df=pd.DataFrame({'Helen':[89,88,78],'Tracy':[80,92,68],'Stefan':[100,
82,75]},index=['Word','Excel','PPT'])
print(df)
print(df.T)
```

程序运行结果如下。

```
       Helen  Tracy  Stefan
Word      89     80     100
Excel     88     92      82
PPT       78     68      75
        Word  Excel  PPT
Helen     89     88   78
Tracy     80     92   68
Stefan   100     82   75
```

13.4 字符串处理

Python 由于在处理字符串和文本方面非常方便,因此深受欢迎。大多数字符串操作使用 Python 内置函数就能轻松实现。对字符串匹配及其他更复杂的字符串处理,就需要使用正则表达式。

13.4.1 字符串方法

pandas 中字段的 str 属性可以轻松调用字符串的方法,并运用到整个字段中。

【例 13-11】将"student"列分为"name"和"sex"两列。

```
import pandas as pd
df=pd.read_excel('data\\score_str.xlsx')#type:pd.DataFrame
print(df)
print()
```

```
#使用 "/" 作为分隔符对 "student" 列进行分隔
df_new=df['student'].str.split('/')
df['name']=df_new.str[0]
df['sex']=df_new.str[1]
#删除 "student" 列
df=df.drop('student',axis=1)
#重新调整各列的顺序
df=df[['name','sex','word','excel','ppt']]
print(df)
```

程序运行结果如下。

```
       student  word  excel  ppt
0   zweig/male    90     85  100
1  judy/female   100     87   65
2 tracy/female    80     76   81
3   heine/male    89     66   93
4   david/male    97     93   74

    name     sex  word  excel  ppt
0  zweig    male    90     85  100
1   judy  female   100     87   65
2  tracy  female    80     76   81
3  heine    male    89     66   93
4  david    male    97     93   74
```

13.4.2 使用正则表达式

字符串的矢量化操作同样适用于正则表达式。例如，下面的数据集"email.csv"中，用户名和后面的域名之间的分隔符有些是"@"，有些则是"[at]"或"#"，如何能提取前面的用户名呢？可以使用如下程序。

```
import pandas as pd
df=pd.read_csv('data\\email.csv')
df['QQ']=df['email'].str.split('(@|#|\[at\])').str.get(0)
print(df)
```

程序运行结果如下。

```
    name           email     QQ
0  zweig    10642@qq.com  10642
1   judy    15739@qq.com  15739
2  tracy  52329[at]qq.com  52329
3  helen    34961@qq.com  34961
4  heine    94590#qq.com  94590
```

第14章 数据的分组与聚合

对数据进行分组,并对每个分组进行统计是数据分析的基础工作之一。pandas 针对这类操作提供了很多灵活高效的方法,使这项工作相较于传统的 SQL 语句能够实现更多的运算功能。

14.1 数据分组

数据分组的思想来源于关系型数据库。本节将着重讨论数据分组的原理,以及 GroupBy 的使用方法。

14.1.1 认识 GroupBy

GroupBy 技术用于数据分组运算,类似于 Excel 的分类汇总(对不同分类进行运算),其运算的核心模式为 split-apply-combine。首先,数据集按照 key(分组键)的方式被分成小的数据片(split);然后,对每个数据片进行操作,如分类求和(apply);最后,将结果组合起来形成新的数据集(combine),具体流程如图 14-1 所示。

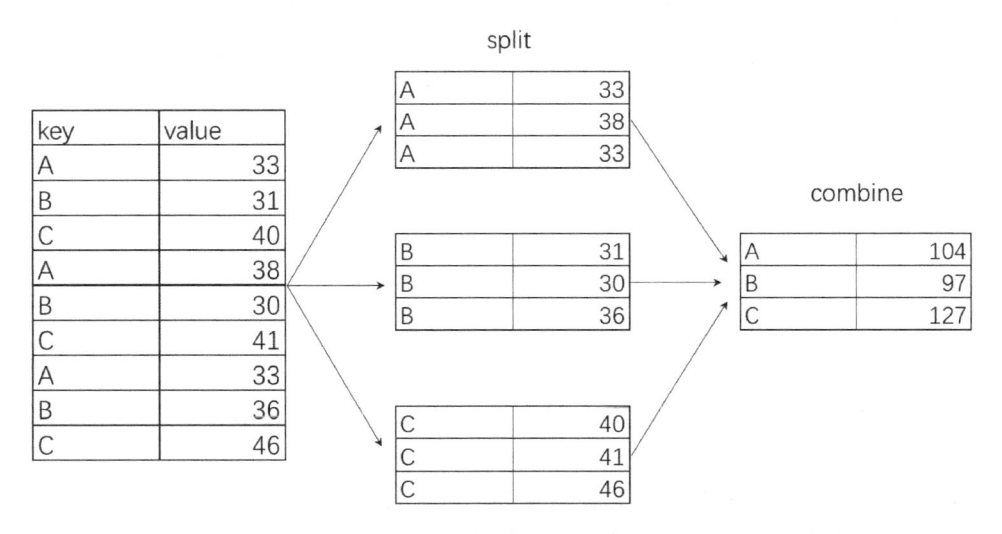

key	value
A	33
B	31
C	40
A	38
B	30
C	41
A	33
B	36
C	46

split

A	33
A	38
A	33

B	31
B	30
B	36

C	40
C	41
C	46

combine

A	104
B	97
C	127

图 14-1 数据分组的具体流程

前面章节在计算均值或求和时，先通过布尔索引选取对应列的数据，分别计算，再以此构造 Series 数据。如果类别很多，需要一个个地选取出来计算，非常烦琐。这时，利用 GroupBy 技术可以轻松地完成分组统计的任务。

14.1.2　按照列名进行分组

分组键直接将某一列或多列的列名传给 groupby() 方法，groupby() 方法就会按照这一列或多列进行分组。

1. 按照某一列进行分组

要对当前目录的"data"文件夹下的"by_country.csv"数据集，根据"country"列进行分组，可以使用如下程序。

```
import pandas as pd
df=pd.read_csv('data\\by_country.csv')
print(df)
print(df.groupby('country'))
```

程序运行结果如下。

```
    name   country     sex  quantity  value
0  zweig   Germany    male       152   1824
1   judy    France  female       200   2000
2  helen   Germany  female       177   2124
3  tracy     Italy  female       156   1560
4  heine    France    male       120   1800
5  david   Germany    male       105   1365
6  xenia       USA  female       165   2475
7 howard     Italy    male       152   1672
<pandas.core.groupby.generic.DataFrameGroupBy object at
0x00000115633766D0>
```

从上面的结果可以看出，如果只是传入列名，执行 groupby() 方法后返回的不是一个 DataFrame 对象，而是一个 DataFrameGroupBy 对象，这个对象包含分组后的若干组数据，但是没有直接显示出来，需要对这些分组数据进行汇总计算，如下面所示的计数，汇总结果才会显示出来。

```
print(df.groupby('country').count())
```

程序运行结果如下。

```
         name  sex  quantity  value
country
USA         1    1         1      1
France      2    2         2      2
Germany     3    3         3      3
Italy       2    2         2      2
```

上面根据国家对所有数据进行分组，然后对分组以后的数据分别进行计数运算，最后进行合并。

由于对分组后的数据进行的是计数运算，因此每一列都会有一个结果，但是如果对分组后的结果做数值运算，就只有数据类型是数值（int、float）的列才会参与运算，如下面的求平均值运算。

```
print(df.groupby('country').mean())
```
程序运行结果如下。

```
            quantity     value
country
USA       165.000000    2475.0
Grance    160.000000    1900.0
Germany   144.666667    1771.0
Italy     154.000000    1616.0
```

这种对分组后的数据进行汇总运算的操作称为聚合，使用的函数称为聚合函数。

2. 按照多列进行分组

按照多列进行分组，只要将多个列名以列表的形式传给 groupby() 方法即可，汇总运算方式与按照单列分组后数据运算的方式一致。例如，对前面案例中的数据，要同时按照"country"和"sex"进行分组，并计算平均值，可以使用如下程序。

```
print(df.groupby(['country','sex']).mean())
```
程序运行结果如下。

```
                   quantity    value
country  sex
USA      female      165.0    2475.0
France   female      200.0    2000.0
         male        120.0    1800.0
Germany  female      177.0    2124.0
         male        128.5    1594.5
Italy    female      156.0    1560.0
         male        152.0    1672.0
```

无论分组键是一列还是多列，只要直接在分组后的数据上进行汇总运算，就都是对所有可以运算的列进行运算。有时不需要对所有列进行运算，可以把想要运算的列（可以是单列，也可以是多列）通过索引的方式取出来，然后在取出来这列数据的基础上进行汇总运算。例如：

```
print(df.groupby(['country','sex'])['value'].mean())
```
以上程序将只对"value"列进行求平均值运算，运行结果如下。

```
country  sex
USA      female    2475.0
France   female    2000.0
         male      1800.0
Germany  female    2124.0
         male      1594.5
Italy    female    1560.0
         male      1672.0
Name: value, dtype: float64
```

14.1.3 按照 Series 数据进行分组

把 DataFrame 数据的其中一列取出来就是一个 Series 数据，如 df["country"] 就是一个 Series 数据。分组键是列名与分组键是 Series 的唯一区别在于给 groupby() 方法传了什么，其他都是一样的。可以按照一个或多个 Series 数据进行分组，分组以后的汇总运算也是完全一样的，也支持对分组以后的某些列进行汇总运算。

1. 按照一个 Series 数据进行分组

如果要按照国家进行分组，程序如下。

```
import pandas as pd
df=pd.read_csv('data\\by_country.csv')
print(df.groupby(df['country']).count())
```

程序运行结果如下。

```
         name  sex  quantity  value
country
USA         1    1         1      1
France      2    2         2      2
Germany     3    3         3      3
Italy       2    2         2      2
```

2. 按照多个 Series 数据进行分组

如果要按照国家和性别进行分组，可以对上面程序进行如下修改。

```
print(df.groupby([df['country'],df['sex']]).mean())
```

程序运行结果如下。

```
                quantity   value
country sex
USA     female    165.0  2475.0
France  female    200.0  2000.0
        male      120.0  1800.0
Germany female    177.0  2124.0
        male      128.5  1594.5
Italy   female    156.0  1560.0
        male      152.0  1672.0
```

14.2 数据聚合

数据聚合就是对分组后的数据进行运算，产生标量值的数据转换过程。本节将讨论常用的聚合函数的用法。

14.2.1 聚合函数

分组之后最常见的操作就是按组计算统计量。在前面的例子中已经使用了部分聚合运算方法。pandas 提供了非常丰富的聚合函数，在分组数据时可以调用，如表 14-1 所示。

例如，对前面讨论的"by_country.csv"数据集，先根据国家进行分组，再按照"value"求和，程序如下。

表 14-1　pandas 的聚合函数

参数	使用说明
min	最小值
max	最大值
sum	求和
mean	平均值
std	标准差
size	按照 groupby 的值计算该值的个数。与 count 函数的区别在于，size 函数会计算 NAN 值，而 count 函数不会计算 NAN 值
count	计算个数
nunique	去掉重复值后进行计数

```
import pandas as pd
df=pd.read_csv('data\\by_country.csv')
print(df.groupby('country')['value'].sum())
```

程序运行结果如下。

```
country
USA        2475
France     3800
Germany    5313
Italy      3232
Name: value, dtype: int64
```

这些聚合函数当传入的数据来源包含多个列时，将按照列进行迭代运算。例如：

```
print(df.groupby('country')[['quantity','value']].sum())
```

程序运行结果如下。

```
         quantity  value
country
USA           165   2475
France        320   3800
Germany       434   5313
Italy         308   3232
```

14.2.2　使用 aggregate() 方法进行数据聚合

前面用到的聚合函数都是直接在 DataFrame 数据中的 groupby() 方法上调用的，这样分组后所有列做的都是同一种汇总运算，且一次只能使用一种汇总方式。对更灵活的统计需求，可以使用 aggregate() 方法。

aggregate() 方法的强大之处在于，一次可以使用多种汇总方式。例如，先对分组后的所有列做求和汇总运算，然后对所有列做求平均值汇总运算，程序如下。

```
import pandas as pd
df=pd.read_csv('data\\by_country.csv')
print(df.groupby('country').aggregate(['sum','mean']))
```

程序运行结果如下。

```
              quantity              value
                   sum       mean    sum  mean
country
USA                165  165.000000  2475  2475
France             320  160.000000  3800  1900
Germany            434  144.666667  5313  1771
Italy              308  154.000000  3232  1616
```

aggregate()方法的另一个特点是,可以针对不同的列做不同的汇总运算。例如,想看不同国家的人员有多少,要对 name 进行计数;想看不同国家的总金额,要对 value 进行求和,此时可以在 aggregate() 方法中传入字典,字典的键为要汇总的列名,值为汇总的方式。程序如下。

```
print(df.groupby('country').aggregate({'name':'count','value':'sum'}))
```

程序运行结果如下。

```
         name  value
country
USA         1   2475
France      2   3800
Germany     3   5313
Italy       2   3232
```

14.3 长表变宽表

14.3.1 什么是长表和宽表

长表和宽表的概念是对某一个特征而言的。例如,一个表中把性别存储在某一个列中,它就是关于性别的长表;如果把性别作为列名,列中的元素是某一其他的相关特征数值,那么这个表是关于性别的宽表。下面程序中的两张表分别是关于性别的长表和宽表。

```
import pandas as pd
df1=pd.DataFrame({'Gender':['F','F','M','M'],'Height':[163, 160, 175, 180]})
df2=pd.DataFrame({'Height: F':[163, 160],'Height: M':[175, 180]})
print(df1)
print()
print(df2)
```

程序运行结果如下。

```
   Gender  Height
0       F     163
1       F     160
2       M     175
3       M     180

   Height: F  Height: M
0        163        175
1        160        180
```

显然这两张表在信息上是完全等价的，它们包含相同的身高统计数值，只是这些数值的呈现方式不同。而其呈现方式主要又与性别一列选择的布局模式有关，即到底是以 long 的状态存储还是以 wide 的状态存储的。因此，pandas 针对此类长表和宽表的变形操作有一些变形函数。

14.3.2 使用 pivot 函数将长表变为宽表

pivot 是一种典型的长表变宽表的函数，继续看前一节的例子，将性别作为列展示，程序如下。

```
import pandas as pd
df=pd.read_csv('data\\by_country.csv')
print(df)
print()
print(df.pivot(index=['name','country'],columns='sex',values=['quantity',
'value']))
```

程序运行结果如下。

```
    name    country     sex  quantity  value
0   zweig   Germany    male       152   1824
1    judy    France  female       200   2000
2   helen   Germany  female       177   2124
3   tracy     Italy  female       156   1560
4   heine    France    male       120   1800
5   david   Germany    male       105   1365
6   xenia       USA  female       165   2475
7  howard     Italy    male       152   1672

               quantity         value
sex              female   male female    male
name   country
david  Germany      NaN  105.0    NaN  1365.0
heine  France       NaN  120.0    NaN  1800.0
helen  Germany    177.0    NaN 2124.0     NaN
howard Italy        NaN  152.0    NaN  1672.0
judy   France     200.0    NaN 2000.0     NaN
tracy  Italy      156.0    NaN 1560.0     NaN
xenia  USA        165.0    NaN 2475.0     NaN
zweig  Germany      NaN  152.0    NaN  1824.0
```

对于一个基本的长表变宽表的操作而言，最重要的有三个要素：变形后的行索引、需要转到列索引的列、这些列索引和行索引对应的数值，它们分别对应 pivot() 方法中的 index, columns, values 参数。新表的列索引是 columns，对应列的 unique 值；而新表的行索引是 index，对应行的 unique 值；而 values 对应想要展示的数值列。

14.3.3 使用 pivot_table 函数进行数据透视分析

pivot 的使用依赖唯一性条件，即如果不满足唯一性条件，就必须通过聚合操作使相同行列组合对应的多个值变为一个值。

例如，zweig 和 judy 都参加了两次 Word 测评与 Excel 考试，按照规定，最后成绩是两次分数的平均值，此时就无法通过 pivot 函数完成。pandas 提供了 pivot_table 函数来实现，其中，aggfunc 参数就是使用的聚合函数。示例如下。

```
import pandas as pd
df = pd.DataFrame({'name':['zweig', 'zweig','zweig', 'zweig','judy',
                    'judy', 'judy', 'judy'],'subject':['word', 'word',
                    'excel', 'excel','word', 'word', 'excel', 'excel'],
                    'score':[80, 90, 100, 90, 70, 80, 85, 95]})
print(df)
print()
print(df.pivot_table(index='name',columns='subject',values='score',
aggfunc='mean'))
```

程序运行结果如下。

```
    name  subject  score
0   zweig    word     80
1   zweig    word     90
2   zweig   excel    100
3   zweig   excel     90
4    judy    word     70
5    judy    word     80
6    judy   excel     85
7    judy   excel     95

subject  excel  word
name
judy        90    75
zweig       95    85
```

这里传入 aggfunc 包含上一节介绍的所有合法聚合字符串。

此外，pivot_table 具有边际汇总的功能，可以通过设置 margins=True 实现，其中边际的聚合方式与 aggfunc 给出的聚合方法一致。例如：

```
import pandas as pd
df=pd.read_csv('data\\by_country.csv')
print(df.pivot_table(values='value',index='country',columns='sex',
aggfunc='sum',margins=True))
```

程序运行结果如下。

```
sex       female    male     All
country
USA       2475.0     NaN    2475
France    2000.0  1800.0    3800
Germany   2124.0  3189.0    5313
Italy     1560.0  1672.0    3232
All       8159.0  6661.0   14820
```

第三篇

数据可视化

第15章 使用 matplotlib 可视化数据

在数据分析中，数据可视化是非常重要的部分。数据可视化不仅可展示数据分析的结果，而且可进行数据分析。例如，发现数据样本中的异常值，观察数据的分布，寻找数据之间的相关性等。

matplotlib 库是专门用于开发 2D 图表的库，是 Python 2D 绘图领域使用最广泛的套件。它能让使用者轻松地将数据图形化，并且提供多样化的输出格式。

使用 matplotlib 实现数据图形化的优势如下。
- 使用起来极其简单。
- 以渐进、交互式方式实现数据可视化。
- 表达式和文本使用 LaTeX 排版。
- 对图像元素控制力更强。
- 输出格式包括 PNG、PDF、SVG 和 EPS 等。

15.1 创建图表的基本方法

pyplot（plt）是 matplotlib 库的子库，提供与 MATLAB 类似的绘图 API，使用 plt 子库可快速地绘制 2D 图表。本节将介绍使用 plt 子库绘制图表的基本方法。

15.1.1 图表的基本组成元素

一个完整的可视化图表通常包含如下元素。

1. 画布

画布就是字面意思。首先需要找到一块"布"，即绘图界面，然后在这块"布"上绘制图表。

2. 坐标系

画布是图表的最大概念，在一块画布上可以建立多个坐标系，坐标系可分为直角坐标系、球坐标系和极坐标系三种，其中直角坐标系最常用。

3. 坐标轴

坐标轴是坐标系中的概念，主要有 x 轴和 y 轴（一般简单的可视化均为二维），一组 x/y 值用来唯一确定坐标系上的一个点。x 轴也称横轴；y 轴也称纵轴。

4. 坐标轴标题

坐标轴标题就是 x 轴和 y 轴的名称。

5. 图表标题

图表标题用来说明整个图表的核心主题。

6. 数据标签

数据标签用于展示图表中的数值。

7. 数据表

数据表在图表下方，它以表格形式将图表中坐标轴的值展示出来。

8. 网格线

网格线是坐标轴的延伸，通过网格线可以更加清晰地看到每个点大概在什么位置，值大概是多少。

9. 图例

图例一般位于图表的下方或右方，用来说明不同的符号或颜色所代表的不同内容与指标，有助于认清图。

10. 误差线

误差线主要用来显示坐标轴上每个点的不确定程度，一般用标准差表示，即一个点的误差为该点的实际值加减标准差。

15.1.2 建立画布和坐标系

在开始正式建立画布前，先把需要用的 matplotlib 库加载进来，并设置画布的大小。例如：

```
import matplotlib.pyplot as plt
# 将画布的宽度设置为15，高度设置为10
fig=plt.figure(figsize=(15,10))
```

1. 用 add_subplot 函数建立坐标系

利用 add_subplot 函数建立坐标系时需要先有画布，再在画布上绘制坐标系。例如：

```
ax1=fig.add_subplot(1,1,1)
plt.show()
```

运行结果如图 15-1 所示，在画布上创建了 1 个坐标系。

如果要在画布 fig 上同时绘制 2×3 个坐标系，即 6 个坐标系，并且把第 1 个坐标系赋值给变量 ax1；第 2 个坐标系赋值给 ax2；以此类推，则可以修改程序如下。

```
ax1=fig.add_subplot(2,3,1)
ax2=fig.add_subplot(2,3,2)
ax3=fig.add_subplot(2,3,3)
ax4=fig.add_subplot(2,3,4)
ax5=fig.add_subplot(2,3,5)
```

```
ax6=fig.add_subplot(2,3,6)
plt.show()
```

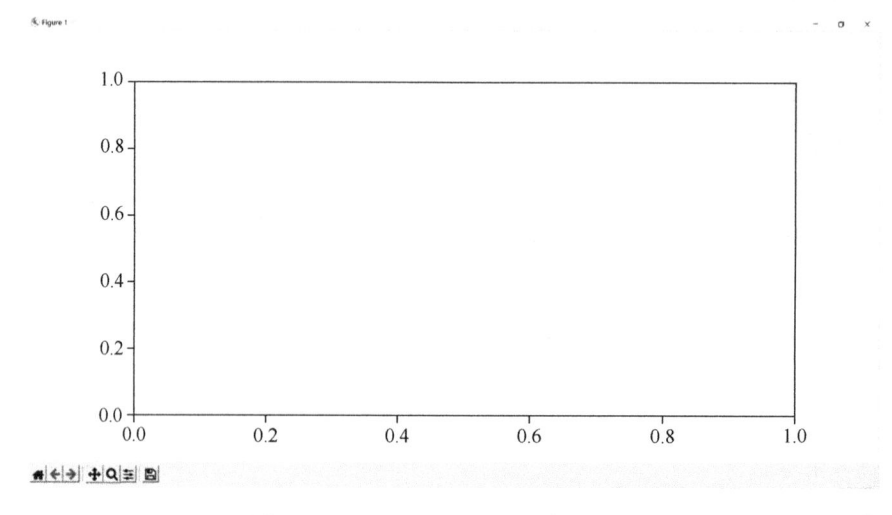

图 15-1　用 add_subplot 函数建立坐标系

运行结果如图 15-2 所示。

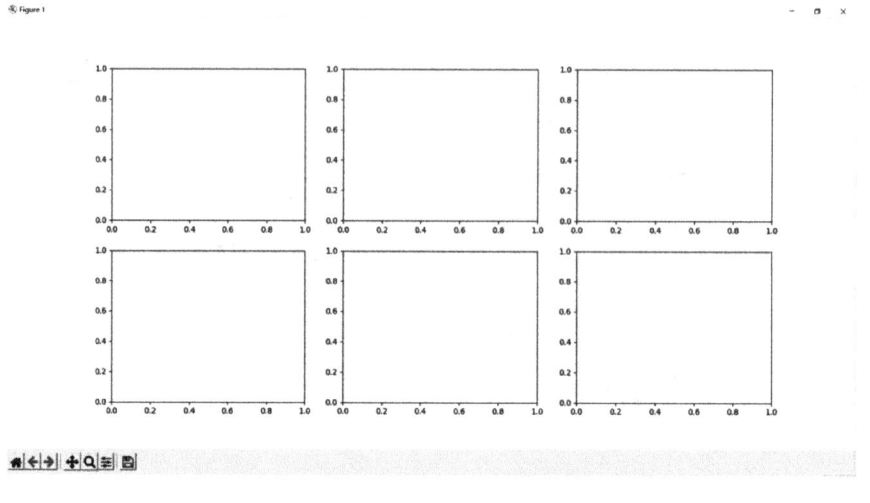

图 15-2　在一块画布上创建 6 个坐标系

2. 用 plt.subplot2grid 函数建立坐标系

用 plt.subplot2grid 函数建立坐标系时不需要先建立画布，只需导入 plt 库即可。导入 plt 库后可以直接调用 plt 库的 subplot2grid() 方法建立坐标系。例如：

```
import matplotlib.pyplot as plt
x=list(range(6))
y=[i**2 for i in x]
fig1=plt.subplot2grid((2,2),(0,0))
fig2=plt.subplot2grid((2,2),(1,0))
```

```
fig1.scatter(x,y)
fig2.plot(x,y)
plt.show()
```

这样将图表的整个区域分成 2 行 2 列，并在 (0,0) 位置画了散点图，在 (1,0) 位置画了折线图，运行结果如图 15-3 所示。

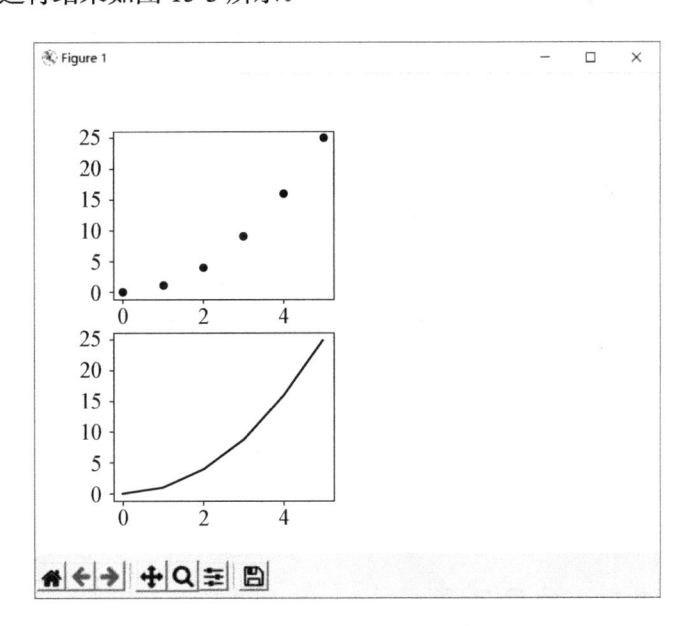

图 15-3　用 plt.subplot2grid 函数建立坐标系

3. 用 plt.subplot 函数建立坐标系

与 plt.subplot2grid 函数类似，plt.subplot 函数也是 plt 库的一个函数，表示将区域分成几块，并指明在哪块区域绘图，两者的区别只是表现形式不一样。例如：

```
import matplotlib.pyplot as plt
x=list(range(6))
y=[i**2 for i in x]
fig1=plt.subplot(2,2,1)
fig2=plt.subplot(2,2,2)
fig1.scatter(x,y)
fig2.plot(x,y)
plt.show()
```

这样将图表的整个区域分成 2 行 2 列，并在第 1 个坐标系上画了散点图，在第 2 个坐标系上画了折线图，运行结果如图 15-4 所示。

4. 用 plt.subplots 函数建立坐标系

plt.subplots 函数也是 plt 库的一个函数，它与 plt.subplot2grid 函数和 plt.subplot 函数的不同之处是，plt.subplot2grid 函数和 plt.subplot 函数每次只返回 1 个坐标系，而 plt.subplots 函数每次可以返回多个坐标系。例如：

```
import matplotlib.pyplot as plt
x=list(range(6))
```

```
y=[i**2 for i in x]
fig,ax=plt.subplots(2,2)
ax[0,0].scatter(x,y)
ax[1,0].scatter(y,x)
ax[0,1].plot(x,y)
ax[1,1].plot(y,x)
plt.show()
```

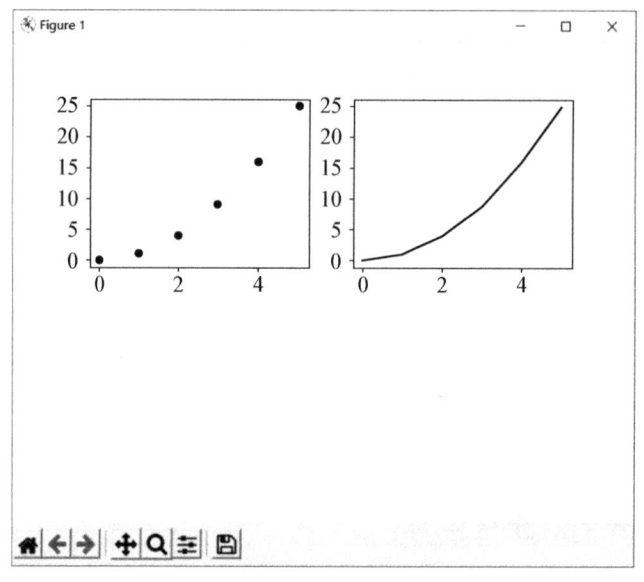

图 15-4　用 plt.subplot 函数建立坐标系

上面程序表示将图表的整个区域分成 2 行 2 列，想在哪个坐标系上绘图通过 axes[x,y] 指明即可，运行结果如图 15-5 所示。

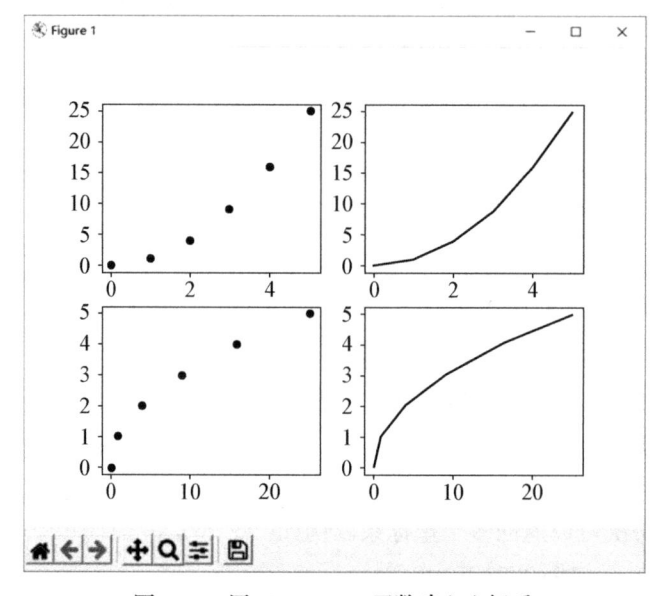

图 15-5　用 plt.subplots 函数建立坐标系

15.1.3 设置坐标轴

在使用 matplotlib 创建图表时，往往需要对坐标轴设置很多参数，这些参数包括坐标轴标题、坐标轴刻度值、坐标轴范围等。

1. 设置坐标轴标题

为图表设置坐标轴标题，可以使用 xlabel() 和 ylabel() 方法。例如：

```
import matplotlib.pyplot as plt
month=[1,2,3,4,5,6,7,8,9,10,11,12]
visit=[190,198,189,210,238,233,230,249,256,270,268,279]
fig=plt.plot(month,visit)
plt.xlabel('Month')
plt.ylabel('Visit')
plt.show()
```

运行结果如图 15-6 所示。

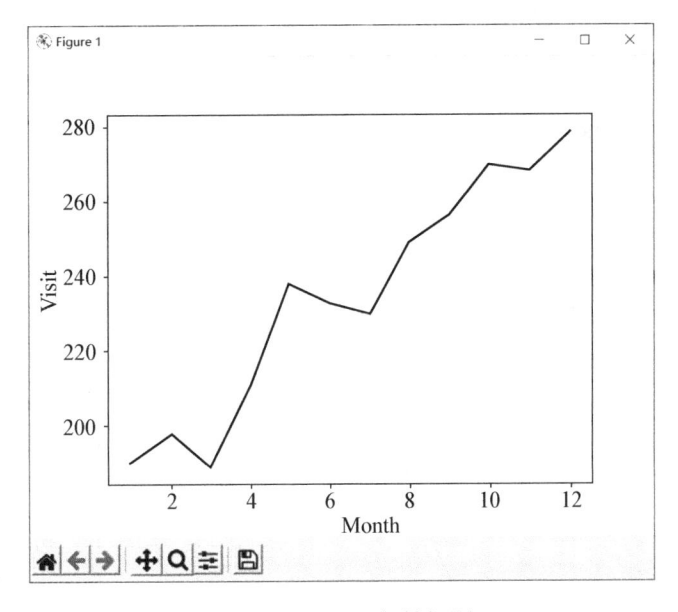

图 15-6　设置坐标轴标题

此外，还可以对 xlabel() 方法、ylabel() 方法的文本相关性质进行设置，如字体大小、字体颜色、是否加粗等。为了增加区分度，这里只对 xlabel() 方法的文本相关性质进行设置，修改 x 轴标题字体程序如下。

```
plt.xlabel('Month',fontsize=20,color='blue',fontweight='bold')
```

运行结果如图 15-7 所示。

2. 设置坐标轴刻度值

坐标轴刻度默认显示 x/y 的值，使用 plt 库中的 xticks()、yticks() 方法可以自定义显示所需要的信息。在上面程序中添加如下语句，可将 x 轴显示为各月的简称。

```
plt.xticks(month,['Jan','Feb','Mar','Apr','May','Jun','Jul','Aug','Sep','Oct','Nov','Dec'])
```

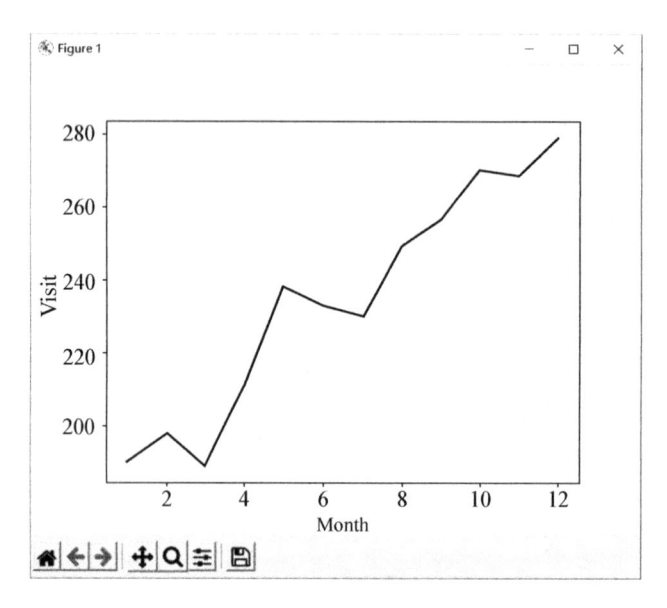

图 15-7　修改坐标轴标题字体

运行结果如图 15-8 所示。

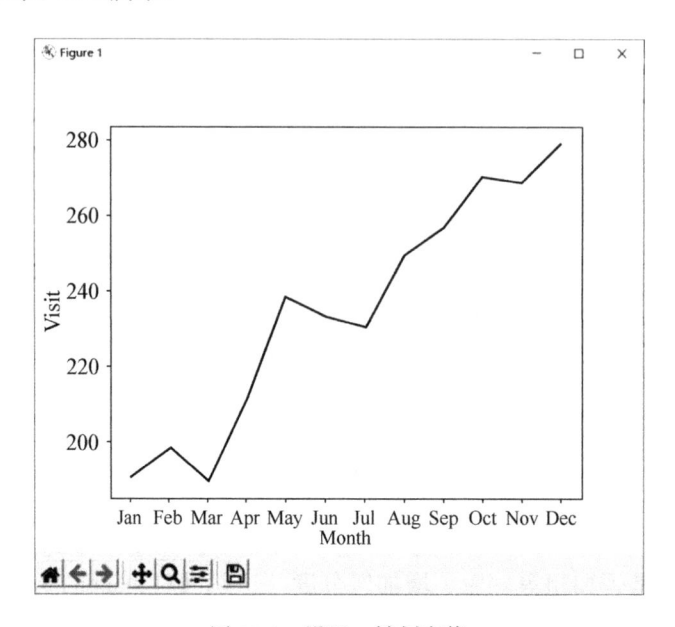

图 15-8　设置 x 轴刻度值

如果不需要显示 x 轴和 y 轴的刻度值，可以直接传入空的列表作为参数。例如：

```
plt.xticks([])
plt.yticks([])
```

3. 设置坐标轴范围

坐标轴范围是指坐标轴的最大值和最小值，可以使用 xlim() 和 ylim() 方法进行设置。例如，要将前例中 y 轴的范围设置为 0 ～ 300，可以添加如下程序。

```
plt.ylim(0,300)
```
运行结果如图 15-9 所示。

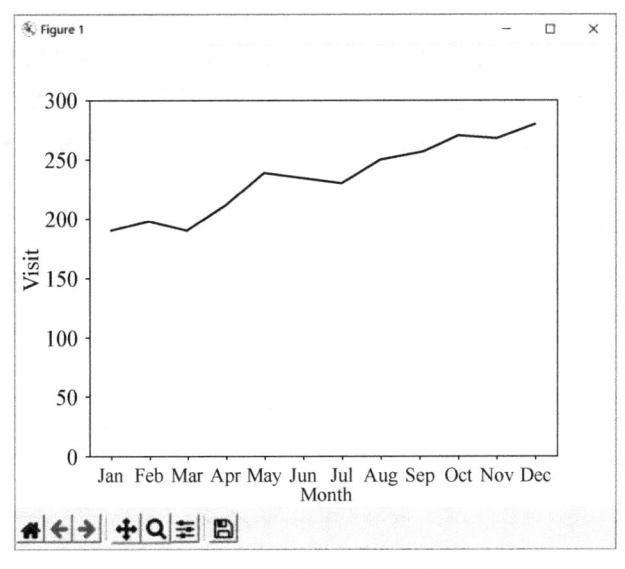

图 15-9　设置 y 轴范围

15.1.4　设置网格线

网格线是比坐标轴更小的单位，默认是关闭的，可以通过修改参数 b 的值，让其等于 True 来启用网格线。参数 b = True，表示将 x 轴和 y 轴的网格线全部打开。例如：

```
plt.grid(b=True)
```
运行结果如图 15-10 所示。

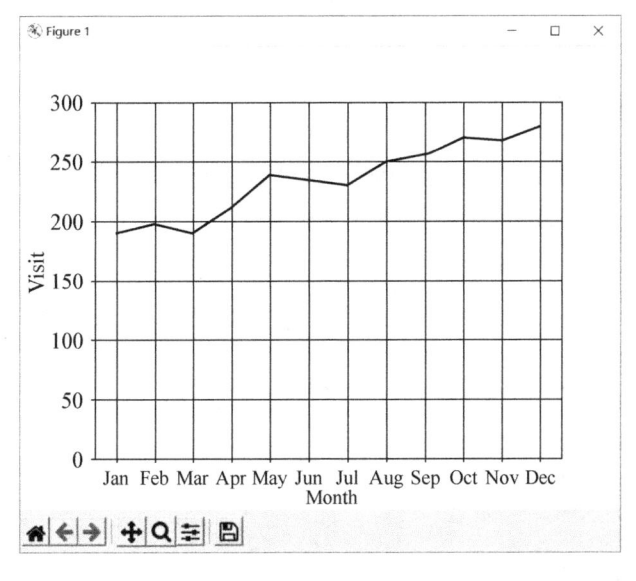

图 15-10　添加网格线

可以通过修改参数 axis 的值来控制打开哪个坐标轴的网格线。例如，只需要打开 x 轴的网格线，可以对上面程序做如下修改。

```
plt.grid(b=True,axis='x')
```

网格线属于线，所以不仅可以设置显示 x 轴或 y 轴的，还可以对网格线本身进行设置，如线宽、线型、颜色等。例如，要把网格线的线型（linestyle）设置成虚线（dashed），线宽（linewidth）设置为 1，颜色（color）设置为紫色（purple），程序如下。

```
plt.grid(b=True,linestyle='dashed',linewidth=1,color='purple')
```

运行结果如图 15-11 所示。

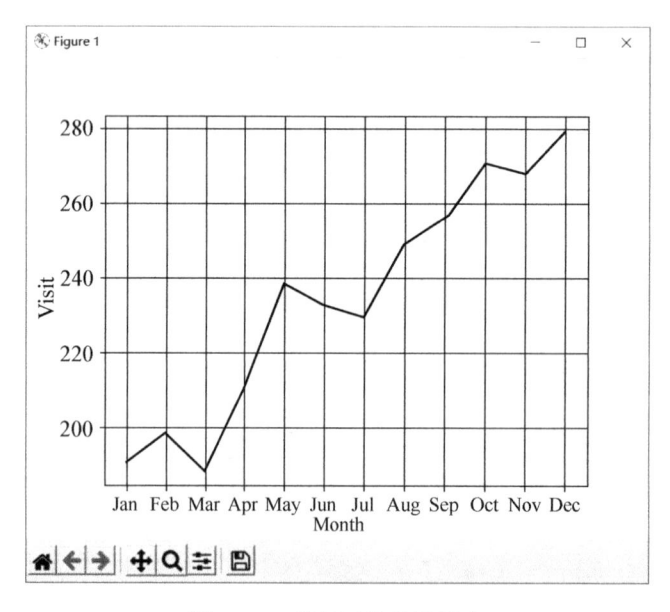

图 15-11　设置网格线的样式

15.1.5　设置图例

图例对图表起注释作用，在绘图时先通过给 label 参数传入值表示该图表的图例名，再通过 plt.legend() 方法将图例显示出来。例如：

```
import matplotlib.pyplot as plt
month=[1,2,3,4,5,6,7,8,9,10,11,12]
visit_male=[190,198,189,210,238,233,230,249,256,270,268,279]
visit_female=[178,210,180,219,226,239,220,239,259,278,268,289]
fig1=plt.plot(month,visit_male,label='Male')
fig2=plt.plot(month,visit_female,label='Female')
plt.xticks(month,['Jan','Feb','Mar','Apr','May','Jun','Jul','Aug','Sep','Oct','Nov','Dec'])
plt.legend()
plt.show()
```

运行结果如图 15-12 所示。

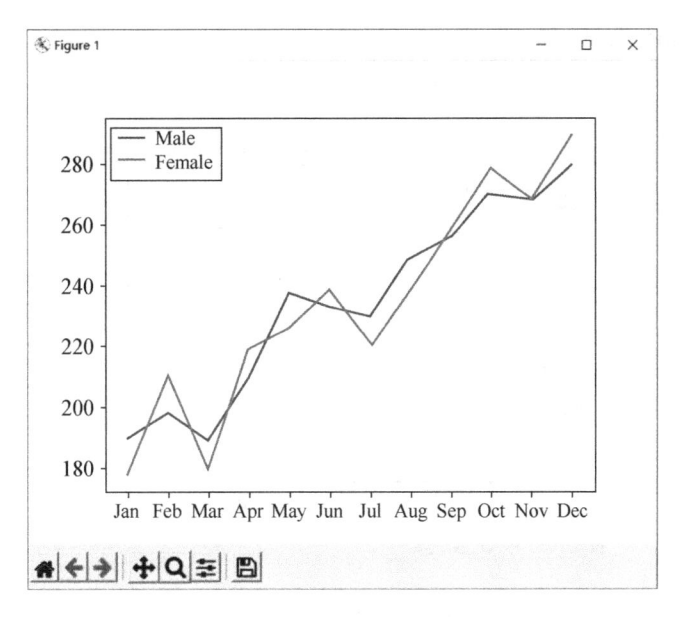

图 15-12　添加图例

还可以通过修改 loc 参数的值来调整图例显示的位置。例如，希望将图例显示在顶部正中，可以将程序做如下修改。

```
plt.legend(loc='upper center')
```

loc 参数有多种，'best' 表示自动分配最佳位置，具体如表 15-1 所示。

表 15-1　图例显示的位置参数

'best'	0
'upper right'	1
'upper left'	2
'lower left'	3
'lower right'	4
'right'	5
'center left'	6
'center right'	7
'lower center'	8
'upper center'	9
'center'	10

15.1.6　设置图表标题

图表的标题用来说明整个图表的核心思想，主要通过 title() 方法给图表设置标题。给前面案例添加标题的程序如下。

```
plt.title('Number of visitors to the website throughout the year')
```

运行结果如图 15-13 所示。

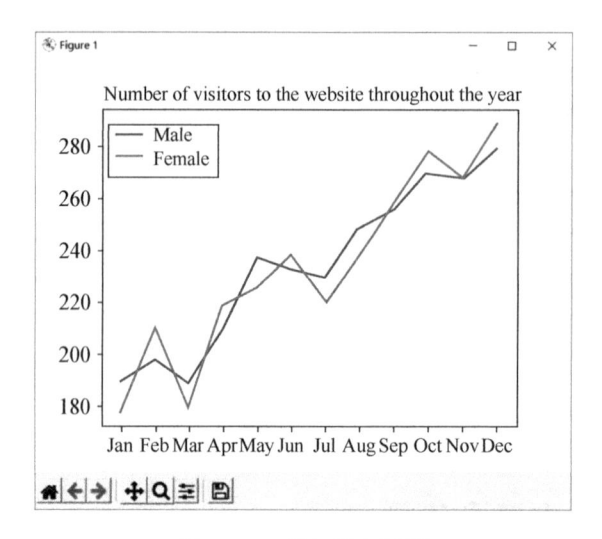

图 15-13　添加图表标题

还可以通过修改 loc 参数的值来修改标题的显示位置，默认为居中显示，如果希望标题左对齐显示，可以修改程序如下。

```
plt.title('Number of visitors to the website throughout the year',
loc='left')
```

15.1.7　设置数据标签

数据标签是根据坐标值在对应位置显示的相应数值，可以利用 text() 方法实现。例如，要显示前面案例的最高点数值，程序如下。

```
plt.text(12,289,289)
```

运行结果如图 15-14 所示。

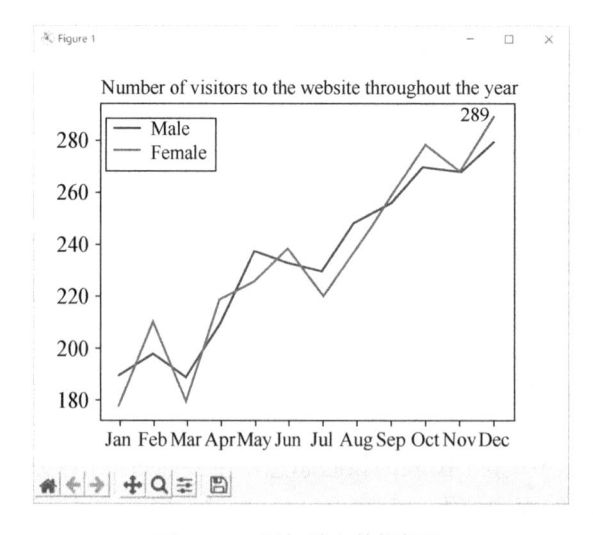

图 15-14　添加单个数据标签

plt.text 函数只针对坐标轴中的具体某一点 (x, y) 显示数值 str，要想对整个图表显示数据标签，需利用 for 循环进行遍历。例如：

```
for i,j in zip(month,visit_male):
    plt.text(i,j,j)
for i,j in zip(month,visit_female):
    plt.text(i,j,j)
```

运行结果如图 15-15 所示。

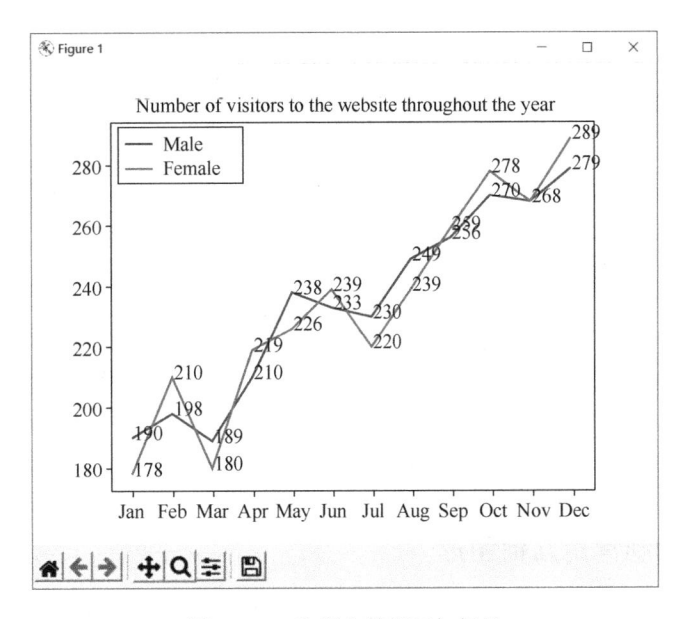

图 15-15　为所有数据添加标签

15.1.8　设置数据表

数据表是在图表基础上再添加的一个表格，可以使用 plt 库中的 table() 方法来实现。例如：

```
import matplotlib.pyplot as plt
month=['Jan','Feb','Mar','Apr','May','Jun','Jul','Aug','Sep','Oct','Nov','Dec']
visit_male=[190,198,189,210,238,233,230,249,256,270,268,279]
visit_female=[178,210,180,219,226,239,220,239,259,278,268,289]
fig1=plt.plot(month,visit_male,label='Male')
fig2=plt.plot(month,visit_female,label='Female')
plt.legend()
plt.title('Number of visitors to the website throughout the year',loc='left')
row=['Male','Female']
column=month
data=[visit_male,visit_female]
plt.table(cellText=data,rowLabels=row,colLabels=column,loc='bottom')
plt.xticks([])
```

```
plt.show()
```
运行结果如图 15-16 所示。

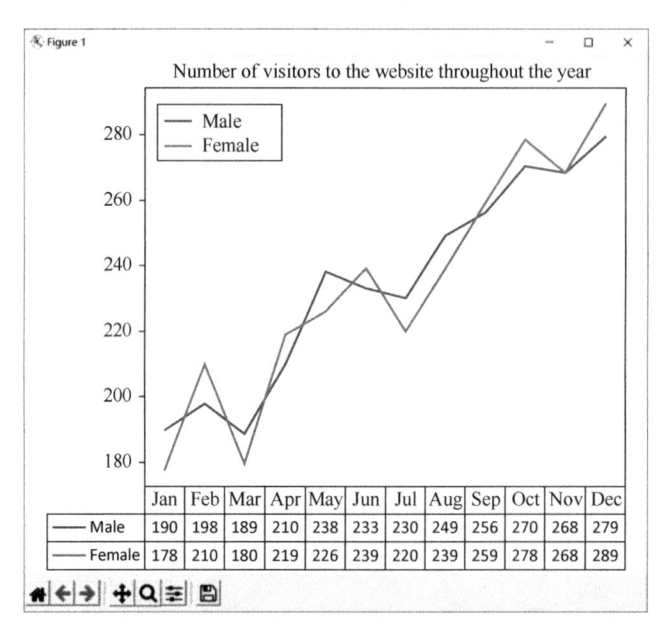

图 15-16　添加数据表

15.1.9　绘制常用几何图形

在 matplotlib 中，还可以使用 patches 模块绘制各种图形，与图表结合使用，如圆形、圆弧、椭圆、正方形、矩形、箭头等。

要绘制图形，先要导入所需要的库和模块，程序如下。

```
import numpy as np
import matplotlib.pyplot as plt
import matplotlib.patches as pch
```

1. 绘制圆形

绘制圆形可以使用 Circle 类，其中，xy 为元组类型的中心坐标，radius 为圆的半径。

【例 15-1】绘制一个圆环（实际上是一个白色圆形和一个紫色圆形的重合）。

```
# 创建画布和图表
ax=plt.figure().add_subplot(111)
# 绘制大圆
c1=pch.Circle(xy=(0.5,0.5),radius=0.35,color='purple')
# 绘制小圆
c2=pch.Circle(xy=(0.5,0.5),radius=0.15,color='white')
# 添加到图表
ax.add_patch(c1)
ax.add_patch(c2)
plt.show()
```

运行结果如图 15-17 所示。

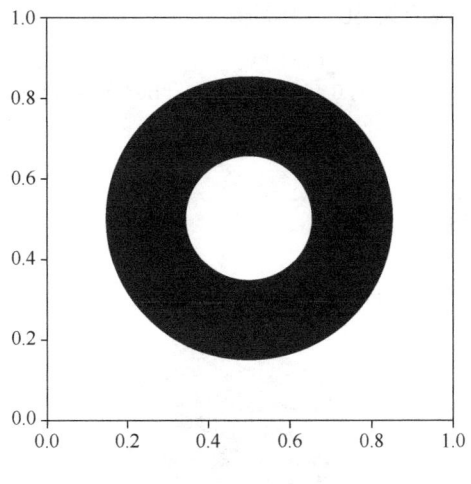

图 15-17 绘制圆环

2. 绘制多边形

绘制多边形可以使用 CirclePolygon 类，其基本参数和绘制圆形类似，只不过增加了 resolution 参数指定多边形的边数。

【例 15-2】 绘制一个粉色的正六边形。

```
ax=plt.figure().add_subplot(111)
c1=pch.CirclePolygon(xy=(0.5,0.5),radius=0.35,color='pink',resolution=6)
ax.add_patch(c1)
plt.show()
```

运行结果如图 15-18 所示。

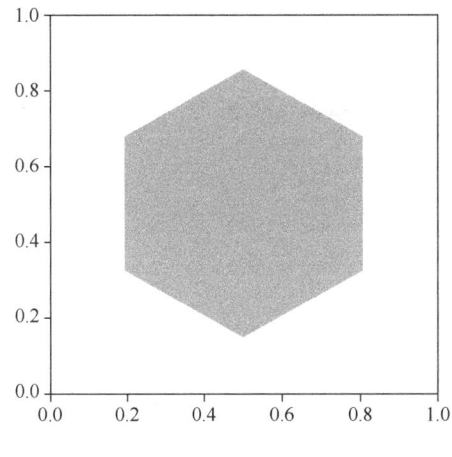

图 15-18 绘制正六边形

3. 绘制扇形和圆弧

绘制扇形可以使用 Wedge 类，其中，center 为中心坐标，r 为半径，theta1 和

theta2 分别为扇形开始和结束的角度，两个角度均基于 0°（3 点钟）方向。

【例 15-3】 绘制一个缺口为 60°的扇形。

```
ax=plt.figure().add_subplot(111)
c1=pch.Wedge(center=(0.5,0.5),r=0.35,theta1=0,theta2=300,color=
'green')
ax.add_patch(c1)
plt.show()
```

运行结果如图 15-19 所示。

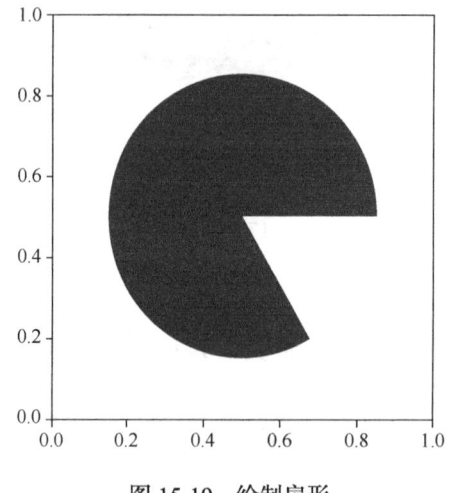

图 15-19　绘制扇形

绘制圆弧可以使用 Arc 类，其方法和绘制扇形类似，其中，xy 为中心坐标，width 和 height 分别为宽度和高度，linewidth 为圆弧的宽度，theta1 和 theta2 分别为圆弧开始和结束的角度。

【例 15-4】 绘制一个缺口为 240°的圆弧。

```
ax=plt.figure().add_subplot(111)
c1=pch.Arc(xy=(0.5,0.5),width=0.3,height=0.35,theta1=0,theta2=240,
color='green',linewidth=15)
ax.add_patch(c1)
plt.show()
```

运行结果如图 15-20 所示。

4. 绘制箭头

绘制箭头可以使用 Arrow 类，其方法和绘制扇形类似，其中，x 和 y 为箭头起点的坐标，dx 和 dy 为从起点开始的宽度和高度，width 为箭头的宽度。

【例 15-5】 绘制橙色箭头。

```
ax=plt.figure().add_subplot(111)
c1=pch.Arrow(x=0.1,y=0.1,dx=0.7,dy=0.7,width=0.35,color='orange')
ax.add_patch(c1)
plt.show()
```

图 15-20 绘制圆弧

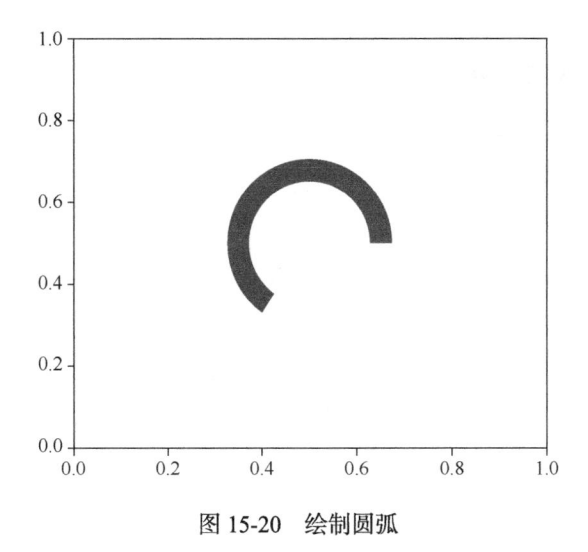

运行结果如图 15-21 所示。

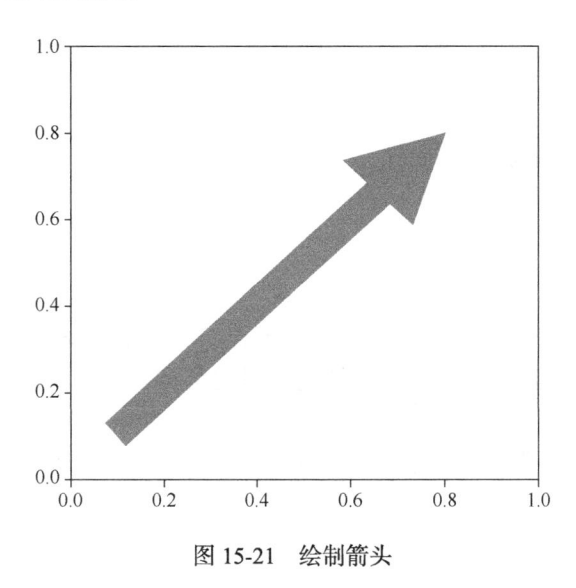

图 15-21 绘制箭头

使用 FancyArrow 类,可以更加精确地设置箭头的类型。其中,head_width 指定箭头的宽度,head_length 指定箭头的长度,shape 指定箭头的形状,left 显示左侧,right 显示右侧,overhang 指定箭头尾部的倾斜程度。

【例 15-6】绘制一个橙色和浅蓝组成的燕尾状箭头。

```
ax=plt.figure().add_subplot(111)
c1=pch.FancyArrow(x=0.1,y=0.1,dx=0.5,dy=0.5,width=0.1,color='orange',
shape='left',head_width=0.3,head_length=0.3,overhang=0.3)
c2=pch.FancyArrow(x=0.1,y=0.1,dx=0.5,dy=0.5,width=0.1,color=
'lightblue',shape='right',head_width=0.3,head_length=0.3,overhang=0.3)
ax.add_patch(c1)
ax.add_patch(c2)
```

```
plt.show()
```
运行结果如图 15-22 所示。

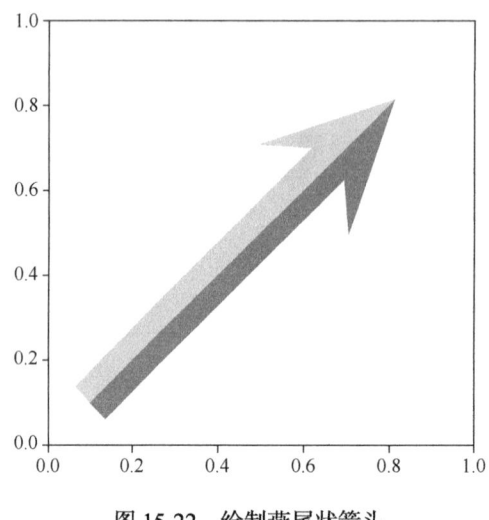

图 15-22　绘制燕尾状箭头

15.2　常用图表的创建

15.2.1　折线图

折线图是基本的图表类型，常用于体现连续的数据，表现数据的一种变化趋势。例如，公司通过绘制每个月的产品销售量趋势图，来分析产品的销售情况，以此做出销售方式的调整。本节主要介绍如何利用 matplotlib 绘制折线图，并通过修改 matplotlib 中 plt.plot 函数的参数来修改线条的颜色、线条的形状（线形）和数据点标记的形状。

1. 基本应用

matplotlib 的 plt.plot 函数用来绘制折线图，在参数中传入 x 轴和 y 轴坐标值即可。x 轴和 y 轴坐标值的数据类型可以是列表、数组和 Series。首先，创建一个 DataFrame 数据；然后以 DataFrame 数据的行索引作为 x 轴，列索引作为 y 轴，开始绘制折线图。

【例 15-7】根据当前目录"data"文件夹下的"by_country.csv"文件内容创建折线图。

```
import matplotlib.pyplot as plt
import pandas as pd
df=pd.read_csv('data\\by_country.csv')
plt.plot(df['name'],df['value'])
plt.show()
```

运行结果如图 15-23 所示。

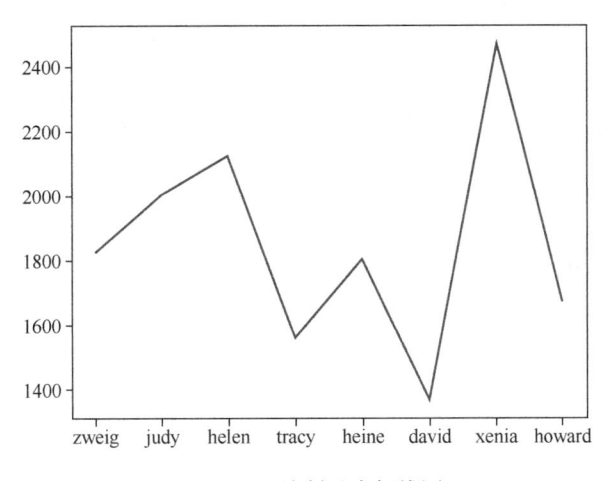

图 15-23　绘制基本折线图

2. 调整折线图线形与颜色

通过 plt.plot 函数的 color 参数可以指定线条的颜色，这里绘制红色的线条；通过 plt.plot 函数的 linestyle 参数可以指定线条的形状，这里绘制虚线的线条；通过 plt.plot 函数的 linewidth 参数可以指定线条的宽度，这里设置为 3，则可对上面程序进行如下修改。

```
plt.plot(df['name'],df['value'],color='r',linestyle='--' ,linewidth=3)
```

运行结果如图 15-24 所示。

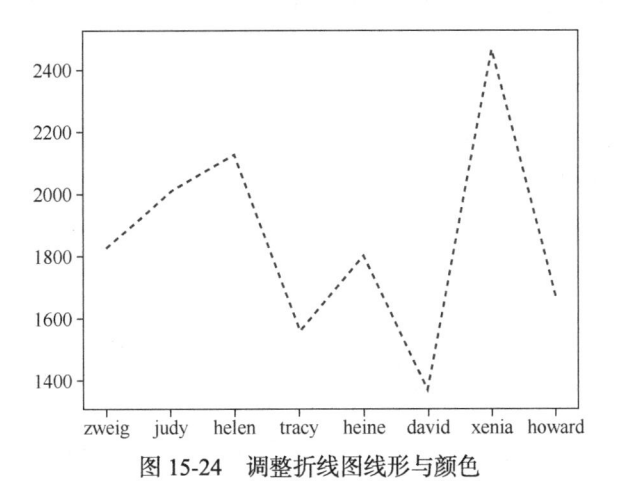

图 15-24　调整折线图线形与颜色

3. 设置坐标点标记

默认情况下，坐标点是没有标记的，通过 plt.plot 函数的 marker 参数可以对坐标点进行标记。颜色、线条和点的样式可以一起放在格式字符串中。

【例 15-8】 将坐标点标记设置为圆圈，填充颜色为白色，边框为蓝色，大小为 8。

```
plt.plot(df['name'],df['value'],color='r',linestyle='--',linewidth=3,
marker='o',markeredgecolor='blue',markerfacecolor='white',markersize=8)
```

运行结果如图 15-25 所示。

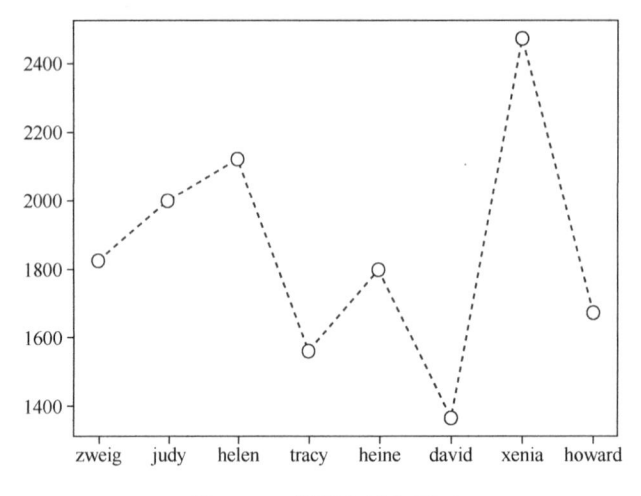

图 15-25 设置坐标点标记

15.2.2 柱形图

1. 基本应用

柱形图是数据分析中常用的图表。本节将着重探讨通过 matplotlib 绘制柱形图的方法。绘制柱形图主要使用 matplotlib 的 plt.bar 函数，需传入刻度列表和高度列表。

【例 15-9】根据当前目录"data"文件夹下的"by_country.csv"文件内容创建柱形图。

```
import matplotlib.pyplot as plt
import pandas as pd
df=pd.read_csv('data\\by_country.csv')
plt.bar(df['name'],df['value'])
plt.show()
```

运行结果如图 15-26 所示。

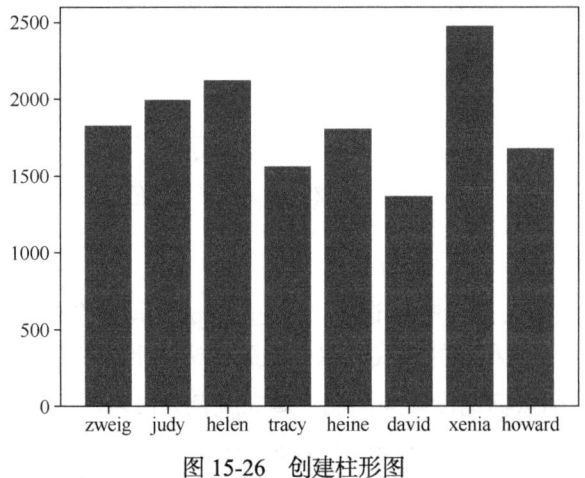

图 15-26 创建柱形图

通过 plt.bar 函数的 color 参数可以设置柱形图的填充颜色，alpha 参数可以设置透明度。例如，要将形状设置为红色，并具有适当透明效果，可修改程序如下。
```
plt.bar(df['name'],df['value'],color='red',alpha=0.3)
```

2. 创建堆积柱形图

plt.bar 函数的 bottom 参数用于设置柱形图的高度，也用于绘制堆积柱形图。

【例 15-10】展示欧洲不同国家中计算机和手机两种产品的合计销售额（根据当前目录"data"文件夹下的"sale_europe.csv"文件内容）。

```
# 导入有关库
import matplotlib.pyplot as plt
import pandas as pd
# 设置中文字体显示
plt.rcParams['font.sans-serif'] = ['SimHei']
# 读入数据
df=pd.read_csv('sale_europe.csv')
# 将长表变为宽表
df=df.pivot_table(index='国家',columns='产品',values='销售额')
# 添加数据序列
plt.bar(df.index,df['计算机'])
plt.bar(df.index,df['手机'],bottom=df['计算机'])
plt.show()
```

运行结果如图 15-27 所示。

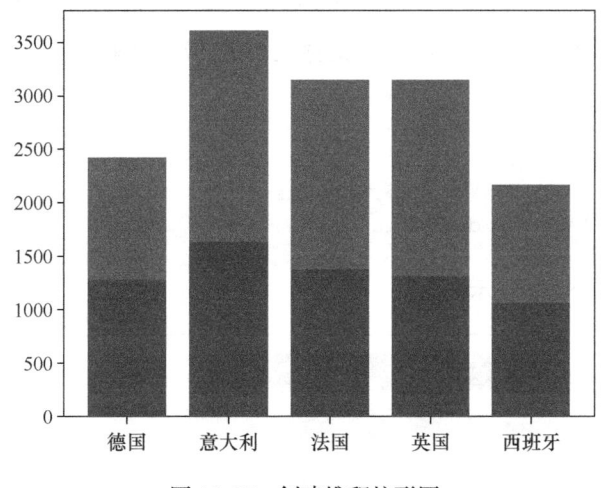

图 15-27 创建堆积柱形图

3. 创建簇状柱形图

plt.bar 函数的 width 参数用于设置柱形图的宽度，也用于绘制并列的簇状柱形图。将上面程序修改如下。

```
import matplotlib.pyplot as plt
import pandas as pd
plt.rcParams['font.sans-serif'] = ['SimHei']
df=pd.read_csv('sale_europe.csv')
df=df.pivot_table(index='国家',columns='产品',values='销售额')
```

```
plt.bar(df.index,df['计算机'],width=0.3)
plt.bar([i+0.3 for i in range(len(df.index))],df['手机'],width=0.3)
plt.show()
```

运行结果如图 15-28 所示。

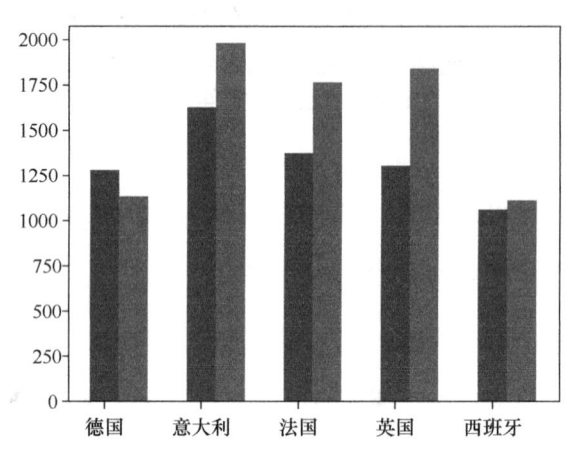

图 15-28 创建簇状柱形图

4. 创建条形图

条形图实际是柱形图的转置，通过 plt.barh 函数可以绘制条形图。

【例 15-11】根据当前目录 "data" 文件夹下的 "by_country.csv" 文件内容创建条形图。

```
import matplotlib.pyplot as plt
import pandas as pd
df=pd.read_csv('data\\by_country.csv')
plt.barh(df['name'],df['value'])
plt.show()
```

运行结果如图 15-29 所示。

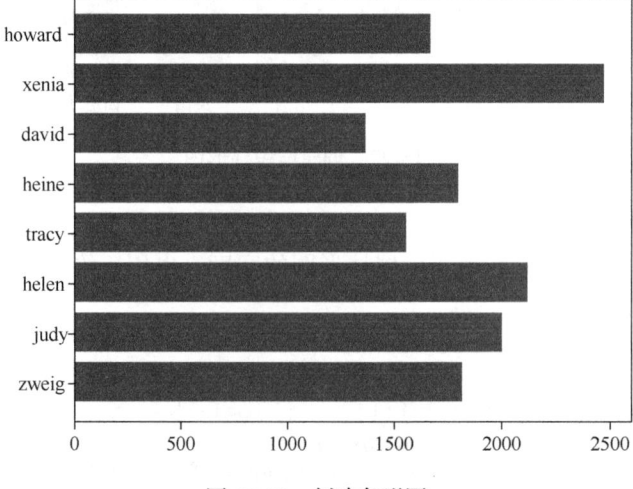

图 15-29 创建条形图

15.2.3 饼图和圆环图

1. 饼图

饼图常用于表示同一等级中不同类别的占比情况，使用的方法是 plt 库中的 plt.pie 函数。例如，上面的数据集中，要查看不同国家的百分比，程序如下。

```
import pandas as pd
import matplotlib.pyplot as plt
df=pd.read_csv('data\\by_country.csv')
df=df.pivot_table(index='country',values='value')
plt.pie(df['value'],labels=df.index,autopct='%.0f%%')
plt.show()
```

运行结果如图 15-30 所示。

2. 圆环图

圆环图是与饼图类似的一种图，常用于表示同一层级不同类别之间的占比关系，使用的也是 plt 库中的 plt.pie 函数。只需在饼图的基础上调整 wedgeprops 参数即可实现圆环图，程序如下。

```
plt.pie(df['value'],labels=df.index,autopct='%.0f%%',wedgeprops=dict(width=0.6))
```

运行结果如图 15-31 所示。

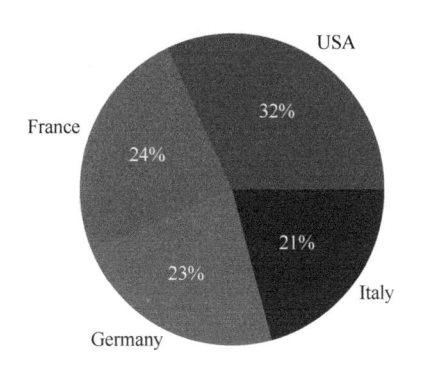

图 15-30　创建饼图 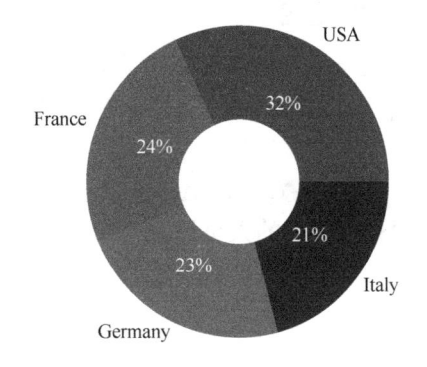　　　　图 15-31　创建圆环图

15.2.4 散点图和气泡图

1. 创建散点图

plt 库中的 plt.scatter 函数用于绘制散点图，传入 x 轴和 y 轴坐标即可。例如：

```
import matplotlib.pyplot as plt
import numpy as np
x=np.arange(-10,11)
y=[i**2+1 for i in x]
plt.scatter(x,y)
plt.show()
```

运行结果如图 15-32 所示。

图 15-32　创建散点图

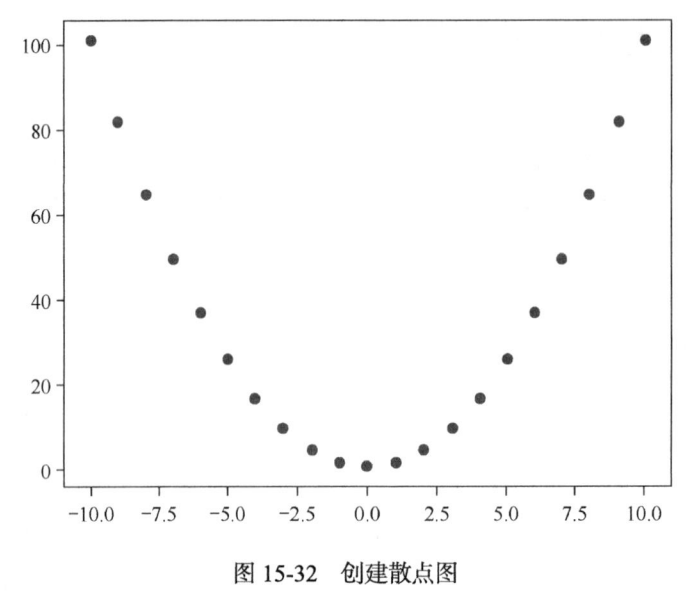

也可以为散点更改颜色和点标记形状。例如，希望点标记颜色为紫色，形状为菱形，可以修改程序如下。

```
plt.scatter(x,y,color='purple',marker='D')
```

2. 创建气泡图

气泡图与散点图类似，散点图中各点的大小一致，气泡图中各点的大小不一致，使用的同样是 plt 库中的 plt.scatter 函数，只需让不同点的大小不一样即可。修改程序如下。

```
plt.scatter(x,y,color='purple',marker='o',s=[i for i in y])
```

上面程序将点的大小设置为与 y 值相同，运行结果如图 15-33 所示。

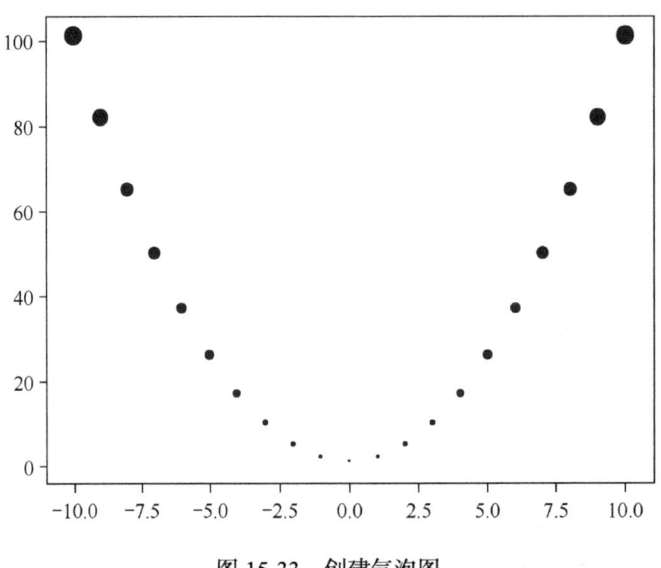

图 15-33　创建气泡图

15.2.5 直方图

直方图是从总体中随机抽取样本,根据样本数据加以整理,用于了解数据的分布情况,使我们比较容易直接看到数据的位置状况、离散程度和分布形状的一种常用工具。它用一系列宽度相等、高度不等的长方形表示数据,其宽度表示组距,高度表示指定组距内的数据数(频数)。通过 plt 库中的 plt.hist 函数可以绘制直方图。

【例 15-12】 先随机生成 100 条符合正态分布的数据,平均值为 750,标准差为 100,再绘制直方图,其中参数 bins 为箱的宽度。

```
import matplotlib.pyplot as plt
import numpy as np
x=np.random.normal(750,100,100)
plt.hist(x,bins=30)
plt.show()
```

运行结果如图 15-34 所示。

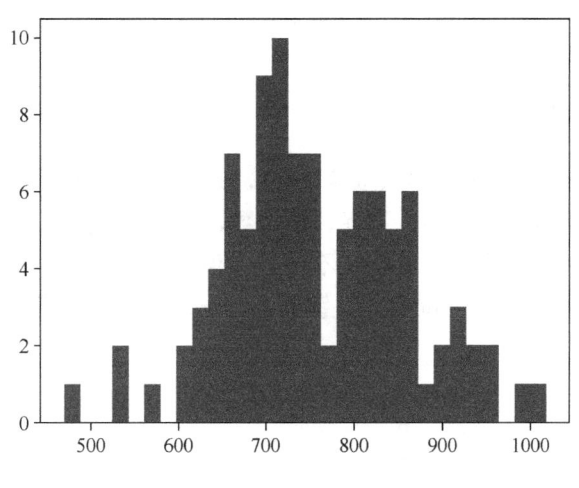

图 15-34 创建直方图

如果有多组数据,可以叠加绘制在同一张图表中,以便同时比较。例如,将每个柱子的样式设置为 stepfilled,将透明度 alpha 设置为 0.5,可以取得较好的可视化效果,程序如下。

```
import numpy as np
import matplotlib.pyplot as plt
plt.style.use('seaborn')
# 创建三组数据
data_1=np.random.normal(700,150,1000)
data_2=np.random.normal(500,90,1000)
data_3=np.random.normal(780,120,1000)
# 未来传递给函数的不定长参数字典
kwargs=dict(histtype='stepfilled',alpha=0.5,bins=50,edgecolor='none')
# 创建图表
plt.hist(data_1,**kwargs)
plt.hist(data_2,**kwargs)
```

```
plt.hist(data_3,**kwargs)
plt.show()
```

运行结果如图 15-35 所示。

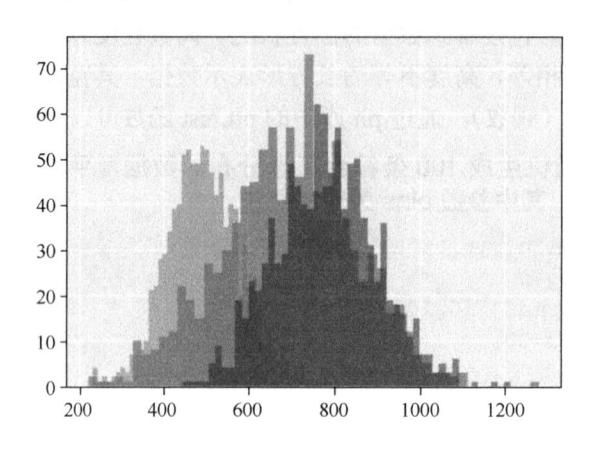

图 15-35　创建包含多组数据的直方图

15.2.6　箱形图

箱形图（Box-plot）又称盒式图或箱线图，是一种用来显示一组数据分散情况的统计图，能显示一组数据的上界、下界、中位数、平均值、上下四分位数及异常值等，如图 15-36 所示。箱形图最大的优点是不受异常值的影响，能准确稳定地描绘出数据的离散分布情况，方便查看中位数等关键数值，显示出数列中存在的异常值，利于数据清洗。

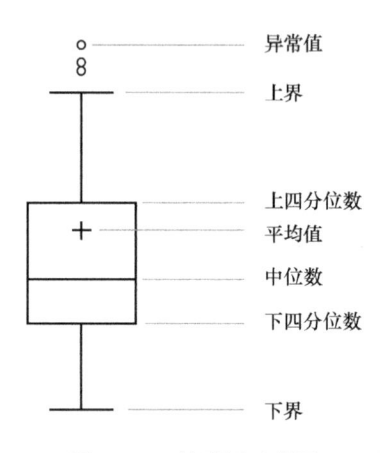

图 15-36　箱形图示意图

创建箱形图，首先要将数据从小到大排序，其主要元素的统计学含义如下。
- 下界：可理解为正常值范围内的最小值或最小估计值。
- 下四分位数 Q1：数列中处于第 25% 位置的值。
- 中位数 Q2：处于中间位置的值。

第 15 章 使用 matplotlib 可视化数据

- 上四分位数 Q3：数列中处于第 75% 位置的值。
- 上界：可理解为正常值范围内的最大值或最大估计值，约为 Q3 + 1.5 *（Q3 − Q1）。
- 四分位数间距：包含全部观测值的一半，为 Q3−Q1。
- 异常值（离群点）：在上界或下界以外的值。

在 matplotlib 中创建箱型图，可以使用 plt 库中的 plt.boxplot 函数。

【例 15-13】 先生成三组数据，代表三个科目的测评成绩，再绘制箱形图。

```
import matplotlib.pyplot as plt
import numpy as np
science=np.random.normal(70,6,100)
technology=np.random.normal(65,8,100)
art=np.random.normal(76,6,100)
labels=['Science','Technology','Art']
plt.boxplot([science,technology,art],labels=labels)
plt.show()
```

运行结果如图 15-37 所示。

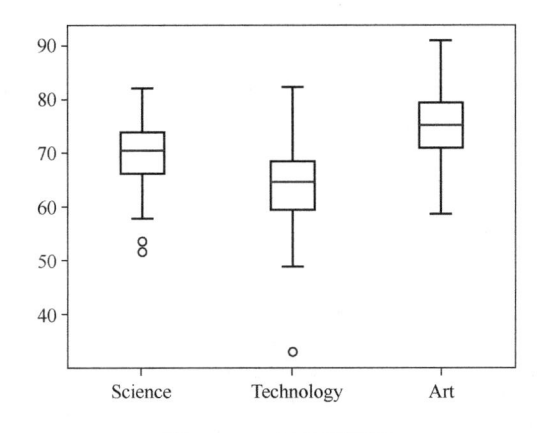

图 15-37　创建箱形图

箱形图也可以水平方向展示，只需在 plt.boxplot 函数中添加参数 vert=False 即可，运行结果如图 15-38 所示。

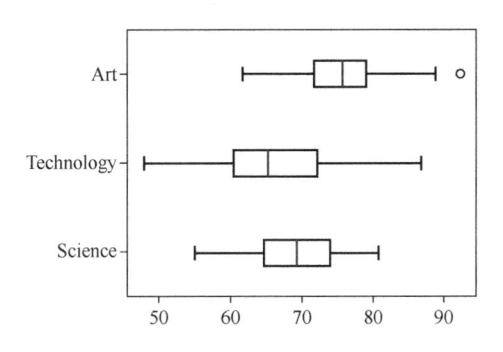

图 15-38　创建水平箱形图

15.2.7 等高线图

在地理信息可视化中,经常用等高线表示地面起伏和高度状况,在同一幅等高线地形图上,地面越高,等高线条数越多,等高线密集则表示地面坡度陡峻,在机器学习中也会用在绘制梯度下降算法的图形中。

等高线图有三个信息:x, y 及 x, y 所对应的高度值。这个高度值的计算需要用一个函数来表述,下面只是为了能够获得一个高度值,因此其中函数代表什么意义并不重要。要画出等高线,核心函数是 plt.contourf,但在这个函数中输入的参数是 x, y 对应的网格数据及此网格对应的高度值,因此还需要调用 np.meshgrid(x,y) 将 x, y 值转换成网格数据才行,完整的程序如下。

```python
import numpy as np
import matplotlib.pyplot as plt
# 定义函数,计算x,y坐标对应的高度值
def f(x, y):
    return np.sin(x)**10+np.cos(10+x*y)*np.cos(x)
# 生成x和y的数据
n = 512
x = np.linspace(-3, 3, n)
y = np.linspace(-3, 3, n)
# 把x,y数据生成mesh网格状的数据,因为等高线的显示是在网格的基础上添加高度值的
X, Y = np.meshgrid(x, y)
# 填充等高线
plt.contourf(X, Y, f(X, Y))
plt.show()
```

运行结果如图 15-39 所示。

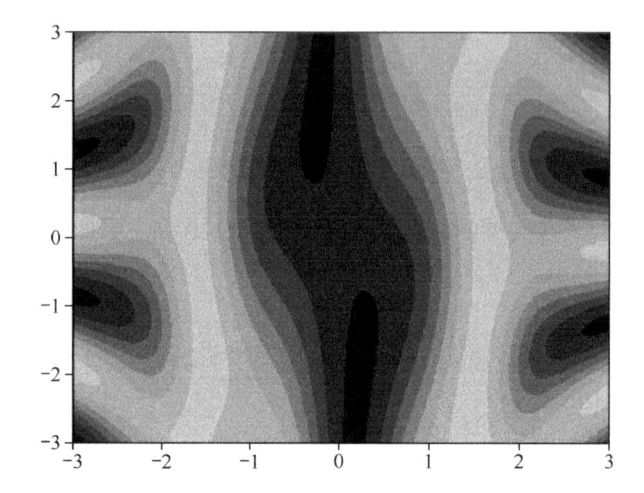

图 15-39 创建等高线图

15.2.8 阶梯图

阶梯图在可视化效果上正如其名字那样形象,就如同山间的台阶一样时而上升时

而下降，从图形本身而言，很像折线图，也是反映数据的趋势变化或周期规律的。阶梯图经常使用在时间序列数据的可视化任务中，凸显时序数据的波动周期和规律。

在 matplotlib 中创建阶梯图，可以使用 plt 库中的 plt.step 函数。

【例 15-14】展示 1～12 月的销售额，首先生成数据，代表三个科目的测评成绩；然后使用 plt.step 函数绘制阶梯图，其中 lw 参数的含义为线条的宽度；最后设置坐标轴的刻度和标签。

```
# 导入相关库
import matplotlib.pyplot as plt
import numpy as np
# 生成数据
x = np.linspace(1,12,12)
y = [56,78,90,85,89,101,115,127,109,130,125,135]
# 绘制阶梯图
plt.step(x,y,color="#1cc325" ,lw=3)
# 设置坐标轴
plt.xlim(1,13)
plt.xticks(range(1,13),['Jan','Feb','Mar','Apr','May','Jun','Jul',
'Aug','Sep','Oct','Nov','Dec'])
plt.ylim(50,150)
plt.yticks(range(50,151,20))
plt.show()
```

运行结果如图 15-40 所示。

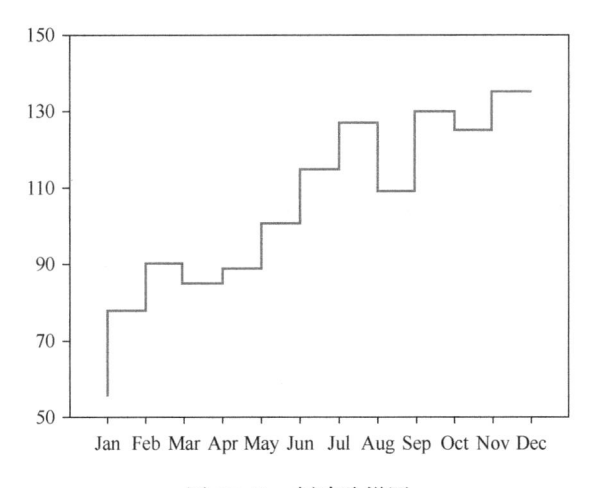

图 15-40 创建阶梯图

# 第 16 章

使用 seaborn 可视化数据

seaborn 是 Python 的一个可视化库，由对 matplotlib 进行二次封装而成，因为基于 matplotlib，所以 seaborn 的很多图表接口和参数设置与其十分接近。相比 matplotlib 而言，seaborn 的鲜明特点如下。

- 绘图接口更集成，可通过少量参数设置实现大量封装绘图。
- 多数图表具有统计学含义，如分布、关系、统计、回归等。
- 对 pandas 和 numpy 数据类型支持非常友好。
- 样式更多样，如绘图环境和颜色配置等。

16.1 seaborn 的样式

本节主要介绍 seaborn 中设定好的 5 种样式，并介绍如何自定义样式。

16.1.1 基本样式

senborn 支持的样式主要有 5 种：darkgrid（默认）、whitegrid、ticks、dark、white。例如：

```
import seaborn as sns
import matplotlib.pyplot as plt
month=['Jan','Feb','Mar','Apr','May','Jun','Jul','Aug','Sep','Oct','Nov','Dec']
quantity=[78,87,85,90,100,110,109,101,98,92,86,83]
sns.set_style('darkgrid')
plt.bar(month,quantity)
plt.show()
```

以上程序创建的图形将采用 darkgrid 样式，运行结果如图 16-1 所示，也可以设置为其他样式。

相比 matplotlib 绘图风格，使用 seaborn 绘制的直方图会自动增加空白间隔，图像更清爽。而不同的 seaborn 样式之间，则主要是绘图背景的差异，具体如图 16-2 所示。

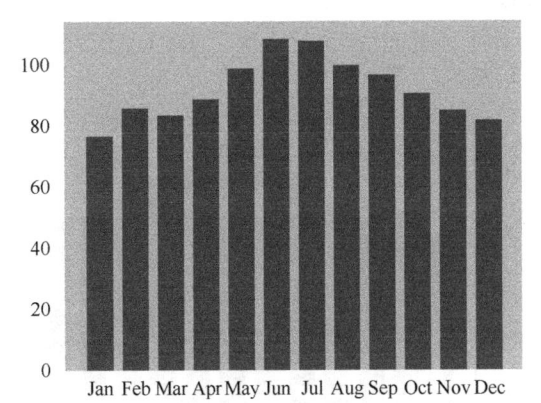

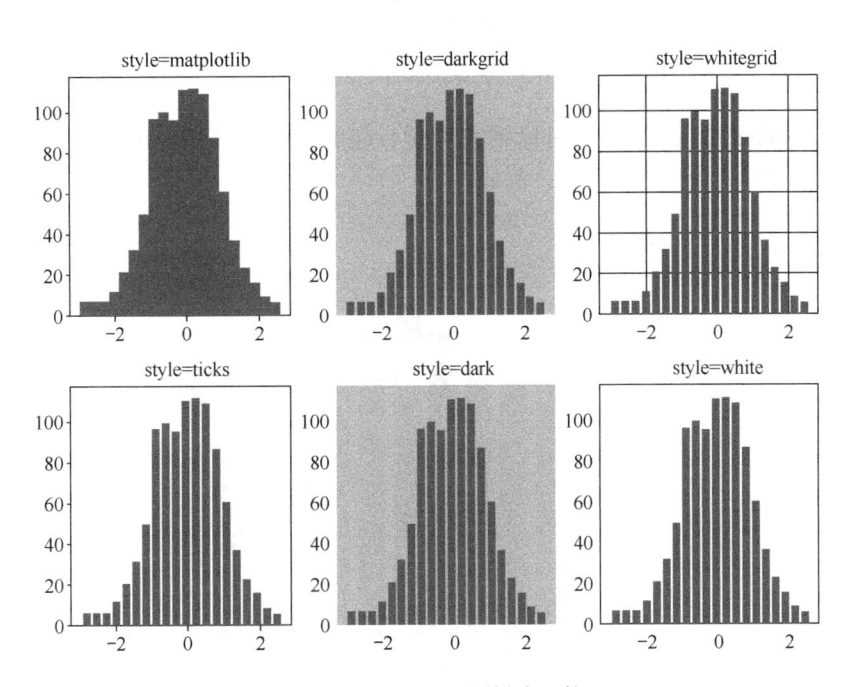

图 16-1　darkgrid 样式

图 16-2　seaborn 不同样式比较

16.1.2　自定义样式

在 seaborn 中，set() 方法更常用，因为用其可以同时设置主题、调色板等多个样式。其中，style 参数用于设置主题；palette 参数用于设置调色板，当设置不同的调色板时，使用的图表颜色也不同；color_codes 参数用于设置颜色代码，设置后，可以使用 r、g 来设置颜色，对前例中程序可做如下修改。

```
sns.set(style='darkgrid',palette='muted',color_codes=True)
```

在 seaborn 样式中，white 和 ticks 样式都会存在 4 个坐标轴。在 matplotlib 中是无法去除多余的顶部和右侧坐标轴的，而在 seaborn 中可以使用 despine() 方法轻松地去除，只需添加如下语句。
```
sns.despine()
```
运行结果如图 16-3 所示。

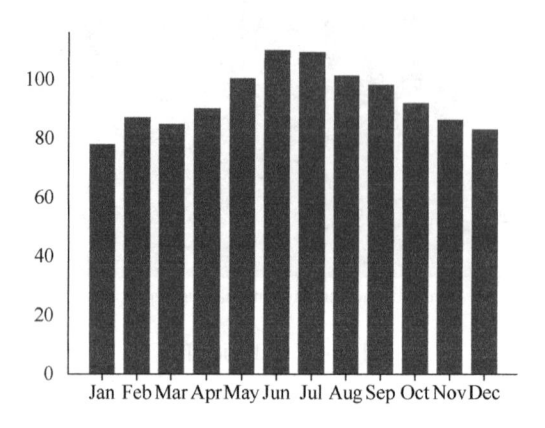

图 16-3　去除顶部和右侧坐标轴

使用 despine() 方法可以对坐标轴进行更有趣的变化，其中，offset 参数用于偏移坐标轴，trim 参数用于修剪刻度。例如：
```
sns.despine(offset=10, trim=True)
```
运行结果如图 16-4 所示。

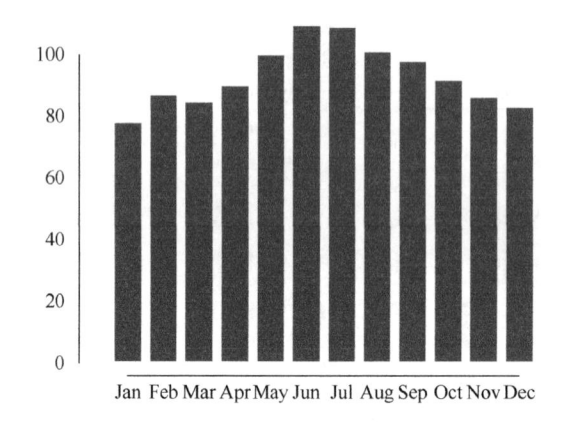

图 16-4　偏移坐标轴

16.2　绘制分布图

16.2.1　单变量分布图

对单变量分布图的绘制，可在 seaborn 中使用 distplot() 方法，默认情况下会绘制一个直方图，并嵌套一个与之对应的密度图。

【例 16-1】以保存在当前目录"data"文件夹下的"sns_data.csv"为例创建单变量分布图。

```
import matplotlib.pyplot as plt
import seaborn as sns
import pandas as pd
df=pd.read_csv('data\\sns_data.csv')
sns.set(color_codes=True)
sns.distplot(df['Total'])
plt.show()
```

运行结果如图 16-5 所示。

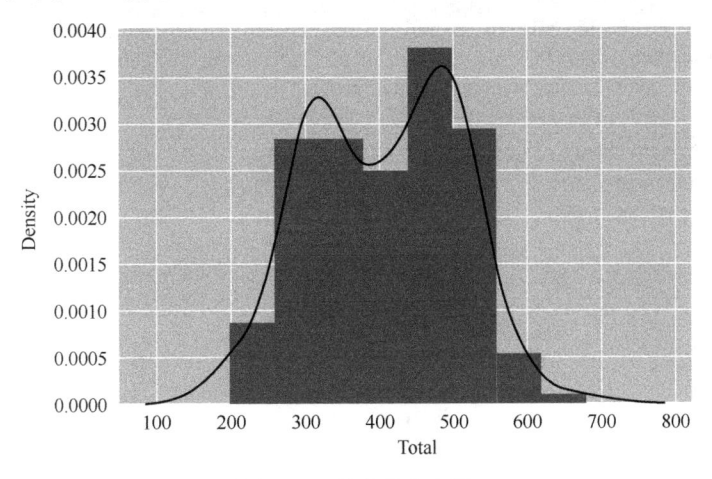

图 16-5　单变量分布图

利用 distplot() 方法绘制的直方图与 matplotlib 是类似的。在 ditplot() 方法的参数中，可以选择不绘制密度图，而使用 rug 参数绘制毛毯图，可以为每个观测值绘制小细线（边际毛毯），也可以单独用 rugplot 进行绘制。这里修改程序如下。

```
sns.distplot(df['Total'],kde=False, rug=True)
```

运行结果如图 16-6 所示。

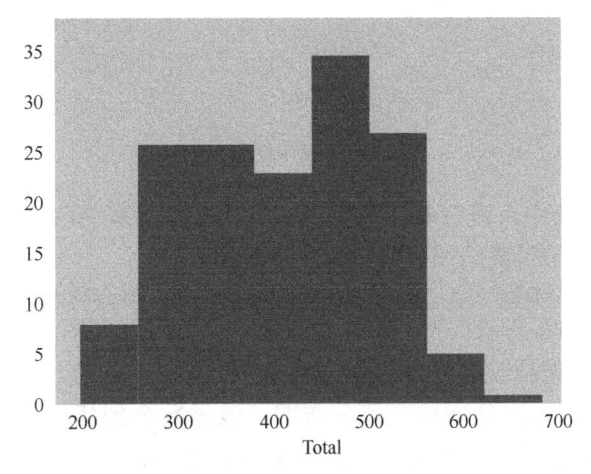

图 16-6　边际毛毯图

16.2.2 多变量分布图

在 matplotlib 中，为了绘制两个变量的分布关系，常使用散点图的方法。在 seaborn 中，使用 jointplot() 方法绘制一个多面板图，不仅可以显示两个变量的关系，也可以显示每个单变量的分布情况。

【例 16-2】以保存在当前目录"data"文件夹下的"sns_data.csv"为例创建双变量分布图。

```python
import matplotlib.pyplot as plt
import seaborn as sns
import pandas as pd
df=pd.read_csv('data\\sns_data.csv')
sns.set(color_codes=True)
sns.jointplot(x=df['Total'],y=df['Defense'],color='purple')
plt.show()
```

运行结果如图 16-7 所示。

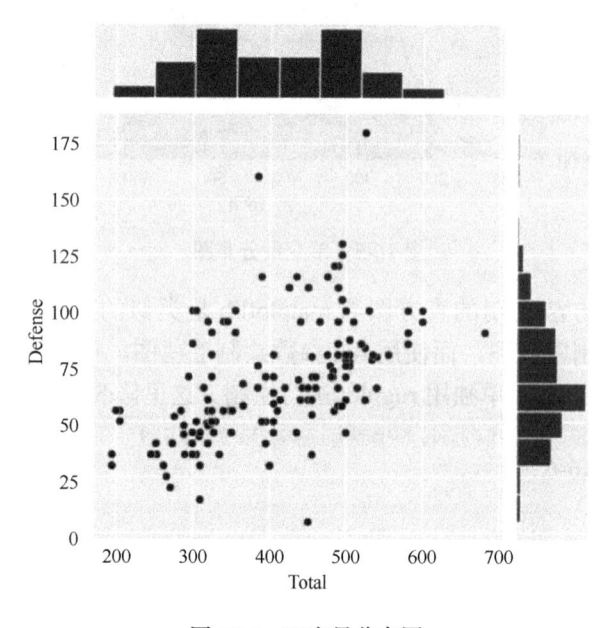

图 16-7 双变量分布图

在 jointplot() 方法中，设置 kind 参数为 kde（密度图），单变量的分布就会用密度图代替，而散点图会被等高线图代替。程序修改如下。

```python
sns.jointplot(x=df['Total'],y=df['Defense'],kind='kde',color='purple')
```

运行结果如图 16-8 所示。

在数据集中，如果体现多变量的分布情况，就需要成对的二元分布图。在 seaborn 中，可以使用 pairplot() 方法完成二元分布图，该函数会创建一个轴矩阵，以此显示 DataFrame 中每两列的关系，在对角上为单变量的分布情况。pairplot() 方法只对数值类型的列有效。

【例 16-3】以保存在当前目录 "data" 文件夹下的 "sns_data.csv" 为例创建多变量分布图。

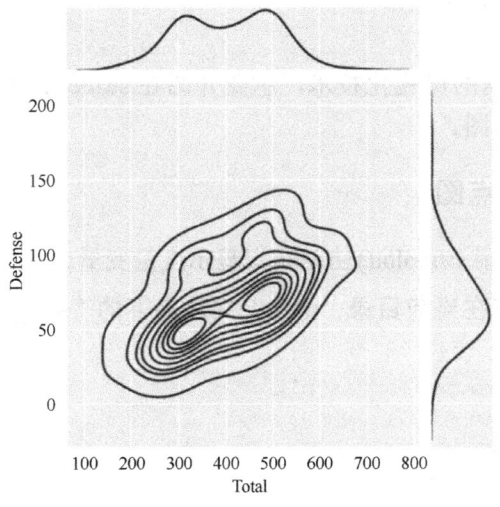

图 16-8 密度图

```
import matplotlib.pyplot as plt
import seaborn as sns
import pandas as pd
df=pd.read_csv('data\\sns_data.csv')
df=df[['Total','Defense','Attack']]
sns.set(color_codes=True)
sns.pairplot(df)
plt.show()
```

运行结果如图 16-9 所示。

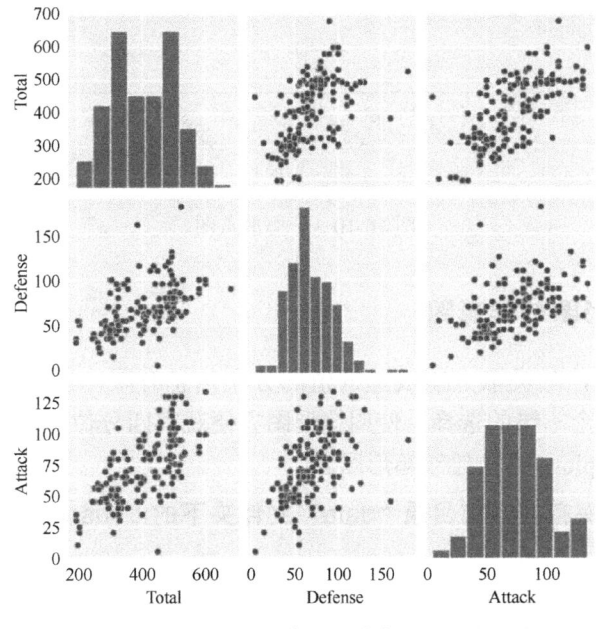

图 16-9 多变量分布图

16.3 绘制分类图

本节讲解分类数据的可视化技术，主要介绍在 seaborn 中如何绘制分类散点图、箱形图、琴形图和回归图。

16.3.1 分类散点图

在 seaborn 中，使用 stripplot() 方法可以显示度量变量在每个类别的值。

【例 16-4】以保存在当前目录"data"文件夹下的"sns_data.csv"为例创建分类散点图。

```
import matplotlib.pyplot as plt
import seaborn as sns
import pandas as pd
df=pd.read_csv('data\\sns_data.csv')
sns.stripplot(x='Type 1', y="Total", data=df)
plt.show()
```

运行结果如图 16-10 所示。

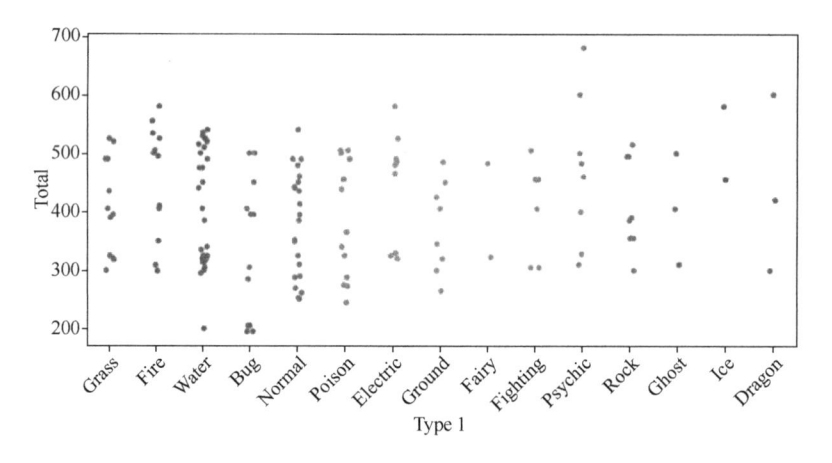

图 16-10 分类散点图

16.3.2 箱形图与琴形图

在某些情况下，分类散点图表达的值的分布信息有限，这时就需要一些其他图形。箱形图就是一个不错的选择，使用箱形图方便观察四分位数、中位数和极值。在 seaborn 中使用 boxplot() 方法绘制箱形图。

【例 16-5】以保存在当前目录"data"文件夹下的"sns_data.csv"为例创建箱形图。

```
import matplotlib.pyplot as plt
import seaborn as sns
```

```
import pandas as pd
df=pd.read_csv('data\\sns_data.csv')
sns.boxplot(x='Type 1', y="Total", data=df)
plt.show()
```
运行结果如图 16-11 所示。

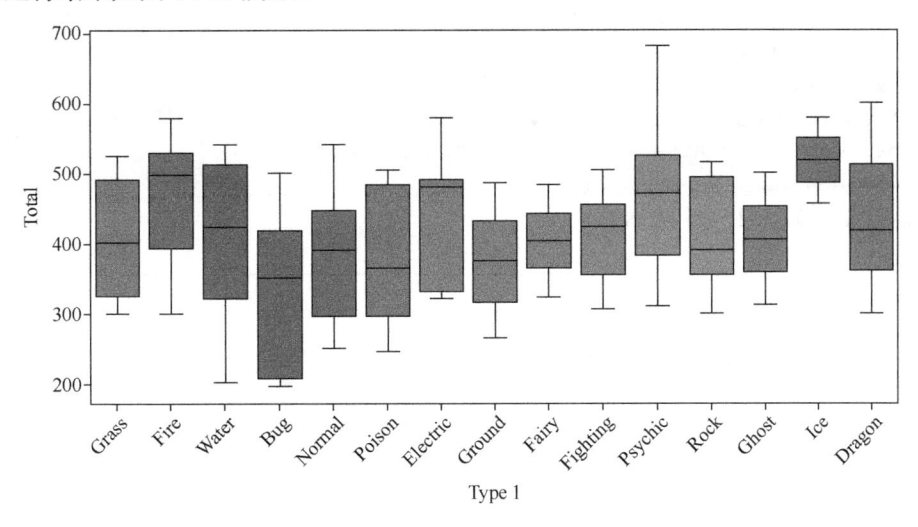

图 16-11 箱形图

琴形图结合了箱形图与核密度估计图。在 seaborn 中，使用 violinplot() 方法绘制琴形图。对以上程序做如下修改。

```
sns.violinplot(x='Type 1', y="Total", data=df)
```
运行结果如图 16-12 所示。

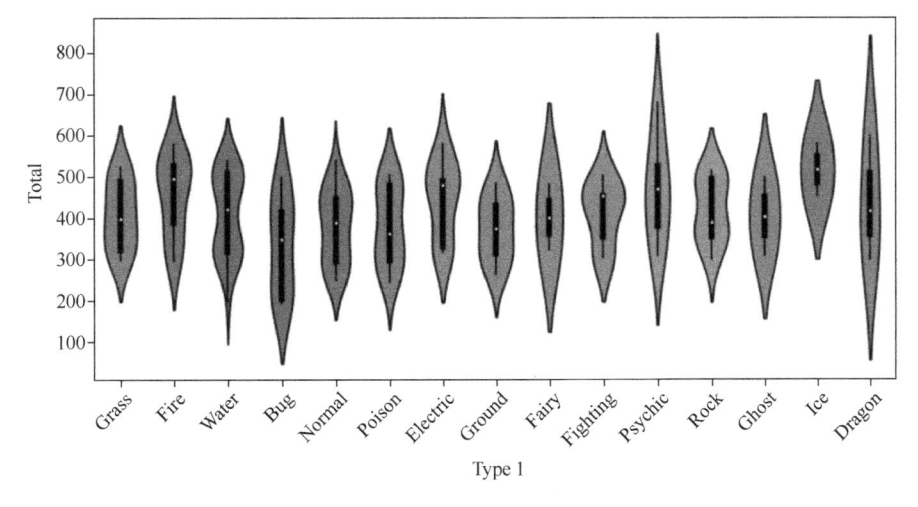

图 16-12 琴形图

16.3.3 回归图

在 seaborn 中，使用 jointplot() 方法可以显示两个变量的联合分布情况，使用统计

Python数据分析与可视化应用

模型估计两个变量间的简单关系也是非常有必要的。可以使用 regplot() 方法和 lmplot() 方法绘制回归图，二者绘制的图表是一样的。

【例 16-6】 以保存在当前目录"data"文件夹下的"sns_data.csv"为例创建回归图。

```
import matplotlib.pyplot as plt
import seaborn as sns
import pandas as pd
df=pd.read_csv('data\\sns_data.csv')
sns.regplot(x='Attack', y="Total", data=df)
plt.show()
```

运行结果如图 16-13 所示。

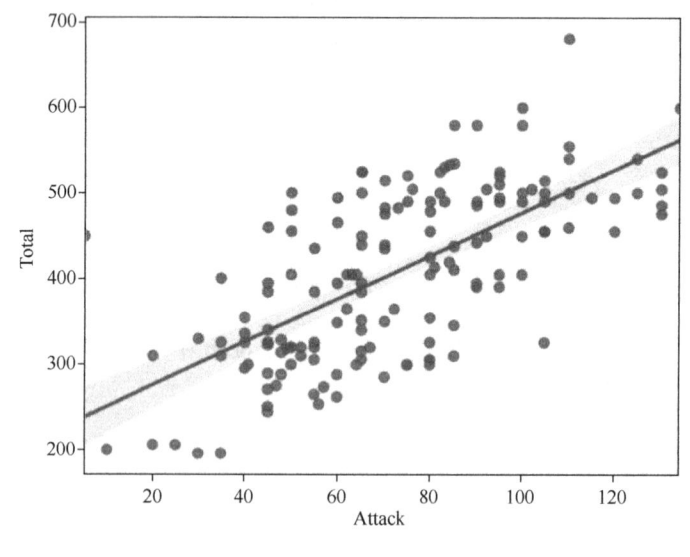

图 16-13　回归图

第 17 章 使用 pyecharts 动态可视化数据

pyecharts 是一个用来生成 Echarts 图表的类库,可以与 Python 对接,从而在 Python 中直接生成可视化效果。Echarts 是百度开源的一个专门用于数据可视化的 JavaScript 库,生成的图表可视化效果非常好,并具有良好的交互性。

17.1 pyecharts 的版本与特点

pyecharts 分为 v0.5.X 和 v1 两个系列版本,v0.5.X 和 v1 之间不兼容。v1 是一个全新的系列版本,这个系列版本从 v1.0.0 开始,仅支持 Python 3.6 以上内核。截止到 2020 年 10 月 29 日,pyecharts 的最新版本是 1.9.0。

pyecharts 作为一个优秀的动态可视化库,具有如下特性。
- 简洁的 API 设计,使用丝滑般流畅,支持链式调用。
- 囊括 30 多种常见图表。
- 支持主流 Notebook 环境,如 Jupyter Notebook 和 JupyterLab。
- 可轻松集成 Flask、Django 等主流 Web 框架。
- 高度灵活的配置项,可轻松搭配出精美的图表。
- 详细的文档和示例,帮助开发者更快上手项目。
- 多达 400+ 地图文件及原生的百度地图,为地理数据可视化提供强有力的支持。

17.2 pyechats 可视化的流程及选项设置

17.2.1 pyecharts 可视化的一般流程

柱形图是最基本的图表,下面以柱形图为例,探讨使用 pyecharts 进行可视化的流程。

(1) 从 pyecharts.charts 引入相关的图表类型和图表选项对象。要先导入绘制柱形图的 Bar 类,程序如下。

```
from pyecharts.charts import Bar
```

pyecharts 内置丰富的图表类型，如表 17-1 所示。

表 17-1 pyecharts 内置的图表类型

类	图表
Bar	柱形图/条形图
Bar3D	3D 柱形图
Boxplot	箱形图
EffectScatter	带有涟漪特效动画的散点图
Funnel	漏斗图
Gauge	仪表盘
Geo	地理坐标系
Graph	关系图
HeatMap	热力图
Kline	K 线图
Line	折线图/面积图
Line3D	3D 折线图
Liquid	水球图
Map	地图
Parallel	平行坐标系
Pie	饼图
Polar	极坐标系
Radar	雷达图
Sankey	桑基图
Scatter	散点图
Scatter3D	3D 散点图
ThemeRiver	主题河流图
WordCloud	词云图

（2）准备用于可视化的数据，不同图表所需的数据不同，对于柱形图而言，需要有 x 轴和 y 轴两个系列的数据，其中 x 是分类数据，y 是值，例如：

```
country=['Japan', 'Germany', 'French', 'Italy', 'Spain']
data=[127,82,65,60,46]
```

（3）初始化图表类型，例如（对 Bar 类）：

```
bar=Bar()
```

（4）添加图表数据。此步需要调用 add_xaxis() 方法和 add_yaxis() 方法，程序如下。

```
bar.add_xaxis(country)
bar.add_yaxis('不同国家人口比较',data)
```

（5）保存图表。pyecharts 可视化的结果可以渲染为 html 格式，程序如下。

```
bar.render('人口比较.html')
```

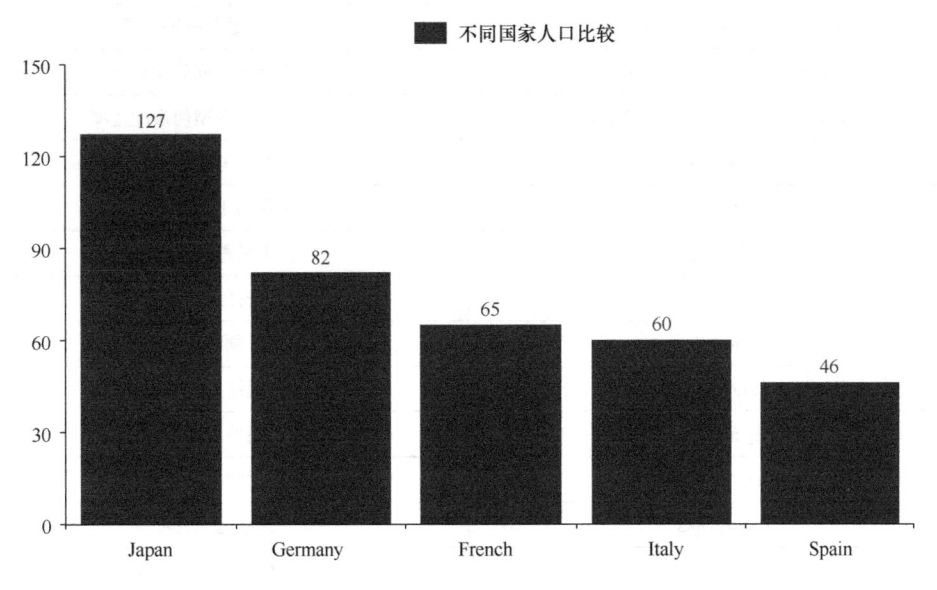

最后输出的结果如图 17-1 所示。

图 17-1　使用 pyecharts 绘制柱形图

pyecharts 中的所有方法均支持链式调用。以上述柱形图为例，也可以重构程序如下。

```
from pyecharts.charts import  Bar
country=['Japan','Germany','French','Italy','Spain']
data=[127,82,65,60,46]
# 链式调用
bar=(Bar().
     add_xaxis(country).
     add_yaxis('不同国家人口比较',data))
bar.render('人口比较.html')
```

17.2.2　pyecharts 选项设置

在使用 pyecharts 创建图表的过程中，可以使用 set_global_opts() 和 set_series_opts() 方法设置图表的样式、布局及元素。

set_global_opts() 方法为全局配置项，其常见参数如表 17-2 所示。

表 17-2　set_global_opts() 方法的常见参数

全局配置项	说明
AnimationOpts	Echarts 画图动画配置项
InitOpts	初始化配置项
ToolBoxFeatureSaveAsImagesOpts	工具箱保存图像配置项
ToolBoxFeatureRestoreOpts	工具箱还原配置项

（续表）

全局配置项	说明
ToolBoxFeatureDataViewOpts	工具箱数据视图工具
ToolBoxFeatureDataZoomOpts	工具箱区域缩放配置项
ToolBoxFeatureMagicTypeOpts	工具箱动态类型切换配置项
ToolBoxFeatureBrushOpts	工具箱选框组件配置项
ToolBoxFeatureOpts	工具箱工具配置项
ToolboxOpts	工具箱配置项
BrushOpts	区域选择组件配置项
TitleOpts	标题配置项
DataZoomOpts	数据缩放配置项
LegendOpts	图例配置项
VisualMapOpts	视觉映射配置项
TooltipOpts	提示框配置项
AxisLineOpts:	坐标轴轴线配置项
AxisTickOpts:	坐标轴刻度配置项
AxisPointerOpts:	坐标轴指示器配置项
AxisOpts	坐标轴配置项
SingleAxisOpts	单轴配置项
GraphicGroup	原生图形元素组件

set_series_opts() 方法为系列配置项，其常见参数如表 17-3 所示。

表 17-3　set_series_opts 方法的常见参数

系列配置项	说明
ItemStyleOpts	图元样式配置项
TextStyleOpts	文字样式配置项
LabelOpts	标签配置项
LineStyleOpts	线样式配置项
Lines3DEffectOpts	3D 线样式配置项
SplitLineOpts	分割线配置项
MarkPointItem	标记点数据项
MarkPointOpts	标记点配置项
MarkLineItem	标记线数据项
MarkLineOpts	标记线配置项
MarkAreaItem	标记区域数据项

(续表)

系列配置项	说明
MarkAreaOpts	标记区域配置项
EffectOpts	涟漪特效配置项
AreaStyleOpts	区域填充样式配置项
SplitAreaOpts	分隔区域配置项
MinorTickOpts	次级刻度配置项
MinorSplitLineOpts	次级分割线配置项

17.2.3 pyecharts 常用的图表设置方法

下面主要探讨部分常用的全局配置项，以便读者理解 pyecharts 选项配置的基本方法和目的。系列配置项将在后面介绍。

1. 配置图表标题

标题配置项主要用来设置标题内容及展示位置、标题字体、大小等。其配置函数如下。

```
title_opts = opts.TitleOpts()
```

标题配置项函数的常用参数如下。

- title：主标题文本，支持使用 n 换行。
- subtitle：副标题文本，支持使用 n 换行。
- pos_left、pos_right、pos_top、pos_bottom：grid 组件离容器左侧的距离。
- padding：标题内边距，单位为 px，默认各方向内边距为 5，接收数组分别设定上右下左边距。
- item_gap：主副标题之间的距离。

要为图 17-1 添加标题和副标题内容，并设置相应的字体、字号和位置，可以使用如下程序。

```
bar.set_global_opts(title_opts=opts.TitleOpts(title='2020年各国人口比较',
                    subtitle='单位：百万',
                    pos_left=100,
                    title_textstyle_opts=opts.TextStyleOpts(font_family='微软雅黑',font_size='24'),
    subtitle_textstyle_opts=opts.TextStyleOpts(font_family='方正姚体',font_size=18)))
```

2. 配置图表图例

图例配置项主要用来设置图例的类型、是否显示图例及图例的布局等。其配置函数如下。

```
legend_opts = opts.LegendOpts()
```

图例配置项函数的常用参数如下。

- type：图例的类型，可选值，plain 表示普通图例，scroll 表示可滚动翻页图例。

- selected_mode：控制是否可以通过单击图例改变系列的显示状态，默认为开启。也可以设置为"single"或"multiple"，即单选或多选模式。
- is_show：是否显示图例组件。
- orient：图例列表的布局朝向，可选"horizontal"或"vertical"。
- pos_left、pos_right、pos_top、pos_bottomgrid：组件离容器左侧的距离。
- padding：图例内边距，单位为 px，默认各方向内边距为 5。
- item_gap：图例之间的距离。

要将图 17-1 默认的图例设置为不显示，可以使用如下程序。

```
bar.set_global_opts(legend_opts=opts.LegendOpts(is_show=False))
```

3. 设置图表坐标轴

坐标轴配置项主要用来设置图表的坐标轴类型、名称及坐标轴的最小值和最大值等。其配置函数如下。

```
yaxis_opts=opts.AxisOpts()
xaxis_opts=opts.AxisOpts()
```

坐标轴配置项函数的主要参数如下。

- is_show：是否显示提示框组件。
- type：坐标轴类型。"value"（数值轴）适用于连续数据；"category"（类目轴）适用于离散的类目数据，必须通过 data 设置类目数据；"time"（时间轴）适用于连续的时序数据，与数值轴相比时间轴带有时间的格式化；"log"（对数轴）适用于对数数据。
- name：坐标轴名称。
- is_inverse：是否反向坐标轴。
- name_location：坐标轴名称显示位置。
- name_gap：坐标轴名称与轴线之间的距离。
- name_rotate：坐标轴名字旋转的角度值。
- max_interval：自动计算的坐标轴最大间隔。

要为图 17-1 添加 x 轴和 y 轴标题，设置其居中显示，和坐标轴的距离为 30 单位，并将 y 轴最小刻度设置为 20，最大刻度设置为 140，可以使用如下程序。

```
bar.set_global_opts(
        xaxis_opts=opts.AxisOpts(type_= 'category',
            name='国家',
            name_location='middle',
            name_gap=30),
        yaxis_opts=opts.AxisOpts(type_='value',
            min_=20,max_=140,
            name='人口数量',
            name_location='middle',
            name_gap=30))
```

4. 设置数据缩放

当数据很多，我们想看某些局部数据信息时，可以通过数据缩放配置项查看更细致的数据。其配置函数如下。

```
datazoom_opts=opts.DataZoomOpts()
```

数据缩放配置项函数的主要参数如下。

- is_show：是否显示组件。若 bool 为 True，则显示；若为 False，则不显示。
- type：可选 "slider" 或 "inside"。
- range_start：数据窗口范围的起始百分比，范围是 0 ～ 100，表示 0% ～ 100%。
- range_end：数据窗口范围的结束百分比，范围是 0 ～ 100。
- start_value：数据窗口范围的起始数值。若设置了 start，则 startValue 失效。
- end_value：数据窗口范围的结束数值。若设置了 end，则 endValue 失效。
- Orient：布局方式是横还是竖。对于直角坐标系而言，还决定了默认情况控制的是横向数轴还是纵向数轴，可选值为 "horizontal" 和 "vertical"。

要为图 17-1 的 y 轴添加缩放组件，并只显示人口数量在 5000 万～ 1 亿的国家，可以使用如下程序添加组件，并进行调节。

```
bar.set_global_opts(datazoom_opts=opts.DataZoomOpts(type_='slider',
orient='vertical'))
```

将上述几个选项进行综合，完整的程序如下。

```
from pyecharts.charts import  Bar
from pyecharts import options as opts
country=['Japan','Germany','French','Italy','Spain']
data=[127,82,65,60,46]
bar=Bar()
bar.add_xaxis(country)
bar.add_yaxis('不同国家人口比较',data)
bar.set_global_opts(title_opts=opts.TitleOpts(title='2020 年各国人口比较',
                     subtitle='单位：百万',
                     pos_left=100,
                     title_textstyle_opts=opts.TextStyleOpts(font_family='微软雅黑',font_size='24'),
                     subtitle_textstyle_opts=opts.TextStyleOpts(font_family='方正姚体',font_size=18)),
             legend_opts=opts.LegendOpts(is_show=False),
             xaxis_opts=opts.AxisOpts(type_= 'category',
                     name='国家',
                     name_location='middle',
                     name_gap=30),
             yaxis_opts=opts.AxisOpts(type_='value',
                     min_=20,max_=140,
                     name='人口数量',
                     name_location='middle',
                     name_gap=30),
             datazoom_opts=opts.DataZoomOpts(type_='slider',orient='vertical'))

bar.render('人口比较.html')
```

运行结果如图 17-2 所示。

2020年各国人口比较
单位：百万

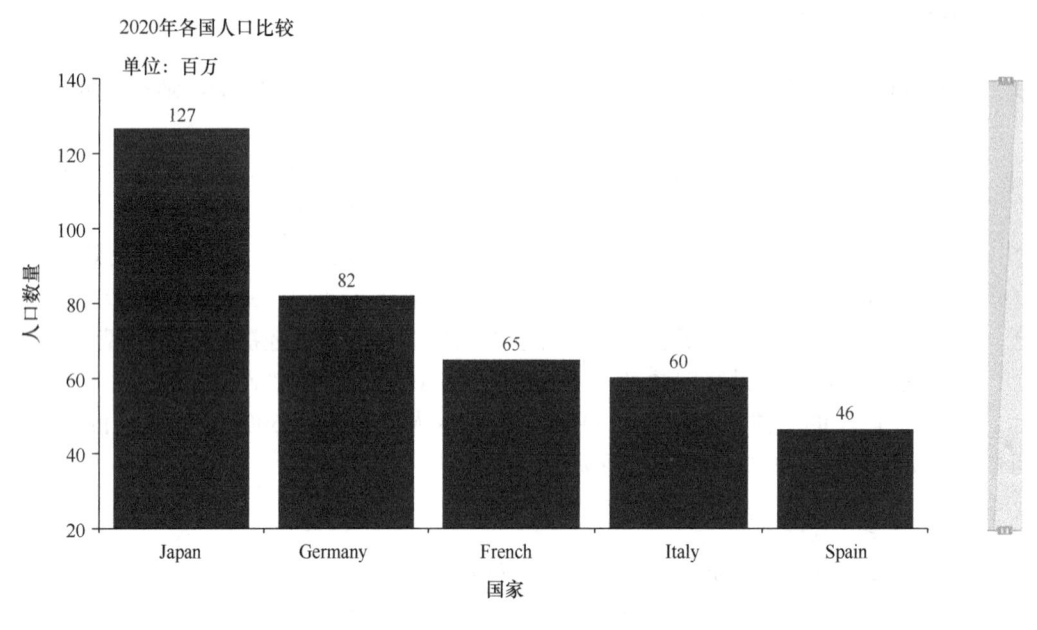

图 17-2　设置图表选项

17.3　使用 pyecharts 创建图表

前面章节以柱形图为例讨论了使用 pyecharts 进行数据可视化的一般流程和常用选项的配置方法，本节将讨论如何使用 pyecharts 创建更多的可视化效果。

17.3.1　饼图和圆环图

在 pyecharts 中绘制饼图需要使用 Pie 类，然后用 add() 方法添加一个二维数据表。

【例 17-1】使用饼图展示不同国家人口的占比。

```
# 导入库
from pyecharts.charts import Pie
import pyecharts.options as opts
import pandas as pd
country=['Japan','Germany','French','Italy','Spain']
data=[127,82,65,60,46]
df=pd.DataFrame({'国家':country,'人口':data})
# 创建饼图对象，并添加数据
pie=Pie()
pie.add('',df.values)
# 设置全局选项，如图表标题，取消图例项
```

```
pie.set_global_opts(title_opts=opts.TitleOpts(title='各国人口比较'),
        legend_opts=opts.LegendOpts(is_show=False))
# 设置系列选项中的标签选项, {a}代表系列名称, {b}代表数据项名称, {c}代表数值, {d}
代表百分比
pie.set_series_opts(label_opts=opts.LabelOpts(formatter='{b}:{d}%'))
@ 设置每个扇区的颜色
pie.set_colors(['#538233','#62993E','#70AD47','#A1C490','#C3D8BB'])
pie.render('饼图.html')
```

运行结果如图 17-3 所示。

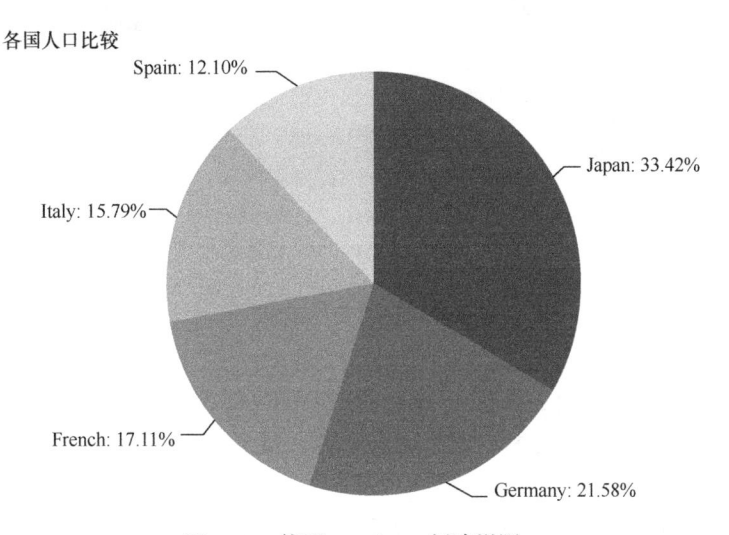

图 17-3　使用 pyecharts 创建饼图

在 pyeachrts 中绘制圆环图的方法就是在使用 add() 方法添加数据时，设置 radius 参数控制环形的半径，格式如下。

```
radius=[内半径,外半径]
```

将本节绘制饼图的程序做如下修改，即可形成圆环图。

```
from pyecharts.charts import Pie
import pyecharts.options as opts
import pandas as pd
country=['Japan','Germany','French','Italy','Spain']
data=[127,82,65,60,46]
df=pd.DataFrame({'国家':country,'人口':data})
pie=Pie()
pie.add('',df.values,radius=['70%','90%'])
pie.set_global_opts(title_opts=opts.TitleOpts(title='各国人口比较'),
        legend_opts=opts.LegendOpts(is_show=False))
pie.set_series_opts(label_opts=opts.LabelOpts(formatter='{b}:{d}%'))
pie.set_colors(['#538233','#62993E','#70AD47','#A1C490','#C3D8BB'])
pie.render('圆环图.html')
```

运行结果如图 17-4 所示。

各国人口比较

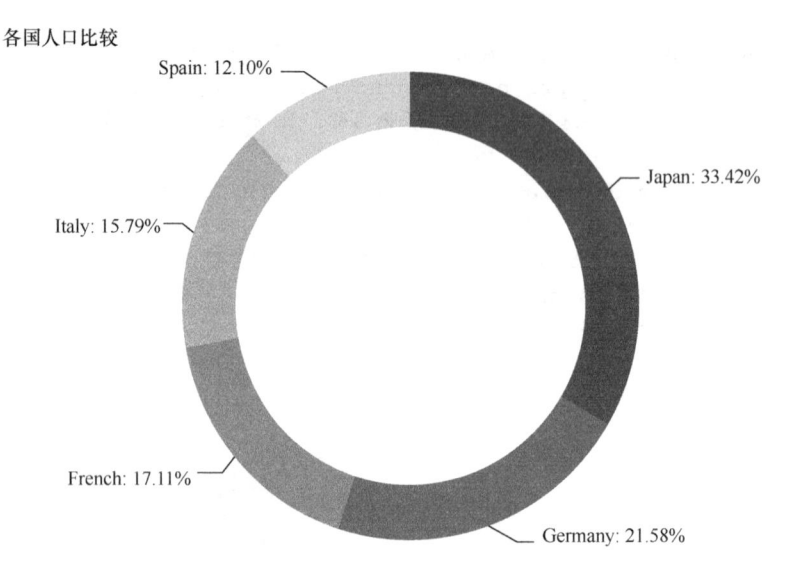

Spain: 12.10%
Japan: 33.42%
Italy: 15.79%
French: 17.11%
Germany: 21.58%

图 17-4　使用 pyecharts 创建圆环图

17.3.2　折线图和面积图

本节将讨论如何使用 pyecharts 绘制折线图和面积图。绘制折线图首先要初始化 Line 类，然后以列表的形式把数据添加到 x 轴，最后用 add_yaxis() 方法添加 y 轴的数据，其格式如下。

```
LineChart.add_yaxis(name,data)
```

其中，name 代表数据系列的名称，data 为列表。

折线图通常用于展示时间序列数据。

【例 17-2】使用折线图比较两个国家从 2001 年到 2013 年的汽油价格。

```
# 导入库
from pyecharts.charts import Line
import pyecharts.options as opts
import pandas as pd
# 读取数据
df=pd.read_csv('汽油价格.csv',encoding='gbk')
# 创建折线图
lineChart=Line()
# 添加 x 轴数据
lineChart.add_xaxis(df['日期'].tolist())
# 添加 y 轴数据，并将数据点设置为不显示
lineChart.add_yaxis('Germany',df['Germany'].tolist(),is_symbol_show=False)
lineChart.add_yaxis('Italy',df['Italy'].tolist(),is_symbol_show=False)
# 设置全局选项，显示标题和缩放组件
lineChart.set_global_opts(title_opts=opts.TitleOpts(title='汽油价格比较'),
         datazoom_opts=opts.DataZoomOpts())
```

第 17 章 | 使用 pyecharts 动态可视化数据

```
# 设置系列选项，隐藏标签
lineChart.set_series_opts(label_opts=opts.LabelOpts(is_show=False))
lineChart.render('折线图.html')
```

可能看到，由于时间跨度很大，因此需要添加缩放组件来选取时间，并隐藏数据标签和数据点。

运行结果如图 17-5 所示。

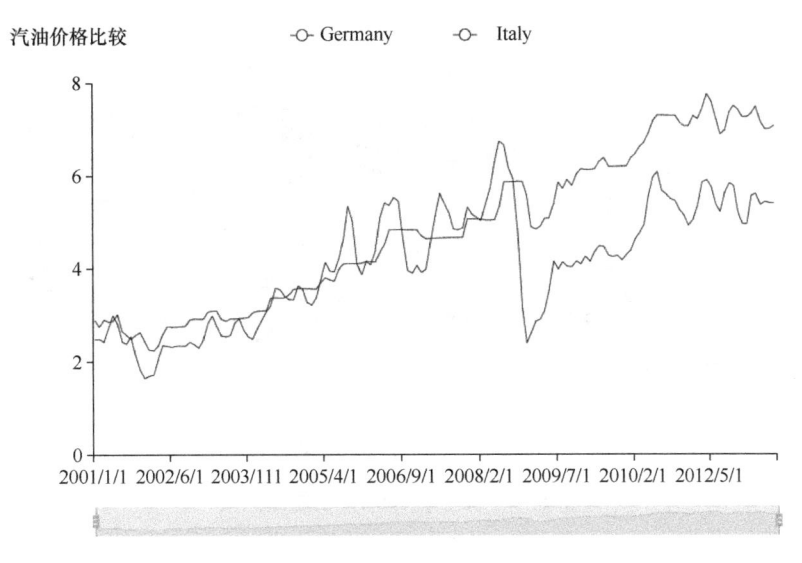

图 17-5　使用 pyecharts 创建折线图

在折线图的基础上，可以绘制面积图，只需要在添加数据时，增加一个 areastyle_opts 的参数即可实现，其中，opacity 参数为每个数据系列的透明度，在 0～1 之间，如果取值为 1，则完全不透明。此外，如果面积图有多个系列，可以在添加数据时设置 stack=True，从而实现堆叠效果。

【例 17-3】将前面汽油价格比较的折线图修改为面积图，所需要的数据已经保存在当前目录的"汽油价格.csv"中。

```
from pyecharts.charts import Line
import pyecharts.options as opts
import pandas as pd
df=pd.read_csv('汽油价格.csv',encoding='gbk')
lineChart=Line()
lineChart.add_xaxis(df['日期'].tolist())
lineChart.add_yaxis('Germany',df['Germany'].tolist(),is_symbol_show=False,areastyle_opts=opts.AreaStyleOpts(opacity=0.8),
            stack=True)
lineChart.add_yaxis('Italy',df['Italy'].tolist(),is_symbol_show=False,
            areastyle_opts=opts.AreaStyleOpts(opacity=0.6),stack=True)
lineChart.set_global_opts(title_opts=opts.TitleOpts(title='汽油价格比较'),
            datazoom_opts=opts.DataZoomOpts())
lineChart.set_series_opts(label_opts=opts.LabelOpts(is_show=False))
```

```
lineChart.render('面积图.html')
```

运行结果如图 17-6 所示。

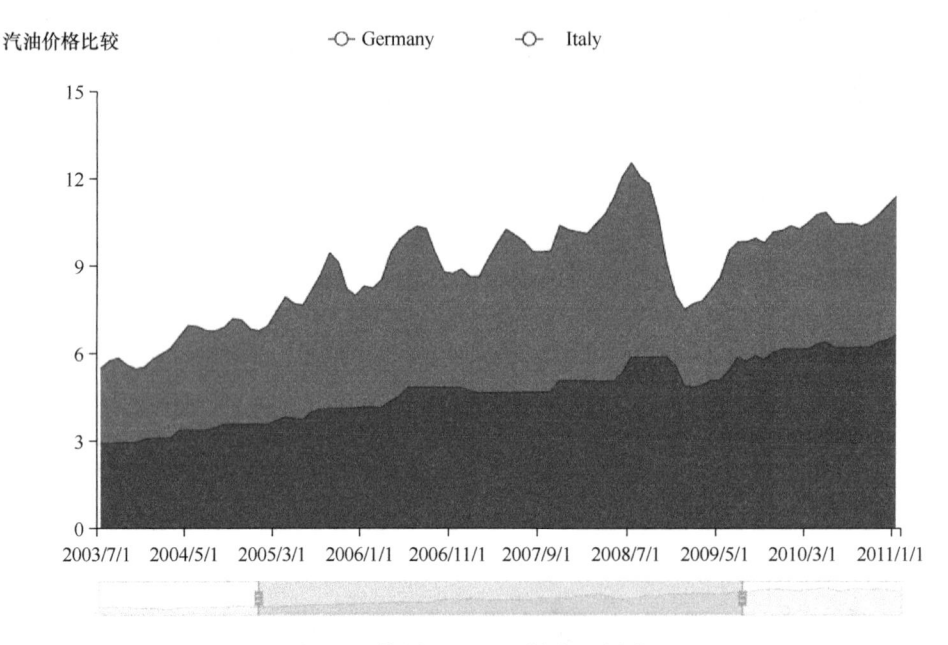

图 17-6 使用 pyecharts 创建面积图

17.3.3 散点图和气泡图

本节将讨论如何使用 pyecharts 绘制散点图和气泡图。绘制散点图要先初始化 Scatter 类，再分别向 x 轴和 y 轴添加数据，其格式如下。

```
scatter.add_xaxis(x_data)
scatter.add_yaxis(name,y_data)
```

其中，name 代表数据系列的名称，x_data 和 y_data 为列表。

散点图通常用于展示两个或者多个变量之间的关系。

【例 17-4】分析青少年身高和鞋码之间是否有相关性，将身高数据绘制在 x 轴上，鞋码数据绘制在 y 轴上，并添加缩放组件，所需要的数据保存在当前目录的"身高与鞋码.csv"中。

```
# 导入相应的库
from pyecharts.charts import Scatter
import pyecharts.options as opts
import pandas as pd
# 读入数据
df=pd.read_csv('身高与鞋码.csv')
# 将开启网格线定义为一个变量，供后面调用
spline=opts.SplitLineOpts(is_show=True)
# 创建散点图
scatter=Scatter()
scatter.add_xaxis(df['身高'])
scatter.add_yaxis('',df['鞋码'],symbol_size=20)
```

```
# 设置散点图全局选项，包括图表标题、对齐方式、坐标轴标题、网格线及缩放组件
scatter.set_global_opts(title_opts=opts.TitleOpts('身高与鞋码',pos_left=
'center'),
                xaxis_opts=opts.AxisOpts(type_='value',name='身高',min_=
145,max_=185,splitline_opts=spline),
                yaxis_opts=opts.AxisOpts(type_='value',name='鞋码',min_=
30,max_=45,splitline_opts=spline),
                visualmap_opts=opts.VisualMapOpts(min_=30,max_=45))
scatter.render('散点图.html')
```

运行结果如图 17-7 所示，可以看到身高和鞋码之间存在比较明显的正相关关系。

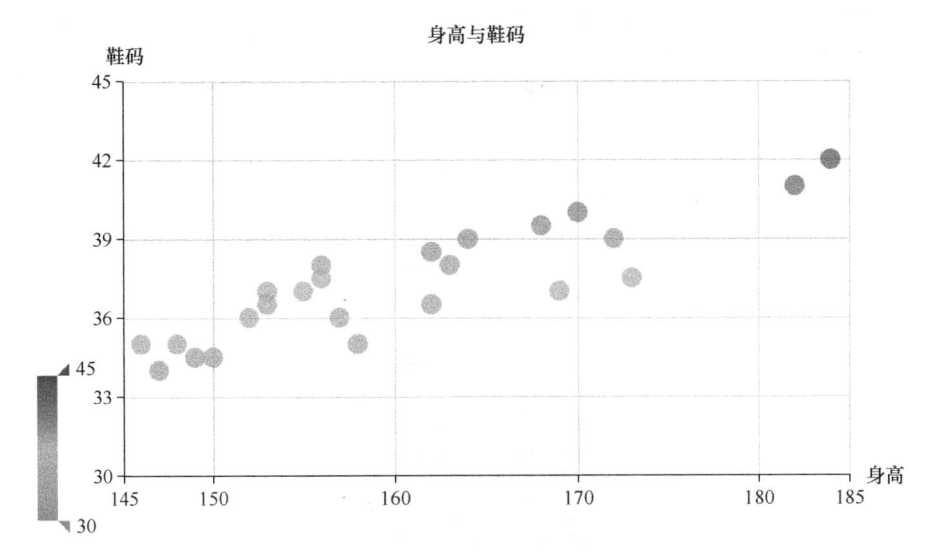

图 17-7　使用 pyecharts 创建散点图

气泡图和散点图类似，区别在于二维散点图展现两个维度信息，而二维气泡图可以展现三个维度的信息，因为多了一个展示气泡大小的维度信息。

要将上面的散点图修改为气泡图，只需要对缩放组件程序做如下修改即可。

```
visualmap_opts=opts.VisualMapOpts(type_='size',min_=30,max_=45)
```

17.3.4　直方图和箱形图

本节将讨论如何使用 pyecharts 绘制直方图和箱形图。

直方图用于了解数据的分布情况，是能够比较容易直接看到数据的位置状况、离散程度和分布形状的一种常用工具。它用一系列宽度相等、高度不等的长方形表示数据，宽度代表组距，高度代表指定组距内的数据数（频数）。

在 pyecharts 中绘制直方图和绘制柱形图使用的都是 Bar 类，要先初始化 Bar 类，再分别向 x 轴和 y 轴添加数据，并将分类的间距设置为 0，其格式如下。

```
bar.add_xaxis(x_data)
bar.add_yaxis(name,y_data, category_gap=0)
```

其中，name 代表数据系列的名称，x_data 和 y_data 为列表，category_gap 为分类间距。

【例 17-5】 分析不同金额订单的数量，将等级数据绘制在 x 轴上，每个等级对应的订单数量数据绘制在 y 轴上，所需数据保存在当前目录的"订单等级.csv"中。

```
from pyecharts.charts import Bar
import pyecharts.options as opts
import pandas as pd
df=pd.read_csv('订单等级.csv')
bar=Bar()
bar.add_xaxis(df['订单金额'].values.tolist())
bar.add_yaxis('',df['数量'].values.tolist(),category_gap=0)
bar.set_global_opts(title_opts=opts.TitleOpts('订单金额分布',pos_left='center'))
bar.render('直方图.html')
```

运行结果如图 17-8 所示，可以看到订单金额主要集中在 600 附近，并近似于正态分布。

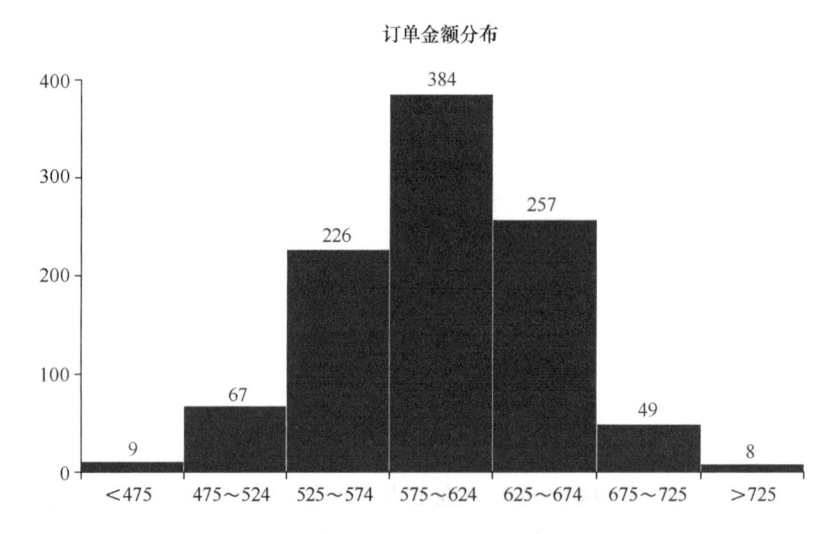

图 17-8　使用 pyecharts 创建直方图

箱形图是利用数据中的五个统计量：最小值、第一四分位数、中位数、第三四分位数与最大值来描述数据的一种方法，它可以粗略地看出数据是否具有对称性、分布的分散程度等信息。箱形图多用于多组数据的比较，相比直方图不仅节省空间，还展示出许多直方图不能展示的信息。

在 pyecharts 中绘制箱形图可以使用 Boxplot 类，要先初始化 Boxplot 类，再分别向 x 轴和 y 轴添加数据，其格式如下。

```
box_plot.add_xaxis(x_data)
box_plot.add_xaxis(name,y_data)
```

其中，name 代表数据系列的名称，x_data 和 y_data 为列表。

【例 17-6】 比较产品 A ～产品 E 五种产品订单金额的分布情况，将产品名称数据绘制在 x 轴上，将每种产品的分布数据绘制在 y 轴上。

```
# 导入对应库
from pyecharts.charts import Boxplot
```

```
import pyecharts.options as opts
# 导入数据
import pandas as pd
df=pd.read_csv('订单比较.csv')
# 初始化 Boxplot 类
box_plot=Boxplot()
# 向 x 轴和 y 轴添加数据
box_plot.add_xaxis(df.columns.tolist())
box_plot.add_yaxis('',box_plot.prepare_data([df['产品A'],df['产品B'],
df['产品C'],df['产品D'],df['产品E']]))
# 设置图表标题
box_plot.set_global_opts(
    title_opts=opts.TitleOpts(
        pos_left='center', title='不同产品订单金额分布比较'))
box_plot.render('箱形图.html')
```

运行结果如图 17-9 所示。

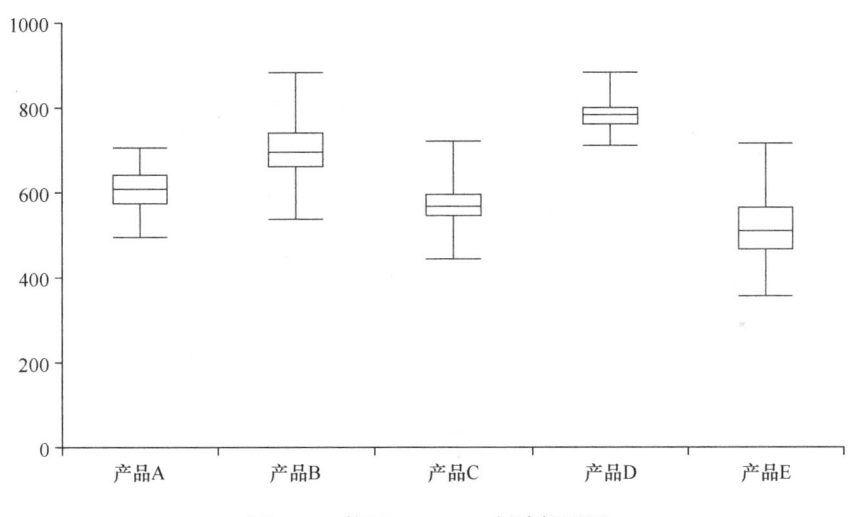

图 17-9　使用 pyecharts 创建箱形图

17.3.5　词云图

词云是目前流行的一种数据可视化方法。词云通过文本的不同颜色和大小，对网络文本中出现频率较高的"关键词"形成视觉上的突出效果，从而过滤大量不重要的文本信息，使浏览者只要一眼扫过就可以领略主旨。

在 pyecharts 中绘制词云图可以使用 WordCloud 类，要先初始化 WordCloud 类，再添加数据，其格式如下。

```
c.add(name,data)
```

其中，name 代表数据系列的名称，data 为列表。

【例 17-7】 展示哪些词汇在网络中出现的频率最高，哪些相对较低，出现频率高的用较大的字体展示，所需数据保存在当前目录的"frequency.csv"中。

```python
# 导入相应库
from pyecharts.charts import WordCloud
import pyecharts.options as opts
import pandas as pd
# 导入数据
df=pd.read_csv('frequency.csv')
# 初始化 WordCloud 类
c=WordCloud()
# 添加数据，使用 word_size_range 参数设置词云中最小文本和最大文本的字号
c.add('',df.values.tolist(),word_size_range=[5,60])
# 设置标题选项
c.set_global_opts(
    title_opts=opts.TitleOpts(
        pos_left='center', title=' 网络热词分析 '))
c.render(' 词云图 .html')
```

运行结果如图 17-10 所示，通过词云图可以快速了解哪些词汇在网络中热度最高。

网络热词分析

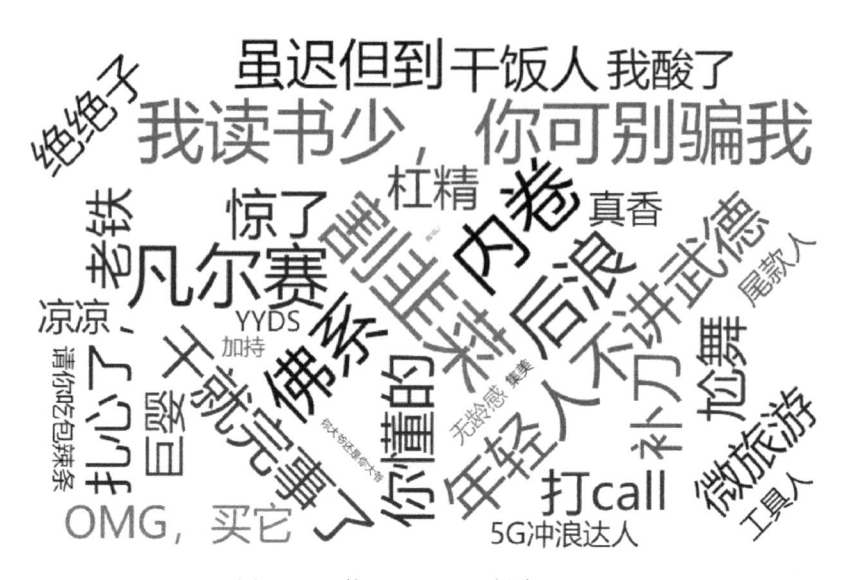

图 17-10　使用 pyecharts 创建词云图

17.3.6　数据地图

在进行数据可视化时，如果数据和地理位置有关，虽然也可用柱形图等传统图表加以展示，但不够生动和直观，而将数据和地图结合起来，会收到更好的效果。

pyecharts 专门提供了数据地图来解决上述需求。在 pyecharts 中绘制数据地图，主要使用 Map 和 Geo 两个类，前者用于绘制地理坐标系上的区域图，后者用于绘制地理坐标系上的散点图。

在 pyecharts 中进行地理空间数据可视化最常使用 Map 类，要先使用 Map() 方法创建一个地图实例，再使用 add() 方法添加数据。

【例 17-8】 对某企业在全国不同省份的销售额进行比较和展示，可使用如下代码，所需目录保存在当前目录的"各省销售数据 .csv"中。

```
# 导入相应库
from pyecharts.charts import Map
import pyecharts.options as opts
import pandas as pd
# 导入数据
df=pd.read_csv('各省销售数据.csv')
# 初始化 Map 类
c=Map()
# 添加数据，并且不显示省会标记
c.add('',df.values.tolist(),is_map_symbol_show=False)
# 设置标题选项及缩放组件，最小值为100，最大值为1000
c.set_global_opts(
        title_opts=opts.TitleOpts(
            pos_left='center', title='各省份销售额汇总'),
visualmap_opts=opts.VisualMapOpts(min_=100,max_=1000))
c.render('地理图表1.html')
```

运行结果可自行查看，每个省份都按照销售额进行了不同着色，而且可以通过缩放组件对图表进行筛选。

在创建上述图表的过程中，可以对缩放组件程序做如下修改，从而实现分级别显示。

```
visualmap_opts=opts.VisualMapOpts(min_=100,max_=1000,is_piecewise=True)
```

在 pyecharts 中进行地理空间数据可视化还可以使用 Geo 类，首先使用 Geo() 方法创建一个地图实例，然后使用 add_schema() 方法指定地图，最后使用 add() 方法添加数据。

【例 17-9】 对例 17-8 使用 Geo() 方法重新绘制数据地图。

```
import pandas as pd
# 导入数据
df=pd.read_csv('各省销售数据.csv')
# 初始化 Map 类
c=Geo()
# 指定地图，标记类型并添加数据
c.add_schema(maptype='china')
c.add('',df.values.tolist(),type_='effectScatter',)
# 设置标题选项及缩放组件，最小值为100，最大值为1000，并分类显示
c.set_global_opts(
     title_opts=opts.TitleOpts(
         pos_left='center', title='各省份销售额汇总'),
visualmap_opts=opts.VisualMapOpts(min_=100,max_=1000,is_piecewise=
True))
c.render('地理图表2.html')
```

运行结果可自行查看。

17.3.7 雷达图

雷达图表示某个对象在各个维度的属性，如某个学生在数学、语言、科学、艺术和工程等方面的能力表现。雷达图从中心点开始等角度、等间距地放置数值轴，每个轴代表一个定量变量，各轴上的点依次连接形成一个封闭的图形。雷达图要求展示的属性是有限的（2个以上），而且可以按照统一标准来量化，如身高和体重，虽然单位和数值分布都不一样，但可以按照某个标准计量。

在 pyecharts 中创建雷达图可以通过 Radar 类来实现。

【例 17-10】 使用雷达图比较两个学生在不同领域能力的差异。

```
# 初始化 Radar 类
radar=Radar()
# 创建画布，共 5 个维度，最大值都是 10
radar.add_schema(schema=[
    opts.RadarIndicatorItem(name='科学',max_=10),
    opts.RadarIndicatorItem(name='技术',max_=10),
    opts.RadarIndicatorItem(name='工程',max_=10),
    opts.RadarIndicatorItem(name='艺术',max_=10),
    opts.RadarIndicatorItem(name='数学',max_=10),
])
# 添加数据，并设置每个区域的颜色和透明度
radar.add('Judy',[stu_01],areastyle_opts=opts.AreaStyleOpts(color=
'red',opacity=0.3))
radar.add('Tracy',[stu_02],areastyle_opts=opts.AreaStyleOpts(color=
'blue',opacity=0.3))
radar.render('雷达图.html')
```

运行结果如图 17-11 所示。

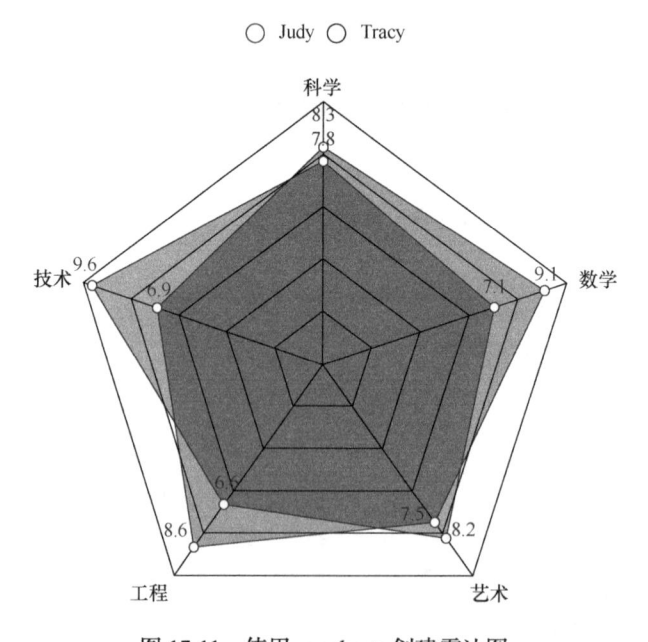

图 17-11 使用 pyecharts 创建雷达图

如果希望雷达图的形状为圆形，可以在创建画布时，在 add_schema() 方法中添加如下参数：

```
shape='circle'
```

运行结果如图 17-12 所示。

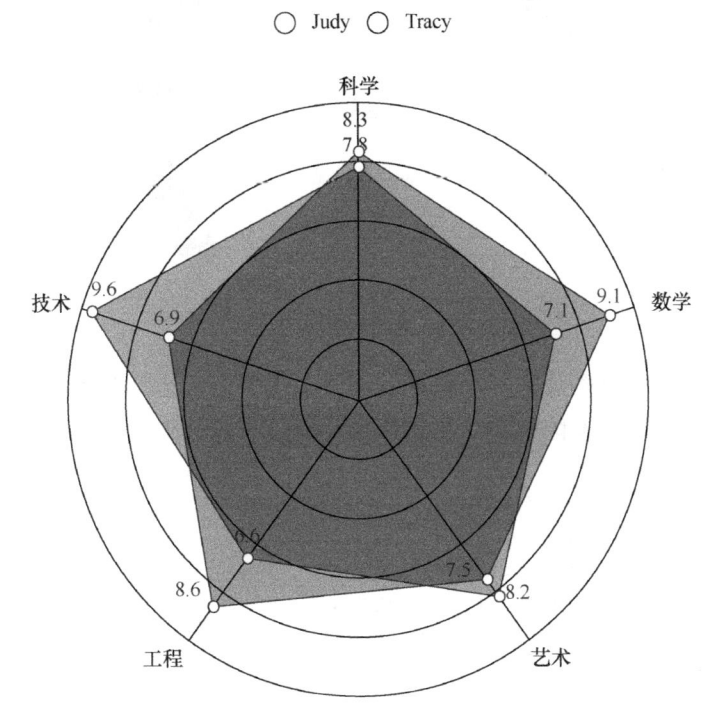

图 17-12　修改雷达图的形状为圆形

17.3.8　仪表盘和水球图

在进行数据可视化时，有时要关注某个指标，如工程进度、销售额等的完成情况，这种场景通常适合使用仪表盘展示。

在 pyecharts 中创建仪表盘是通过 Gauge 类来实现的。

【例 17-11】 使用仪表盘比较两个学生在不同领域能力的差异。

```
# 导入相关库
from pyecharts import options as opts
from pyecharts.charts import Gauge
# 初始化
c = Gauge()
c.add("", [("完成率", 76.8)])
c.set_global_opts(title_opts=opts.TitleOpts(title="工程完成进度",pos_left='center'))
c.render("仪表盘.html")
```

运行结果如图 17-13 所示。

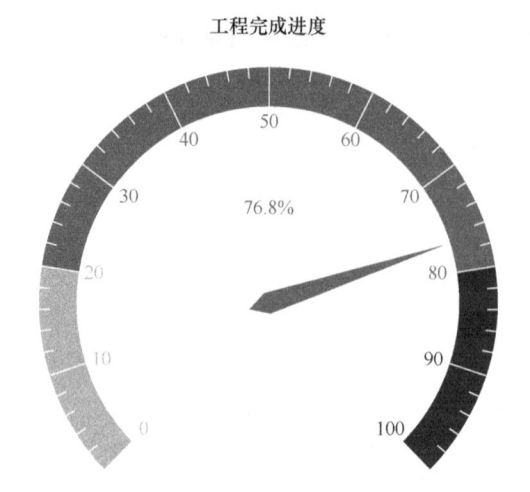

图 17-13　使用 pyecharts 绘制仪表盘

若关注如表单完成率等指标，则可以使用水球图。水球图像水流一样波动，一般用于显示业务完成率。在 pyecharts 中创建水球图，需要使用 Liquid 类，上例的仪表盘修改为水球图，程序如下。

```
# 导入相关库
from pyecharts import options as opts
from pyecharts.charts import Liquid
from pyecharts.globals import SymbolType
# 初始化 Liquid 类
c = Liquid()
# 添加数据，取消图表的边框显示并将形状设置为菱形
c.add("", [0.5], is_outline_show=False, shape=SymbolType.DIAMOND)
c.set_global_opts(title_opts=opts.TitleOpts(title="工程完成进度",
pos_left='center'))
c.render("水球图.html")
```

运行结果如图 17-14 所示。

图 17-14　使用 pyecharts 绘制水球图

第 18 章 使用 SciPy 进行科学计算和统计分析

SciPy 是一个开源的 Python 算法库和数学工具包。SciPy 是基于 numpy 的科学计算库，应用于数学、科学、工程学等领域，很多高阶抽象和物理模型都需要使用 SciPy 库。本章将基于 SciPy 和 pandas 等库讨论如何使用 Python 进行科学计算和统计分析。

18.1 使用 SciPy 进行科学计算

18.1.1 获取基本科学常量

为了方便科学计算，SciPy 提供了 scipy.constants 模块，该模块包含常用的物理与数学的常数和单位，科研工作者可以方便地获取这些数据。下面是一些常用的常量。

```python
from scipy import constants as C
# 圆周率
print(C.pi)
# 黄金比例
print(C.golden)
# 真空中的光速
print(C.c)
# 普朗克常数
print(C.h)
# 一英里等于多少米
print(C.mile)
# 一英寸等于多少米
print(C.inch)
# 一度等于多少弧度
print(C.degree)
# 一分钟等于多少秒
print(C.minute)
# 标准重力加速度
print(C.g)
```

程序运行结果如下。

```
3.141592653589793
1.618033988749895
299792458.0
```

```
6.62607015e-34
1609.3439999999998
0.0254
0.017453292519943295
60.0
9.80665
```

要查看具体包含哪些常量，可以使用 dir 函数。例如：

```
print(dir(C))
```

18.1.2 线性代数和微积分

线性代数是科学计算中经常涉及的计算方法，SciPy 提供了详细而全面的线性代数计算函数。这些函数基本都放在模块 scipy.linalg 中，可分为基本求解方法、特征值问题、矩阵分解、矩阵函数、矩阵方程求解、特殊矩阵构造等几小类。

scipy.linalg.solve 函数用于解线性方程。例如，联立方程组：

```
x+3y+5z=22
2x+5y+z=15
2x+3y+8z=32
```

用矩阵可以表示为

$$\begin{bmatrix} 1 & 3 & 5 \\ 2 & 5 & 1 \\ 2 & 3 & 8 \end{bmatrix} \begin{bmatrix} x \\ y \\ z \end{bmatrix} = \begin{bmatrix} 22 \\ 15 \\ 32 \end{bmatrix}$$

cipy.linalg.solve 函数接收两个参数：数组 a 和数组 b。其中，数组 a 表示系数，数组 b 表示等号右侧值，求出的解将会放在一个数组中返回。上面的方程组可以用如下程序求解：

```
# 导入对应的库和模块
from scipy import linalg
import numpy as np
# 声明 numpy 数组
a = np.array([[1, 3, 5], [2, 5, 1], [2, 3, 8]])
b = np.array([22, 15, 32])
# 求解
x = linalg.solve(a, b)
print (x)
```

运行结果如下。

```
[1. 2. 3.]
```

利用 SciPy 也可以进行积分和常微分方程的计算，例如，要计算 0～4 的定积分，可以使用如下程序计算结果和预计的误差。

```
from scipy import integrate
f1 = lambda x: x**2
y=integrate.quad(f1,0,4)
print(y)
```

运行结果如下。

```
(21.333333333333336, 2.368475785867001e-13)
```

18.1.3 插值与拟合

插值就是拟合数据。简单的拟合是一维数据的拟合，类似于机器学习的训练和测试过程。scipy.interpolate 模块中有很多方法可以实现对一些已知的点进行插值，下面以 interp1d() 方法为例进行探讨。

【例 18-1】 绘制一些近似于余弦曲线的数据，使用 interp1d() 方法进行插值和拟合，并生成图形。

```
# 导入相关库
import numpy as np
from scipy import interpolate as intp
import matplotlib.pyplot as plt
# 创建数据
x = np.array([0, 0.36, 0.75, 1, 1.45, 1.88, 2.19, 2.53, 2.9, 3.29, 3.62, 4.0])
y = np.cos(x**2/3 + 4)
# 绘制以上数据
plt.plot(x, y,'o')
# 使用 interp1d() 方法创建拟合函数
f1 = intp.interp1d(x, y, kind = 'linear')
f2 = intp.interp1d(x, y, kind = 'cubic')
# 添加数据，并生成拟合图像
xnew = np.linspace(0, 4, 30)
plt.plot(x, y, 'o', xnew, f1(xnew), '-', xnew, f2(xnew), '--')
plt.legend(['data', 'linear', 'cubic','nearest'], loc = 'best')
plt.show()
```

运行结果如图 18-1 所示。kind 参数表示插值使用的技术类型，包括 linear、nearest、ero、slinear、quadratic、cubic 等。

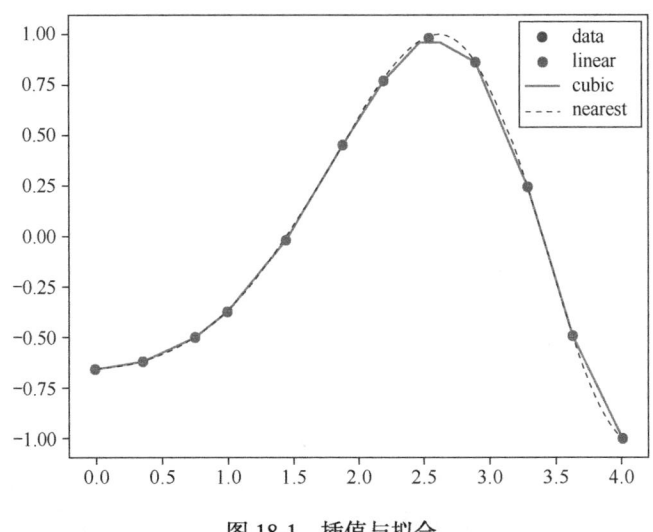

图 18-1 插值与拟合

18.2 使用 SciPy 进行统计分析

18.2.1 正态分布有关计算

正态分布（Normal Distribution）也称"常态分布"，又名高斯分布（Gaussian Distribution），是一个在数学、物理及工程等领域都非常重要的概率分布，在统计学的许多方面有着重大的影响力。

本节将讨论正态分布的概率密度函数及其在 Python 中的应用，以及由正态分布导出的 t 分布。

正态分布的概率密度函数为

$$f(x)=\frac{1}{\sqrt{2\pi\sigma^2}}e^{\left[-\frac{(x-\mu)^2}{2\sigma^2}\right]}$$

其中，μ 为均值，σ 为标准差，在 SciPy 中，使用 stats.norm 中的 pdf 函数可以快速计算正态分布函数的概率密度。先实例化一个均值为 700、标准差为 50 的正态分布，再对其使用 pdf 函数，程序如下。

```
from scipy import stats
norm_dist=stats.norm(loc= 700,scale =50)
print(norm_dist.pdf(x=720))
```

计算得到均值为 700、标准差为 50 的正态分布下，x 值为 720，概率密度为 0.007365402806066467，将上面程序修改如下。

```
from scipy import stats
print(stats.norm.pdf(loc=700,scale=50,x=720))
```

要绘制均值为 700、标准差为 50 的正态分布的概率密度图形，可以使用如下程序。

```
# 导入所需库
from scipy import stats
import numpy as np
import matplotlib.pyplot as plt
# 生成x轴数据，从500到900，以0.1为单位
x_data=np.arange(500,900,0.1)
# 生成概率密度值
y_data=stats.norm.pdf(x=x_data,loc=700,scale=50)
# 绘制图形
plt.plot(x_data,y_data)
plt.show()
```

运行结果如图 18-2 所示。

要计算在正态分布中大于或者小于某个数值的概率，可以使用 stats.norm 中的 cdf 函数，cdf 的全称是 cumulative distribution function，即累积分布函数。例如，要计算均值为 700、标准差为 50 的正态分布中小于 600 的概率，可以使用如下程序。

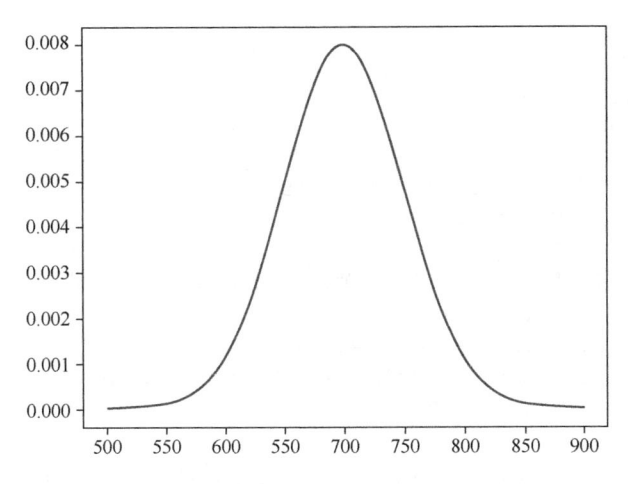

图 18-2 绘制正态分布概率密度图形

```
from scipy import stats
print(stats.norm.cdf(loc=700,scale=50,x=600))
```
得到的结果为 0.022750131948179195。

反之，如果要根据累计概率计算对应的数据点，可以使用如下程序。

```
from scipy import stats
print(stats.norm.ppf(loc=700,scale=50,q=0.16))
```
得到的结果为 650.2771058395124，其含义为小于该值的概率为 16%。

18.2.2 通过样本推断总体参数

在样本统计量概率分布的基础上，可以利用样本的信息推断所关心的总体参数，这个过程称为参数估计。假设总体分布为正态分布，只要知道了参数，就能确定总体的情况。

参数估计分为点估计和区间估计。点估计是直接推断总体参数为某一值的估计方法，通常适用样本均值作为总体均值的估计量；区间估计则将总体参数估计在一定的范围内。与区间估计密切相关的一个概念是置信水平，即区间估计的区间可信度的概率。例如，90%、95%、99% 等数值都可以作为置信水平。满足某个置信水平的区间称为置信区间。对同一组数据，置信水平越大，置信区间就越大。直观来说，要提高可信度，必然要扩大取值范围以保证安全。

在进行区间估计时，将使用 t 分布的百分位数（某个概率值）。如果置信水平是 95%，就求 t 分布的 2.5% 和 97.5% 分别对应的分位数。t 分布的变量落在其中的概率就是 95%，这就是所求的置信区间。计算区间估计所需的 3 个要素为自由度（样本数量 −1）、样本均值、标准误差。

【例 18-2】某家制造电子绝缘体的企业，如果绝缘体在使用过程中破裂，会造成短路。为了检验绝缘体的强度，要测试多大的压力会导致绝缘体破裂。现在取得了 30 个实验数据（每个数据表示在相应磅的压力下破裂），请推算在 95% 的置信水平下，对于总体而言导致破裂的平均压力的置信区间。注，要完成估计，可以使用 t.interval 函数，所需数据保存在当前目录的 "sample_01.csv" 中。

```
# 导入所需库
import pandas as pd
import numpy as np
from scipy import stats
# 加载数据
sample=pd.read_csv('sample_01.csv')
# 计算自由度,值为样本数量减1
df=len(sample)-1
# 计算标准差,在使用无偏方差的平方根的情况下,应将 ddof 设为 1
sigma=np.std(sample,ddof=1)
# 把数据代入 stats.t.interval 函数,计算置信区间
interval=stats.t.interval(alpha=0.95,df=df,loc=np.mean(sample),
scale=sigma/np.sqrt(len(sample)))
print(interval)
```

程序中,alpha 是置信水平,df 是自由度,loc 是样本均值,scale 是标准误差。输出的第 1 个数是置信区间下界限,第 2 个数是置信区间上界限。因此,95% 置信区间为 1690.0 ~ 1756.8。

18.2.3 检验均值

通过样本对总体进行统计学上的判断称为假设检验,其特征是使用概率论的语言描述判断。统计推断的实践中经常应用假设检验,其既可以用于我们自己的分析任务,也可以用于解读他人的检验结果。本节将介绍在 Python 中进行单样本 t 检验的方法。

单样本 t 检验的研究对象为均值,研究目标为判定均值是否与某个值存在差异。例如,一家巧克力制造商使用机器在流水线上包装糖果,包装上的标示为 2 千克,现在随机抽取了 50 包巧克力,要判断在 5% 的显著性水平下,能否证明巧克力的重量与标称存在差异。这时就可以通过单样本 t 检验来进行判断。

假设检验的过程是先提出一个假设,再基于数据客观地判断是否拒绝它。一开始提出来并用于拒绝的对象称为零假设,和零假设对立的假设称为备择假设。

要判断巧克力的平均重量是否为 2 千克,可以提出下列假设。
- 零假设:巧克力的平均重量是 2 千克。
- 备择假设:巧克力的平均重量不是 2 千克。

如果拒绝零假设,即给出了零假设为错误的判断,就表明存在显著性差异,即认为巧克力的平均重量不是 2 千克。样本与零假设之间的矛盾的指标就是 p 值。p 值越小,零假设和样本之间越矛盾。p 值的表示形式是概率。当 p 值小于显著性水平时,就需要拒绝零假设。显著性水平经常使用 10%、5% 或 1% 这些数值。

检验巧克力平均重量是否小于 2 千克称为单侧检验。此时不考虑它是否大于 2 千克。单侧检验的另一侧是只检验巧克力平均重量是否大于 2 千克,而不考虑它是否小于 2 千克。检验巧克力平均重量是否与 2 千克存在差异称为双侧检验。

单侧检验和双侧检验的 p 值不同。本例中只进行单侧检验不太合理,因而使用双侧检验。要在 Python 中进行假设检验,可以使用 scipy.stats 中的 t.cdf 函数,显著性水平设置为 5%,具体程序如下,所需数据保存在当前目录的 "sample_02.csv" 中。

```
# 导入所需库
from scipy import stats
import numpy as np
import pandas as pd
# 导入数据
sample=pd.read_csv('sample_02.csv')
# 首先计算样本平均值和自由度,自由度为样本数量减1
mu=np.mean(sample)
df=len(sample)-1
# 计算标准误差
sigma=np.std(sample,ddof=1)
se=sigma/np.sqrt(len(sample))
# 计算t值
t_value=(mu-2)/se
# 计算p值,由于要进行双侧检验,p值要用(1-alpha)*2来计算
alpha=stats.t.cdf(t_value,df=df)
print((1-alpha)*2)
```

运行得到 p 值为 0.90951054,大于 0.05,因此不认为存在显著性差异,不拒绝巧克力的平均重量是 2 千克的零假设。

18.2.4 检验均值差

上一节的研究对象是单变量数据,如巧克力的重量。本节将讨论如何判断两个变量的均值是否有差异。例如,一个企业内不同的培训方式是否对员工的生产效率产生不同的影响,两种产品的平均无故障时间是否存在差异等。

要完成上述目标,可以使用配对样本 t 检验。例如,某企业对负责图像处理的员工有线下和线上两种培训方法,要通过员工在培训后完成一幅图像处理的时间来评估两种方法是否存在差异,可以提出下列假设。
- 零假设:两种培训方法员工完成 1 幅图像的平均时间相等。
- 备择假设:两种培训方法员工完成 1 幅图像的平均时间不相等。

检验统计量 t 值的计算公式为

$$t = \frac{\overline{x}_1 - \overline{x}_2}{\sqrt{\left(\frac{\hat{\sigma}_1^2}{n_1} + \frac{\hat{\sigma}_2^2}{n_2}\right)}}$$

其中,$\overline{x}_1$ 和 $\overline{x}_2$ 为两个样本的均值,$\hat{\sigma}_1$ 和 $\hat{\sigma}_2$ 为两个样本的无偏方差,n_1 和 n_2 为两个样本的容量,将 t 值和要进行判断的显著性水平对应的 t 值进行比较就可以得到结论。

在 Python 中,要完成上面分析,可以使用 scipy.stats 中的 ttest 函数,具体程序如下,所需数据保存在当前目录的"sample_03.csv"中。

```
# 导入有关库
import pandas as pd
from scipy import  stats
```

```
# 导入数据
sample=pd.read_csv('sample_03.csv',encoding='gbk')
# 计算t值和p值
print(stats.ttest_ind(sample['现场'],sample['在线'],equal_var=False))
```

运行后可以看到，t 值为 -1.63，p 值为 0.12，如果显著性水平为 0.05，则 p 值大于显著性水平，因此不能拒绝零假设，两种培训方法的效果可以认为并不存在显著性差异。

在上例中，两组变量之间不存在关联。而如果要研究同一组对象在不同条件下的表现是否有差异，就需要使用配对样本的 t 检验。例如，某企业试图评价一项奖励计划的潜能，随机选取了 5 名销售人员，在一段时间内采用这项奖励计划，进而比较在计划实施前后他们销售量的变化，可以提出下列假设。

- 零假设：计划实施前后，平均销售量不变。
- 备择假设：计划实施前后，平均销售量发生了变化。

假设显著性水平为 5%。如果 p 值小于 0.05，就拒绝零假设，并认为该奖励计划有效。在 Python 中使用 scipy.stats 中的 ttest_rel 函数可方便地完成该检验，具体程序如下。

```
# 导入有关库
import pandas as pd
from scipy import stats
# 导入数据
sample=pd.read_csv('sample_04.csv')
# 计算t值和p值
print(stats.ttest_rel(sample['奖励前'],sample['奖励后']))
```

运行后可以看到，t 值为 5.88，p 值为 0.004，如果显著性水平为 0.05，则 p 值小于显著性水平，因此可以拒绝零假设，员工在实施奖励计划后的销售量与计划前相比，存在显著性差异。

18.2.5 卡方检验

卡方检验又称列联表检验，是一种用途广泛的记数资料的假设检验方法，它属于非参数检验，主要用于比较两个及两个以上样本的构成比及两个分类变量是否有关联性。

例如，某啤酒制造企业生产三种啤酒，分别为淡啤酒、普通啤酒和黑啤酒，该企业希望了解性别对选购啤酒的种类是否存在影响，为此抽取了 150 名啤酒饮用者作为一个随机样本，在品尝了每种啤酒后，要求每个人说出他们的第一选择，并提出如下假设。

- 零假设：啤酒种类的偏好和饮用者的性别是相互独立的。
- 备择假设：啤酒种类的偏好和饮用者的性别不是相互独立的。

假设显著性水平为 5%。如果 p 值小于 0.05，就拒绝零假设，并认为偏好与性别不是相互独立的。在 Python 中使用 scipy.stats 中的 chi2_contingency 函数可方便地完成该检验，具体程序如下，所需数据保存在当前目录的 "sample_05.csv" 中。

```
# 导入所需库
import pandas as pd
from scipy import stats
# 导入数据
sample=pd.read_csv('sample_05.csv')
# 将数据转换为二维表，即列联表
data=pd.pivot_table(sample,index='性别',columns='啤酒类型',aggfunc=
'count')
# 使用 chi2_contingency 函数进行检验
# 由于函数会默认进行修正，因此这里使用 correction = False 禁用修正
print(stats.chi2_contingency(data,correction=False))
```

运行结果如下。

```
(6.122448979591837, 0.046830316852419576, 2, array([[32.66666667,
23.33333333, 14.          ],
       [37.33333333, 26.66666667, 16.          ]]))
```

上面结果依次为统计量、p 值、自由度和期望频数，其中 p 值小于 0.05，因此拒绝独立性的零假设，并得到结论，即对啤酒种类的偏好不独立于饮用者的性别。

18.2.6 回归分析

回归分析用于研究某一变量（因变量）与另一个或多个变量（解释变量、自变量）之间的依存关系，在商业和经济领域经常用来进行预测。最常用的是一元回归，即根据自变量 x 和因变量 y 的相关关系，建立 x 与 y 的线性回归方程进行预测。在实际的经济生活或科学研究中，我们要预测的结果往往受到多个因素的影响，但只要其中有一个主要的因素，就可以使用一元回归。

【例 18-3】根据商店的规模预测年销售额，现选取 14 个商店进行研究。

首先，这个模型需要用到库的种类比较多，要一次性导入，程序如下。

```
# 用于数值计算的库
import numpy as np
import pandas as pd
from scipy import stats
# 用于绘图的库及选项
from matplotlib import pyplot as plt
import seaborn as sns
sns.set(color_codes=True,font='SimHei')
# 用于计算回归的库
import statsmodels.formula.api as smf
import statsmodels.api as sm
```

程序中，将 seaborn 的字体设置为 "font='SimHei'"，以便解决无法正常显示中文的问题。

然后，通过 pandas 读入数据，所需数据保存在当前目录的 "sample_06.csv" 中，程序如下。

```
sample=pd.read_csv('sample_06.csv',encoding='gbk')
```

在读入数据后，可以通过图形大致了解数据的情况，程序如下。

```
sns.jointplot(x='占地面积',y='年销售额',data=sample,color='green')
```

运行结果如图 18-3 所示,可以看到,商场的占地面积越大,年销售额从趋势上看也会越高。

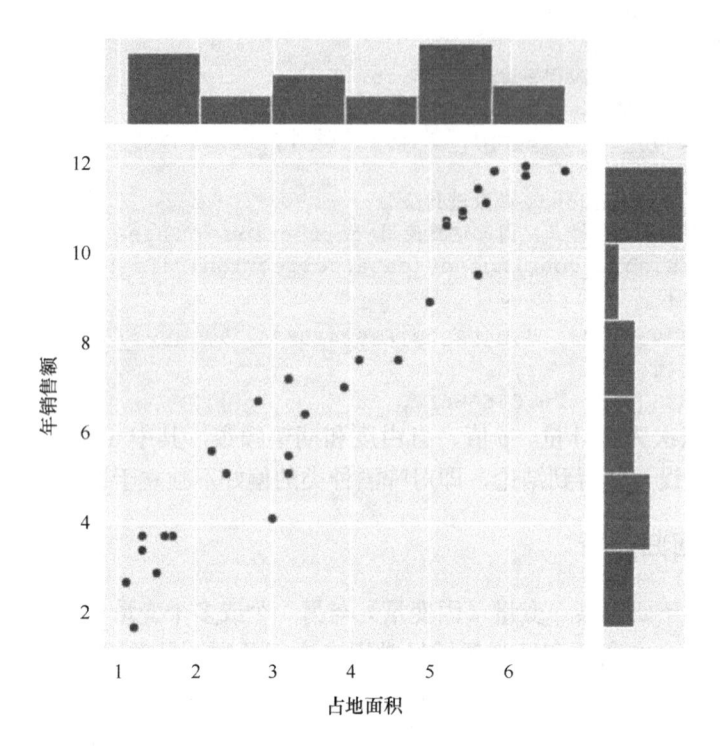

图 18-3　占地面积和年销售额之间的关系

接着,建立如下回归模型:

$$年销售额 = b_1 \times 占地面积 + b_0$$

其中,响应变量为"年销售额",解释变量只有"占地面积"这一个,b_1 为模型的斜率,b_0 为模型的截距。根据占地面积,可以预测年销售额,要实现这个目标可以使用 statsmodels 库的 smf.ols 函数,ols 是指普通最小二乘法(ordinary least squares)。具体程序如下。

```
lm_model=smf.ols(formula=' 年销售额 ~ 占地面积 ',data=sample).fit()
```

其中,参数是 formula = ' 年销售额 ~ 占地面积 ',代表模型的响应变量为年销售额,解释变量为占地面积;fit() 方法的功能是自动完成直至完成参数估计的所有过程。

最后,使用 summary 函数打印估计的结果,程序如下。

```
print(lm_model.summary())
```

得到的报告如下。

```
                            OLS Regression Results
==============================================================================
Dep. Variable:                 年销售额   R-squared:                       0.942
Model:                            OLS   Adj. R-squared:                  0.940
Method:                 Least Squares   F-statistic:                     457.6
Date:                Sun, 16 Jan 2022   Prob (F-statistic):           6.91e-19
Time:                        15:59:47   Log-Likelihood:                -35.311
```

```
No. Observations:         30        AIC:                      74.62
Df Residuals:             28        BIC:                      77.42
Df Model:                  1
Covariance Type:     nonrobust
==============================================================================
                 coef    std err          t      P>|t|      [0.025      0.975]
------------------------------------------------------------------------------
Intercept      0.5546      0.351      1.580      0.125      -0.164       1.274
占地面积       1.7956      0.084     21.391      0.000       1.624       1.968
==============================================================================
Omnibus:                        2.386   Durbin-Watson:                   2.824
Prob(Omnibus):                  0.303   Jarque-Bera (JB):                1.947
Skew:                          -0.489   Prob(JB):                        0.378
Kurtosis:                       2.226   Cond. No.                         10.4
==============================================================================

Notes:
[1] Standard Errors assume that the covariance matrix of the errors
is correctly specified.
```

输出的信息包含 3 个表格，第 2 个表格中的 Intercept 是截距，占地面积是斜率，coef 是系数 b_1 和 b_0 的值，右边依次为系数的标准误差、t 值、p 值及 95% 置信区间的置信区间上界限和置信区间下界限。斜率的 p 值接近于 0，说明占地面积的系数，即斜率与 0 之间存在显著性差异。通过报表可知，占地面积会影响年销售额。系数的值 1.7956 为正数，说明占地面积越大，年销售额越高。

模型预测的响应变量的图形就是回归直线。使用 seaborn 中的 lmplot 函数可以方便地绘制回归直线，其程序如下。

```
sns.lmplot(x='占地面积',y='年销售额',data=sample)
```

运行结果如图 18-4 所示。

图 18-4 同时展示了散点图和回归直线，阴影部分是回归直线的 95% 置信区间。

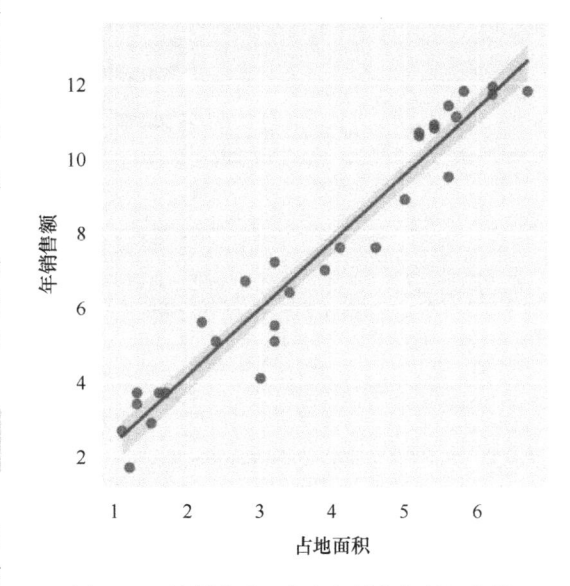

图 18-4　绘制占地面积和年销售额的回归线

第四篇

实例应用

第19章
共享自行车大数据分析

本章以某共享自行车数据为例,利用时间序列方法,通过 pandas 可视化的手段,分析自行车租赁随时间及天气变化的分布情况。

19.1 数据预处理

关于自行车行驶的数据已经保存在当前目录的"data"文件夹下的"train.csv"中,下面读取该数据并进行清洗和转换。

19.1.1 读取数据

通过 pandas 读取下载好的 CSV 文件,即可加载该数据集。数据字段介绍信息的含义是,datetime 为租赁时间;season 为季节,1 为春季,2 为夏季,依此类推;holiday 表示是否为假期,0 为非假期,1 为假期;workingday 与 holiday 值正好相反,0 为非工作日,1 为工作日;weather 为天气情况,数字越大,天气越差;temp 和 atemp 为气温和体感温度;humidity 为湿度;windspeed 为风速;casual 为普通用户;registered 为注册用户;count 为租赁自行车数量。

读取数据,并随机抽取 10 条数据,程序如下。

```
import pandas as pd
import numpy as np
import matplotlib.pyplot as plt
df=pd.read_csv('data\\train.csv')
print(df.sample(10))
```

运行结果如下。

```
        datetime             season  holiday  ...  casual  registered  count
5775    2012-01-15 19:00:00       1        0  ...       9         101    110
1372    2011-04-03 01:00:00       2        0  ...       8          26     34
8810    2012-08-09 11:00:00       3        0  ...      94         166    260
9911    2012-10-17 08:00:00       4        0  ...      38         779    817
10660   2012-12-10 14:00:00       4        0  ...      31         179    210
1804    2011-05-02 02:00:00       2        0  ...      16          19     35
2107    2011-05-14 17:00:00       2        0  ...      78         194    272
9027    2012-08-18 12:00:00       3        0  ...     266         388    654
```

```
7371    2012-05-06 12:00:00    2    0  ...    207    351    558
871     2011-02-19 18:00:00    1    0  ...     21     67     88
```

19.1.2 数据清洗与转换

首先查看各字段是否有缺失值,程序如下。

```
print(df.isnull().sum())
```

运行结果如下。

```
datetime      0
season        0
holiday       0
workingday    0
weather       0
temp          0
atemp         0
humidity      0
windspeed     0
casual        0
registered    0
count         0
dtype: int64
```

可以看到,各字段没有缺失值。

然后查看数据集的基本信息,程序如下。

```
print(df.info())
```

运行结果如下。

```
RangeIndex: 10886 entries, 0 to 10885
Data columns (total 12 columns):
 #   Column      Non-Null Count  Dtype
---  ------      --------------  -----
 0   datetime    10886 non-null  object
 1   season      10886 non-null  int64
 2   holiday     10886 non-null  int64
 3   workingday  10886 non-null  int64
 4   weather     10886 non-null  int64
 5   temp        10886 non-null  float64
 6   atemp       10886 non-null  float64
 7   humidity    10886 non-null  int64
 8   windspeed   10886 non-null  float64
 9   casual      10886 non-null  int64
 10  registered  10886 non-null  int64
 11  count       10886 non-null  int64
dtypes: float64(3), int64(8), object(1)
memory usage: 1020.7+ KB
None
```

可以看到,datetime 字段不是时间类型数据,此时需利用 pd.to_datetime 函数将其转换为 datetime 类数据,程序如下。

```
df['datetime']=pd.to_datetime(df['datetime'])
```

最后将 datetime 字段设置为 DataFrame 的索引，以便形成时间序列数据，程序如下。

```
df=df.set_index('datetime')
```

19.2 探索数据规律

在完成数据预处理后，本节将继续探讨不同年份及同一年份中不同月份的骑行规律，并进一步分析每天、每周及不同季节的骑行差异。

19.2.1 年份数据比较

先利用 groupby() 方法将数据按照年份分组，程序如下。

```
year=df.groupby(lambda x:x.year).sum()
print(year['count'])
```

运行结果如下。

```
2011    781979
2012    1303497
Name: count, dtype: int64
```

可以看到，2012 年的租赁数量要高于 2011 年。

再使用如下程序绘制柱形图。

```
year['count'].plot(kind='bar')
plt.show()
```

运行结果如图 19-1 所示。

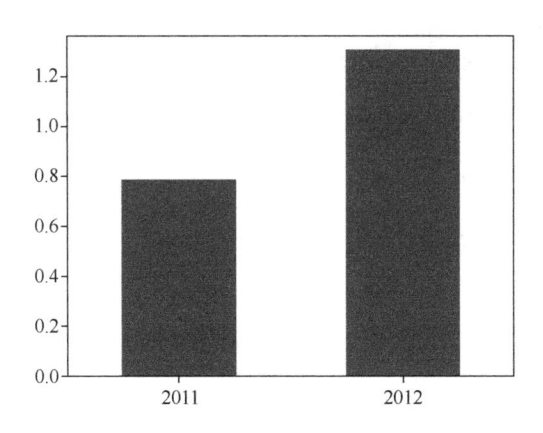

图 19-1 比较不同年份自行车租赁数量

19.2.2 月份趋势比较

利用 resample() 方法将数据重采样到月份，类型为时期类型，程序如下。

```
month=df.resample('M').sum()
print(month)
```

运行结果如下。

```
          season   holiday   workingday  ...   casual   registered   count
datetime                                 ...
2011-01-31   431      24         264     ...    2008       21544    23552
2011-02-28   446       0         327     ...    3776       29068    32844
2011-03-31   446       0         328     ...    7910       30825    38735
2011-04-30   910      24         287     ...   12229       38288    50517
2011-05-31   912       0         336     ...   15865       63848    79713
2011-06-30   912       0         312     ...    1960       70176    89776
2011-07-31  1368      24         288     ...   26145       66703    92848
2011-08-31  1368       0         360     ...   17580       65716    83296
2011-09-30  1359      24         285     ...   18311       60793    79104
2011-10-31  1820      24         287     ...   17159       62363    79522
2011-11-30  1824      24         312     ...   10155       60734    70889
2011-12-31  1824       0         312     ...    5079       56104    61183
2012-01-31   453      47         286     ...    5244       51088    56332
2012-02-29   455       0         311     ...    5521       60748    66269
2012-03-31   455       0         312     ...   17146       77620    94766
2012-04-30   908      24         310     ...   27584       89301   116885
2012-05-31   912       0         336     ...   25420       95014   120434
2012-06-30   912       0         312     ...   28974      101983   130957
2012-07-31  1368      24         312     ...   24802       96967   121769
2012-08-31  1368       0         312     ...   28290      101930   130220
2012-09-30  1368      24         288     ...   27590      105835   133425
2012-10-31  1824      24         336     ...   20928      106984   127912
2012-11-30  1820      24         287     ...   15198       90353   105551
2012-12-31  1824       0         312     ...    9621       89356    98977

[24 rows x 11 columns]
```

将上述结果转换为折线图，程序如下。

```
plt.plot(month.index,month['count'])
plt.show()
```

运行结果如图 19-2 所示。

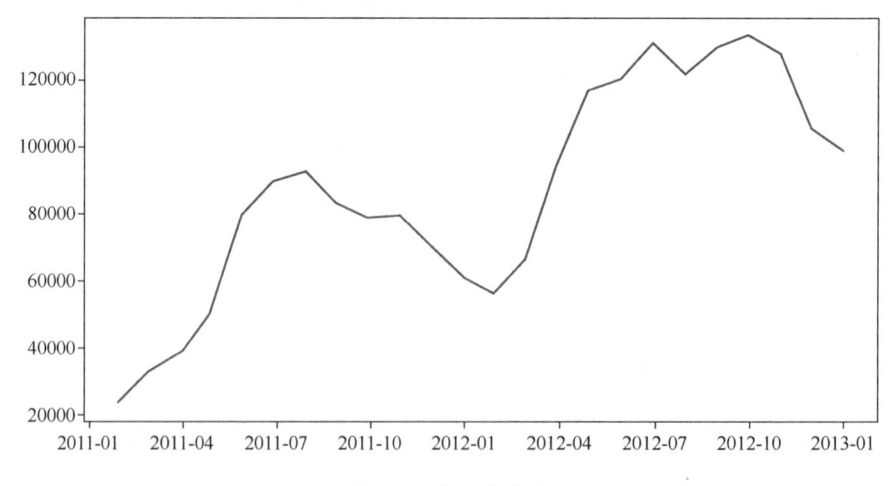

图 19-2 按月份分析

从图 19-2 可以看到，2011 年和 2012 年的趋势大致相同，前几个月逐渐增加，到夏季到达峰值，然后逐渐减少。

19.2.3 每日高峰时段分析

在一天中不同的时间段，共享自行车的租赁数量是存在差异的，这种差异分析对优化车辆的使用具有重要的价值。

为了分析一天中租赁数量的分布情况，可以单独保存销售的数据，程序如下。

```
df['hour']=df.index.hour
hour=df.groupby('hour').sum()
print(hour)
```

运行结果如下。

```
      season  holiday  workingday  ...  casual  registered   count
hour                                ...
0       1139       13         310  ...    4692       20396   25088
1       1136       13         309  ...    2957       12415   15372
2       1130       13         305  ...    2159        8100   10259
3       1107       12         289  ...    1161        3930    5091
4       1125       13         297  ...     558        2274    2832
5       1136       13         310  ...     658        8277    8935
6       1139       13         310  ...    1888       32810   34698
7       1139       13         310  ...    4966       92002   96968
8       1139       13         310  ...    9802      155258  165060
9       1139       13         310  ...   14085       86825  100910
10      1139       13         310  ...   20984       58683   79667
11      1139       13         310  ...   27324       68533   95857
12      1140       13         311  ...   31387       85581  116968
13      1140       13         311  ...   33771       83780  117551
14      1140       13         311  ...   34925       76085  111010
15      1140       13         311  ...   34669       81291  115960
16      1140       13         311  ...   34238      110028  144266
17      1140       13         311  ...   34401      179356  213757
18      1140       13         311  ...   27997      168475  196472
19      1140       13         311  ...   22378      121389  143767
20      1140       13         311  ...   16750       87454  104204
21      1140       13         311  ...   13027       66030   79057
22      1140       13         311  ...   10307       50604   60911
23      1140       13         311  ...    7051       33765   40816

[24 rows x 11 columns]
```

将上述分析结果生成为图表，程序如下。

```
plt.plot(hour.index,hour['count'])
plt.show()
```

运行结果如图 19-3 所示。

从图 19-3 可以看到，每日的上午和傍晚各有一个时间段"非常繁忙"。

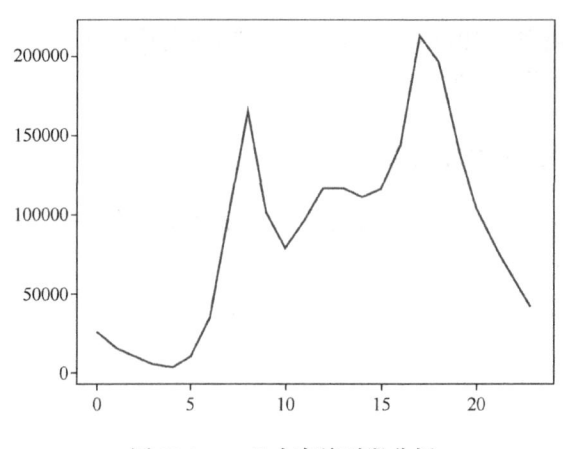

图 19-3　一日内高峰时段分析

19.2.4　不同季度差异分析

由于不同季度的天气不同对共享单车的使用也存在影响，因此可以按照季度进行汇总，程序如下。

```
df_s=df.pivot_table(index='season',values='count')
print(df_s)
```

运行结果如下。

```
            count
season
1       116.343261
2       215.251372
3       234.417124
4       198.988296
```

对上述结果进行可视化分析，可以使用柱形图，程序如下。

```
plt.bar(df_s.index,df_s['count'])
plt.xticks(df_s.index,['Q1','Q2','Q3','Q4'],)
plt.show()
```

运行结果如图 19-4 所示。

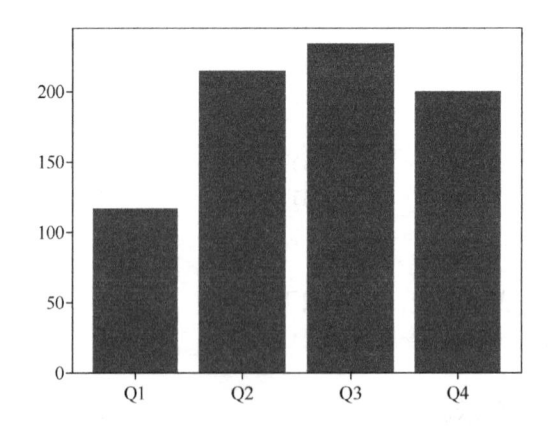

图 19-4　不同季度使用量比较

从图 19-4 可以看到，全年中第三季度使用量最高，第一季度最低。

19.2.5 周末和工作日差异分析

共享自行车在周末和工作日使用的情况也可能存在差异，对此的分析方法和上面类似，程序如下。

```
df_w=df.pivot_table(index='workingday',values='count')
print(df_w)
```

运行结果如下。

```
                 count
workingday
0           188.506621
            193.011873
```

使用柱形图对上述结果进行可视化分析，程序如下。

```
plt.bar(df_w.index,df_w['count'])
plt.xticks(df_w.index,['Weekend','Workingday'])
plt.show()
```

运行结果如图 19-5 所示。

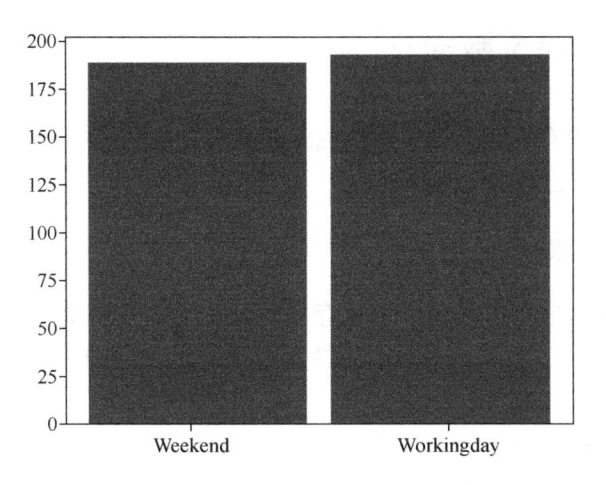

图 19-5　周末和工作日使用情况比较

从图 19-5 可以看到，工作日的共享自行车租赁数量略高，但二者差异不大。

第20章 在线销售数据分析与建模

前面已经讨论了使用 numpy、pandas 及 matplotlib 等工具进行数据处理、分析与可视化的各项技术。本章将对某电商企业的在线销售数据进行探索性分析。

目前已经获得了 2013-2015 年的销售数据，每月的数据保存在一个单独的 Excel 文档中。需要对这些分散的数据进行汇总，并找到规律，从而对下一年度的生产与运营进行优化。

20.1 获取和清洗数据

销售数据已经保存在当前目录的"data\online_sale"文件夹下的 36 个文件中，首先要对这些数据进行汇总、清洗和转换。

20.1.1 获取数据

由于 3 年的销售数据是按照月份保存的，每月的数据都保存在单独的 Excel 文档中，因此要将这 36 个文件中的数据进行整合。首先导入需要的库，并声明文档中的语言，程序如下。

```
#coding=gbk
import pandas as pd
import os
```

接着使用 os 库将保存在"data\\online_sale"文件夹下的所有文件名读取到一个列表中，并建立一个空的列表"dfs"，程序如下。

```
files=os.listdir('data\\online_sale')
dfs=[]
```

然后遍历 36 个文件，将其读取到 DataFrame 对象中，并添加到"dfs"列表，程序如下。

```
for month in files:
    df=pd.read_excel('data\\online_sale\\{}'.format(month))
    dfs.append(df)
```

使用 concat() 方法将"dfs"列表中的所有 DataFrame 对象进行纵向拼接，并重置索引，删除原来的编号，重新对列标题进行命名，程序如下。

```
result = pd.concat(dfs,keys=files)
```

```
result=result.reset_index()
result.drop(['level_1'],axis=1,inplace=True)
result.columns=['月份','订单号','产品','城市','销量(磅)']
print(result.head())
```
运行结果如下。

```
          月份           订单号       产品    城市   销量(磅)
0  2013年10月.xlsx  2013831082  冰激凌蛋糕   北京      11
1  2013年10月.xlsx  2013731386  冰激凌蛋糕   深圳       7
2  2013年10月.xlsx  2013435554  巧克力蛋糕   北京      48
3  2013年10月.xlsx  2013623712  巧克力蛋糕   深圳      35
4  2013年10月.xlsx  2013684652   水果蛋糕   北京      41
```

20.1.2 了解数据的基本特征

开始数据分析前，先对分析的数据有一个大致的了解，包括数据类型、数据大小、是否有空值、数据的大致分布等。这里可以使用 info() 方法，程序如下。

```
print(result.info())
```
运行结果如下。

```
<class 'pandas.core.frame.DataFrame'>
RangeIndex: 6570 entries, 0 to 6569
Data columns (total 5 columns):
 #   Column    Non-Null Count  Dtype
---  ------    --------------  -----
 0   月份        6570 non-null   object
 1   订单号       6570 non-null   int64
 2   产品        6570 non-null   object
 3   城市        6570 non-null   object
 4   销量(磅)     6570 non-null   int64
dtypes: int64(2), object(3)
memory usage: 256.8+ KB
None
```

从结果可以看出，数据有 6570 行 5 列。其中，"订单号"和"销量（磅）"两列数据为整形，其他 3 列为字符串，整个数据使用了 256.8KB 内存。

接下来可以检查数据中是否存在缺失值，程序如下。

```
print(result.isnull().sum().sort_values(ascending=False))
```
运行结果如下。

```
销量(磅)    4
城市       3
订单号      1
产品       1
月份       0
dtype: int64
```

输出结果说明，在数据中存在少量的缺失值，此时可以探究什么导致数据缺失，是否有办法补全。进一步还可以检查到底是哪些数据缺失，程序如下。

```
print(result[result.isnull().any(axis=1)])
```
运行结果如下。

	月份	订单号	产品	城市	销量（磅）
437	2013年12月.xlsx	2.013632e+09	水果蛋糕	深圳	NaN
438	2013年12月.xlsx	2.013333e+09	冰激凌蛋糕	北京	NaN
459	2013年12月.xlsx	2.013353e+09	巧克力蛋糕	深圳	NaN
479	2013年12月.xlsx	NaN	水果蛋糕	深圳	41.0
556	2013年1月.xlsx	2.013665e+09	水果蛋糕	NaN	28.0
566	2013年1月.xlsx	2.013942e+09	巧克力蛋糕	北京	NaN
573	2013年1月.xlsx	2.013735e+09	NaN	深圳	48.0
575	2013年1月.xlsx	2.013327e+09	水果蛋糕	NaN	25.0
632	2013年1月.xlsx	2.013409e+09	巧克力蛋糕	NaN	41.0

20.1.3 清洗与整理数据

继续上一节，首先将包含缺失值的行删除，程序如下。

```
result=result.dropna()
print(result.isnull().sum())
```

运行结果如下，可以看到缺失值已经被删除。

```
月份        0
订单号       0
产品        0
城市        0
销量（磅）     0
dtype: int64
```

月份列的数据中，由于获取的是文件名称，因此后面有文件的扩展名".xlsx"，现在需要将其删除，可以使用str()方法，程序如下。

```
result['月份']=result['月份'].str.rstrip('.xlsx')
print(result.head())
```

运行结果如下，可以看到已经完成了清理。

	月份	订单号	产品	城市	销量（磅）
0	2013年10月	2.013831e+09	冰激凌蛋糕	北京	11.0
1	2013年10月	2.013731e+09	冰激凌蛋糕	深圳	7.0
2	2013年10月	2.013436e+09	巧克力蛋糕	北京	48.0
3	2013年10月	2.013624e+09	巧克力蛋糕	深圳	35.0
4	2013年10月	2.013685e+09	水果蛋糕	北京	41.0

数据在导入后，"订单号"列的数据类型为数值，现在需要转换为字符串，可以使用astype()方法，程序如下。

```
result=result.astype({'订单号':str})
result['订单号']=result['订单号'].str.rstrip('.0')
print(result.head())
```

运行结果如下。

	月份	订单号	产品	城市	销量（磅）
0	2013年10月	2013831082	冰激凌蛋糕	北京	11.0
1	2013年10月	2013731386	冰激凌蛋糕	深圳	7.0
2	2013年10月	2013435554	巧克力蛋糕	北京	48.0
3	2013年10月	2013623712	巧克力蛋糕	深圳	35.0
4	2013年10月	2013684652	水果蛋糕	北京	41.0

20.2 分析与可视化销售数据

在完成了数据的预处理后，本节将从不同维度对数据进行汇总，并分析不同城市对不同产品的偏好是否存在差异。

20.2.1 查看销量的描述统计结果

如果希望了解销量的最大值、最小值及标准差等统计指标，可以使用 describe() 方法，程序如下。

```
print(result.describe())
```

运行结果如下。

```
              销量（磅）
count   6561.000000
mean      36.904893
std       18.391726
min        5.000000
25%       23.000000
50%       34.000000
75%       48.000000
max      123.000000
```

可以看到，2013-2015 年蛋糕的销量共包含 6561 条记录，平均销量为 36.9 磅，最大销量为 123 磅，最小销量为 5 磅，标准差为 18.4 磅。

20.2.2 按产品对销量进行汇总

在线销售的产品包含"冰激凌蛋糕"、"水果蛋糕"和"巧克力蛋糕"三个品类，那么分析的重点之一是了解不同品类的总销量，可以使用 groupby() 方法，程序如下。

```
by_quantity=result.groupby('产品').sum()
print(by_quantity)
```

运行结果如下。

```
            销量（磅）
产品
冰激凌蛋糕     46661.0
巧克力蛋糕    109511.0
水果蛋糕      85961.0
```

为了更好展示分析的结果，可以使用柱形图可视化数据，此处使用 matplotlib 库，程序如下。

```
import matplotlib.pyplot as plt
# 用来正常显示中文标签
plt.rcParams['font.sans-serif']=['SimHei']
plt.bar(by_quantity.index,by_quantity['销量（磅）'])
plt.show()
```

运行结果如图 20-1 所示。

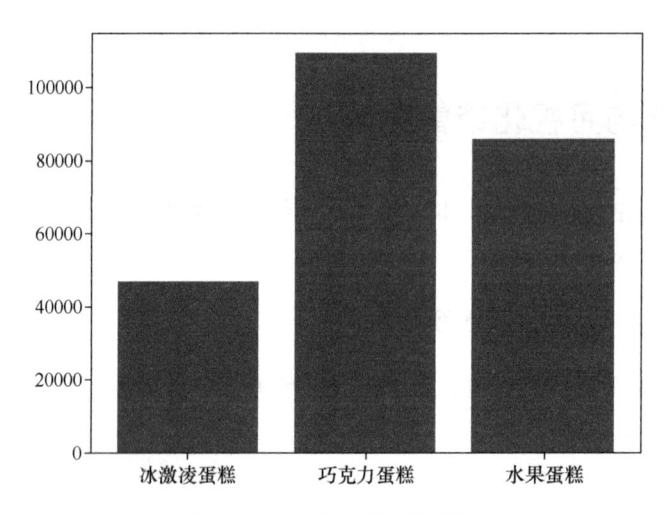

图 20-1　按照产品汇总销量

通过以上可视化分析可以直观看出，在整体销售中，最受欢迎的为巧克力蛋糕，其次为水果蛋糕。

20.2.3　按城市汇总产品

除比较不同产品销量的差异外，管理者还需要了解不同城市之间的差异。程序如下。

```
by_city=result.groupby('城市').sum()
print(by_city)
```

运行结果如下。

```
        销量（磅）
城市
北京    144030.0
深圳     98103.0
```

如果对以上汇总结果使用条形图进行比较，可使用如下程序。

```
plt.barh(by_city.index,by_city['销量（磅）'])
plt.show()
```

运行结果如图 20-2 所示。

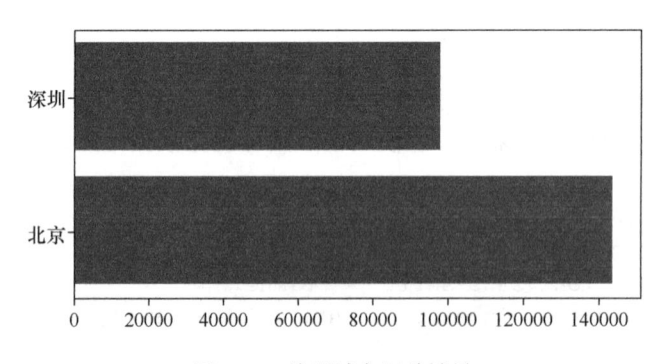

图 20-2　按照城市汇总销量

从以上分析结果可以看出,北京的销量高于深圳。

20.2.4 对产品和城市进行交叉分析

前面的分析都针对产品或城市单一维度,如果希望将产品和城市两个因素放到一起进行汇总和比较,可以使用 pivot_table() 方法,程序如下。

```
by_quantity_city=result.pivot_table(index='产品',columns='城市',
values='销量(磅)',aggfunc='sum')
print(by_quantity_city)
```

运行结果如下。

```
城市          北京       深圳
产品
冰激凌蛋糕    26459.0  20202.0
巧克力蛋糕    64345.0  45166.0
水果蛋糕      53226.0  32735.0
```

上面的交叉分析结果可以创建为堆积柱形图,程序如下。

```
plt.bar(by_quantity_city.index,by_quantity_city['北京'],label='北京')
plt.bar(by_quantity_city.index,by_quantity_city['深圳'],bottom=by_quantity_city['北京'],label='深圳')
plt.legend()
plt.show()
```

运行结果如图 20-3 所示。

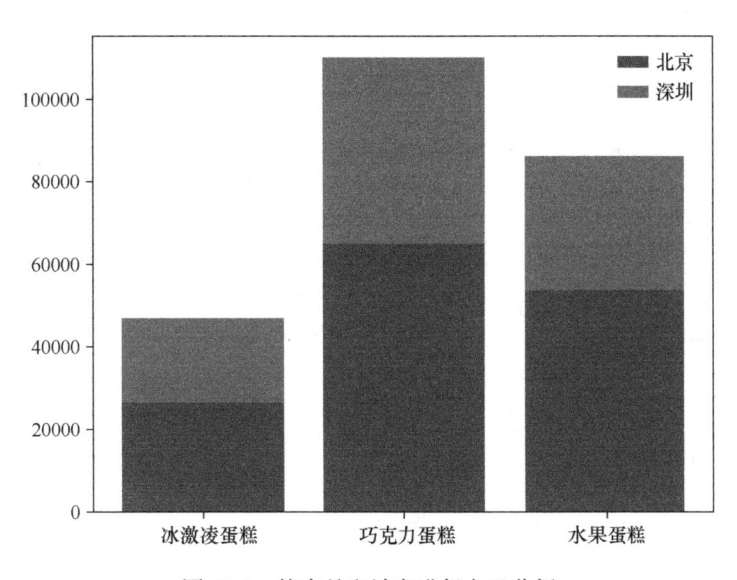

图 20-3 按产品和城市进行交叉分析

20.3 销量趋势分析

在对不同品类和不同城市的需求进行比较后,还需要了解销量是否出现某种规律,例如，在3年的时间中，是上升还是下降，是否存在某些季节性趋势等。

20.3.1 日期格式转换

要对数据进行有关时间或日期方面的分析，通常要先将数据集中不规范的日期格式转换为Python可以识别的标准日期格式。例如，在本数据集中，"月份"列的数据就不是标准日期格式，可以用如下程序进行转换。

```
result['月份']=pd.to_datetime(result['月份'],format='%Y年%m月')
print(result)
```

运行结果如下。

```
       月份          订单号        产品    城市   销量(磅)
0  2013-10-01  2013831082  冰激凌蛋糕   北京   11.0
1  2013-10-01  2013731386  冰激凌蛋糕   深圳    7.0
2  2013-10-01  2013435554  巧克力蛋糕   北京   48.0
3  2013-10-01  2013623712  巧克力蛋糕   深圳   35.0
4  2013-10-01  2013684652   水果蛋糕   北京   41.0
```

20.3.2 时间和季节趋势分析

在完成上述日期格式转换后，就可以进行时间和季节趋势分析了，程序如下。

```
by_month=result.pivot_table(index='月份',columns='产品',values='销量(磅)',aggfunc='sum')
print(by_month)
```

运行结果如下。

```
产品           冰激凌蛋糕    巧克力蛋糕   水果蛋糕
月份
2013-01-01    992.0    2583.0   2131.0
2013-02-01    943.0    2436.0   2044.0
2013-03-01    984.0    2757.0   2127.0
2013-04-01   1125.0    2530.0   2054.0
2013-05-01   1366.0    2612.0   2102.0
2013-06-01   1437.0    2637.0   2078.0
2013-07-01   1554.0    2776.0   2292.0
2013-08-01   1562.0    2575.0   2140.0
2013-09-01   1240.0    2490.0   1969.0
2013-10-01   1149.0    2922.0   2081.0
2013-11-01    957.0    2956.0   2219.0
2013-12-01   1010.0    2609.0   2149.0
2014-01-01   1117.0    2945.0   2563.0
2014-02-01    949.0    2671.0   2373.0
2014-03-01   1091.0    3329.0   2509.0
2014-04-01   1248.0    2942.0   2365.0
2014-05-01   1402.0    3009.0   2177.0
2014-06-01   1694.0    2926.0   2486.0
2014-07-01   1743.0    3118.0   2387.0
2014-08-01   1775.0    3151.0   2710.0
2014-09-01   1278.0    3071.0   2327.0
2014-10-01   1281.0    3138.0   2471.0
```

```
2014-11-01    1014.0    3294.0    2308.0
2014-12-01    1128.0    3199.0    2384.0
2015-01-01    1054.0    3290.0    2680.0
2015-02-01     987.0    3199.0    2341.0
2015-03-01    1217.0    3256.0    2609.0
2015-04-01    1387.0    3300.0    2573.0
2015-05-01    1576.0    3543.0    2639.0
2015-06-01    1783.0    3216.0    2450.0
2015-07-01    1845.0    3384.0    2747.0
2015-08-01    1807.0    3589.0    2705.0
2015-09-01    1324.0    3688.0    2592.0
2015-10-01    1418.0    3511.0    2809.0
2015-11-01    1095.0    3274.0    2600.0
2015-12-01    1129.0    3585.0    2770.0
```

上面结果列出了每种产品 3 年中的逐月销售量，但这种表格并不直观，不容易从中发现规律，可以将其生成为折线图，程序如下。

```
plt.plot(by_month.index,by_month[['冰激凌蛋糕','巧克力蛋糕','水果蛋糕']],
    label=['冰激凌蛋糕','巧克力蛋糕','水果蛋糕'])
plt.legend()
plt.show()
```

运行结果如图 20-4 所示。

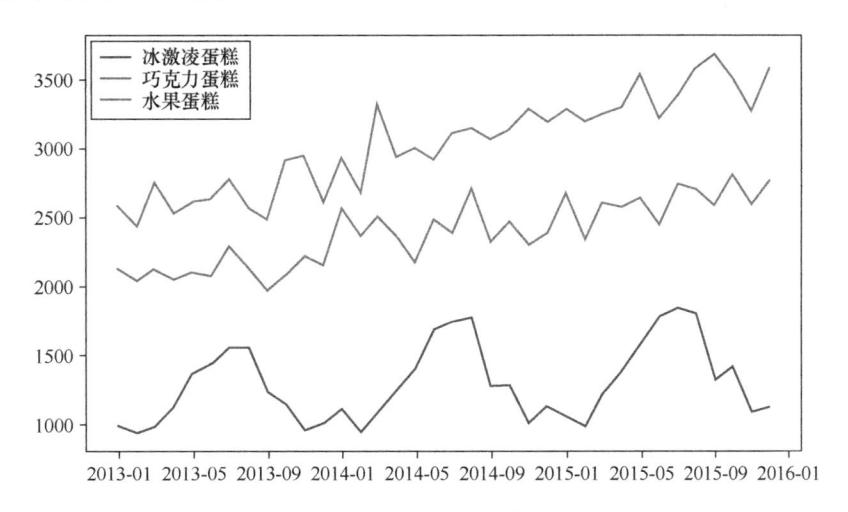

图 20-4　不同品类的时间和季节趋势分析

从图 20-4 可以清楚看到，三种产品销量都有一定的上升趋势。其中，冰激凌蛋糕的销量不仅存在上升趋势，还存在季节性趋势，每年的夏季是销售的高峰，而冬季销量较低。

20.3.3　比较不同城市季节趋势的差异

根据上面的分析可以看出，冰激凌蛋糕的销量存在着明显的季节性趋势，此时还需要进一步了解不同城市是否都存在季节性趋势，如果存在，趋势是否有差异。方法是先对数据集进行筛选，只选取冰激凌蛋糕销量的有关记录，再按月份进行分析，程序如下。

```
result_icecream=result[result['产品']=='冰激凌蛋糕']
by_month_city=result_icecream.pivot_table(index='月份',columns='城市',
values='销量（磅）',aggfunc='sum')
print(by_month_city.head())
```

运行结果如下。

```
              销量（磅）
城市            北京      深圳
月份
2013-01-01   502.0   490.0
2013-02-01   475.0   468.0
2013-03-01   576.0   408.0
2013-04-01   621.0   504.0
2013-05-01   784.0   582.0
```

为了更直观进行比较，可以将其生成为折线图，程序如下。

```
plt.plot(by_month_city.index,by_month_city[['北京','深圳']],label=
['北京','深圳'])
plt.legend()
plt.show()
```

运行结果如图 20-5 所示。

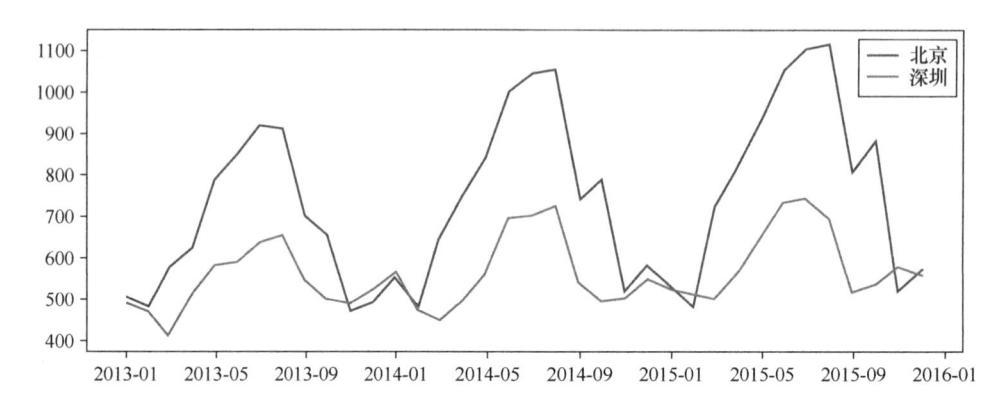

图 20-5　不同城市季节性趋势比较

从图 20-5 可以发现，北京和深圳两个城市在冰激凌蛋糕销量上都存在夏季多冬季少的特点，但北京这一季节性趋势更为显著。